高等学校水利学科专业规范核心课程教材·水文与水资源工程

U0792226

气象学与气候学教程

（第2版）

主　编　葛朝霞　曹丽青
副主编　荣艳淑

高等学校水利学科教学指导委员会组织编审

中国水利水电出版社
www.waterpub.com.cn
·北京·

内 容 提 要

本书是大学本科水文与水资源工程专业的基础课教材，主要讲述了气象学与气候学的基本理论和基础知识。全书共有10章，包括大气的基本特征、辐射与热量平衡、大气热力学、大气的运动、大气中的水分、大气环流、天气系统、气候及基本特征、气候系统及其内部的相互作用、气候变化及其对水资源的影响等。

本书适合作为高等院校水文与水资源工程专业的教材，也可用作大气、地理、环境及农林等专业的教材，并可作为各相关专业科学研究者的参考书。

图书在版编目（CIP）数据

气象学与气候学教程 / 葛朝霞，曹丽青主编. -- 2版. -- 北京 : 中国水利水电出版社，2020.7(2024.7重印).
高等学校水利学科专业规范核心课程教材. 水文与水资源工程
ISBN 978-7-5170-7985-9

Ⅰ. ①气… Ⅱ. ①葛… ②曹… Ⅲ. ①气象学－高等学校－教材②气候学－高等学校－教材 Ⅳ. ①P4

中国版本图书馆CIP数据核字(2019)第285471号

审图号：GS（2020）2455号

书 名	高等学校水利学科专业规范核心课程教材·水文与水资源工程 **气象学与气候学教程（第2版）** QIXIANGXUE YU QIHOUXUE JIAOCHENG
作 者	主 编 葛朝霞 曹丽青 副主编 荣艳淑
出版发行	中国水利水电出版社 （北京市海淀区玉渊潭南路1号D座 100038） 网址：www.waterpub.com.cn E-mail：sales@mwr.gov.cn 电话：（010）68545888（营销中心）
经 售	北京科水图书销售有限公司 电话：（010）68545874、63202643 全国各地新华书店和相关出版物销售网点
排 版	中国水利水电出版社微机排版中心
印 刷	北京市密东印刷有限公司
规 格	184mm×260mm 16开本 15.75印张 367千字 1插页
版 次	2009年4月第1版第1次印刷 2020年7月第2版 2024年7月第3次印刷
印 数	6001—9000册
定 价	**46.50元**

凡购买我社图书，如有缺页、倒页、脱页的，本社营销中心负责调换

版权所有·侵权必究

高等学校水利学科专业规范核心课程教材

编审委员会

主　任　姜弘道（河海大学）

副主任　王国仪（中国水利水电出版社）　谈广鸣（武汉大学）
李玉柱（清华大学）　吴胜兴（河海大学）

委　员

周孝德（西安理工大学）　李建林（三峡大学）
刘　超（扬州大学）　朝伦巴根（内蒙古农业大学）
任立良（河海大学）　余锡平（清华大学）
杨金忠（武汉大学）　袁　鹏（四川大学）
梅亚东（武汉大学）　胡　明（河海大学）
姜　峰（大连理工大学）　郑金海（河海大学）
王元战（天津大学）　康海贵（大连理工大学）
张展羽（河海大学）　黄介生（武汉大学）
陈建康（四川大学）　冯　平（天津大学）
孙明权（华北水利水电学院）　侍克斌（新疆农业大学）
陈　楚（水利部人才资源开发中心）　孙春亮（中国水利水电出版社）

秘　书　周立新（河海大学）

丛书总策划　王国仪

水文与水资源工程专业教材编审分委员会

主　任　任立良（河海大学）

副主任　袁　鹏（四川大学）　　梅亚东（武汉大学）

委　员

沈　冰（西安理工大学）
陈元芳（河海大学）
吴吉春（南京大学）
冯　平（天津大学）
刘廷玺（内蒙古农业大学）
纪昌明（华北电力大学）
方红远（扬州大学）
刘俊民（西北农林科技大学）
姜卉芳（新疆农业大学）
金菊良（合肥工业大学）
靳孟贵（中国地质大学）
郭纯青（桂林工学院）
吴泽宁（郑州大学）

总 前 言

随着我国水利事业与高等教育事业的快速发展以及教育教学改革的不断深入，水利高等教育也得到了很大的发展与提高。《国家中长期教育改革和发展规划纲要（2010—2020年）》《加快推进教育现代化实施方案（2018—2022年）》等文件的出台以及2018年全国教育大会和新时代全国高等学校本科教育工作会议的召开，更是对高等教育教学改革和人才培养提出了新的要求，要求把立德树人作为教育的根本任务，强调要坚持“以本为本”，推进“四个回归”，建设一流本科，培养一流人才。

为响应国家关于加快建设高水平本科教育、全面提高人才培养能力的号召，积极推进现代信息技术与教育教学深度融合，适应开展工程教育专业认证对毕业生提出的新要求，经水利类专业认证委员会倡议，2018年1月，教育部高等学校水利类专业教学指导委员会和中国水利水电出版社联合发文《关于公布基于认证要求的高等学校水利学科专业规范核心课程教材及数字教材立项名单的通知》（水教指委〔2018〕1号），立项了一批融合工程教育专业认证理念、配套多媒体数字资源的新形态教材。这批教材以原高等学校水利学科专业规范核心教材为基础，充分考虑教育改革发展新要求，在适应认证标准毕业要求方面融合了相关环境问题、复杂工程问题、国际视野及跨文化交流问题以及涉水法律等方面的内容；在立体化建设方面，配套增加了视频、音频、动画、知识点微课、拓展资料等富媒体资源。

这批教材的出版是顺应教育新形势、新要求的一次大胆尝试，仍坚持“质量第一”的原则，以原教材主编单位和人员为主进行修订和完善，邀请相关领域专家对教材内容进行把关，力争使教材内容更加适应专业培养方案和学生培养目标的要求，满足新时代水利行业对人才的需求。

尽管我们在教材编纂出版过程中尽了最大的努力，但受编著这类教材的经验和水平所限，不足和欠缺之处在所难免，恳请广大师生批评指正。

教育部高等学校水利类专业教学指导委员会
中国工程教育专业认证协会水利类专业认证委员会
中国水利水电出版社
2019 年 6 月

总 前 言（2008 版）

随着我国水利事业与高等教育事业的快速发展以及教育教学改革的不断深入，水利高等教育也得到很大的发展与提高。与 1999 年相比，水利学科专业的办学点增加了将近一倍，每年的招生人数增加了将近两倍。通过专业目录调整与面向新世纪的教育教学改革，在水利学科专业的适应面有很大拓宽的同时，水利学科专业的建设也面临着新形势与新任务。

在教育部高教司的领导与组织下，从 2003 年到 2005 年，各学科教学指导委员会开展了本学科专业发展战略研究与制定专业规范的工作。在水利部人教司的支持下，水利学科教学指导委员会也组织课题组于 2005 年年底完成了相关的研究工作，制定了水文与水资源工程，水利水电工程，港口、航道与海岸工程以及农业水利工程四个专业规范。这些专业规范较好地总结与体现了近些年来水利学科专业教育教学改革的成果，并能较好地适用不同地区、不同类型高校举办水利学科专业的共性需求与个性特色。为了便于各水利学科专业点参照专业规范组织教学，经水利学科教学指导委员会与中国水利水电出版社共同策划，决定组织编写出版“高等学校水利学科专业规范核心课程教材”。

核心课程是指该课程所包括的专业教育知识单元和知识点，是本专业的每个学生都必须学习、掌握的，或在一组课程中必须选择几门课程学习、掌握的，因而，核心课程教材质量对于保证水利学科各专业的教学质量具有重要的意义。为此，我们不仅提出了坚持“质量第一”的原则，还通过专业教学组讨论、提出，专家咨询组审议、遴选，相关院、系认定等步骤，对核心课程教材选题及其主编、主审和教材编写大纲进行了严格把关。为了把本套教材组织好、编著好、出版好、使用好，我们还成立了高等学校水利学科专业规范核心课程教材编审委员会以及各专业教材编审分委员会，对教材编纂与使用的全过程进行组织、把关和监督。充分依靠各学科专家发挥咨询、评审、决策等作用。

本套教材第一批共规划52种，其中水文与水资源工程专业17种，水利水电工程专业17种，农业水利工程专业18种，计划在2009年年底之前全部出齐。尽管已有许多人为本套教材作出了许多努力，付出了许多心血，但是，由于专业规范还在修订完善之中，参照专业规范组织教学还需要通过实践不断总结提高，加之，在新形势下如何组织好教材建设还缺乏经验，因此，这套教材一定会有各种不足与缺点，恳请使用这套教材的师生提出宝贵意见。本套教材还将出版配套的立体化教材，以利于教、便于学，更希望师生们对此提出建议。

高等学校水利学科教学指导委员会

中国水利水电出版社

2008年4月

第2版前言

本教程自2009年出版，在全国多所高校已经使用11年了，得到了广大师生的广泛好评，获得了教育部高等水利类专业教学指导委员会、中国水利教育协会和中国水利水电出版社联合主办的第一届高等学校水利类专业优秀教材奖。

经过多地高校教学使用情况的调研、分析和研究，本书作者进行了教材使用和教学经验总结。本着精益求精的态度，对教材中的一些不切之处进行了修改。同时，根据近年来全球气候变化研究的深入及普及，结合作者的部分科研成果，对第1版教材进行了内容补充、修改和更新。

葛朝霞、朱坚对第1章至第5章进行了文字修订和编辑。荣艳淑对第6章至第8章的内容进行了调整和补充：将季风、沃克环流和局地风系等内容归并在第6章大气环流中；在第7章的中高纬度天气系统一节中，补充了切变线的内容，增加了一节中小尺度天气系统的内容，更换了梅雨的参考图片和文字说明，使天气系统的介绍更加完整。在第8章中，调整了气候学的内容，将气候形成、气候分类、垂直气候结构和气候资源作为一章来介绍，将原来第8章的气候系统和物理过程的内容调整到第9章，并补充了海洋-大气相互作用和陆地-大气相互作用的内容。将原书第9章更改为第10章，并补充了政府间气候变化专门委员会（IPCC）第五次气候评估报告的内容。

该书修订后，将教材的内容更具水文专业特色，使非气象专业学生的学习内容更完整，对当今气候上的热门话题了解更清楚。

该书于由荣艳淑和朱坚负责修订工作，同时，还增加了数字化视频教学文件。在重要的教学内容页面上，添加了二维码，读者可扫码并读取每个视频文件。第1章到第3章的视频由吴福婷制作，第4章和第5章的视频由朱坚制作，第 6 章到第 10 章的视频由荣艳淑制作。杨宜颖参与了部分文字处理，葛朝霞、曹丽青、张利平阅览了全书的修订稿，并提出了建设性的意见。对于书中错误和不妥之处，恳请批评指正。

编者

2019 年 7 月

第1版前言

本书是水文与水资源工程专业本科生主干课程教材。主要参编人员长期从事该课程的教学，具有丰富的教学经验。在学科快速发展的今天，编者深感在20世纪90年代编写的教材远不能适应教学需求。经过长时间的酝酿、准备、总结，终于完成了本教材的编写。本书除绪论外共有9章。第1～3章是经典普通气象学的内容；第4章是大气动力学的基本内容；第5章是普通气象学中相关内容的扩展与提高，与水文学联系紧密；第6章和第7章分别是经典大气环流和天气学的内容，且前者是后者的背景知识；第8章全球气候系统则是从5大圈层相互作用的角度论述气候的成因、气候的分布及气候类型；第9章的内容是当今大气科学界最关心的热点问题。因此该书内容章节编排上，既继承了学科发展历史，又体现了该学科的最新发展。

该书的主要特色有：①系统地介绍大气科学基本知识和基本理论，力求物理概念清晰，公式推导简洁；②站在当今气象学发展的新水平上来阐述气象学的定义与研究对象及其相关内容，从而使本书内容得以充实、新颖；③将气象学与气候学的内容尽量与水文学相结合，使之适用于水文与水资源专业学生学习；④该书将大圈层的相互作用引入气象学的研究内容并对气候的成因加以讨论，反映本书的新视野；⑤紧跟气候变化这一热门话题，讨论了气候变化对水资源的影响及其应对，反映了近代科学的新动向。

该书由河海大学水文水资源学院组织编写。葛朝霞（河海大学）编写第2～4章和附录A；曹丽青（河海大学）编写第6章、第7章中7.1节和7.3节、第8章中8.3节和8.4节、第9章中9.1～9.3节；荣艳淑（河海大学）编写第5章、第7章中7.2节和7.4节、第8章中8.1节和8.2节、附录B；张利平（武汉大学）编写绪论、第1章、第9章中9.4节和9.5节；该书由葛朝霞、曹丽青担任主编，并分工负责书稿的修改工作。最后由葛朝霞统一核对定稿。本书的参编人员还有宋颖玲、黄美花、薛梅。图稿由宋颖玲描绘。

南京信息工程大学何金海教授在编写工作中给予了极大的支持，在大纲的拟定和书稿的编写过程中提出许多宝贵意见，并对本教材进行了最终审核。在此表示感谢。

由于水平有限，书中错误和不妥之处在所难免，恳请批评指正。

编者

2008年8月28日

数 字 资 源 清 单

序号	资 源 名 称	资源类型
资源 1.1	大气成分与垂直结构	视频
资源 1.2	大气的状态方程	视频
资源 1.3	大气静力学方程	视频
资源 1.4	基本气象要素	视频
资源 2.1	辐射的基础知识	视频
资源 2.2	太阳辐射	视频
资源 2.3	地气的辐射及辐射差额和热量收支	视频
资源 2.4	地面温度和气温的变化	视频
资源 3.1	热力学第一定律 & 干绝热过程和位温	视频
资源 3.2	湿绝热过程 & 假绝热过程	视频
资源 3.3	热力图应用	视频
资源 3.4	大气层结稳定度	视频
资源 3.5	局地温度变化与大气中的逆温	视频
资源 4.1	大气受力分析	视频
资源 4.2	大气运动方程	视频
资源 4.3	自由大气中的风	视频
资源 4.4	热成风	视频
资源 4.5	摩擦层中的风	视频
资源 4.6	大气的垂直运动	视频
资源 5.1	大气中的水及水循环	视频
资源 5.2	水的相变	视频
资源 5.3	蒸发及大气可降水量	视频
资源 5.4	大气中的凝结现象	视频
资源 5.5	降水	视频
资源 6.1	大气环流形成及平均环流	视频
资源 6.2	大气环流中的平均环流	视频
资源 6.3	急流	视频

续表

序号	资　源　名　称	资源类型
资源 6.4	季风	视频
资源 7.1	气团与锋	视频
资源 7.2	温带气旋	视频
资源 7.3	温带反气旋	视频
资源 7.4	副热带高压	视频
资源 7.5	台风	视频
资源 7.6	梅雨	视频
资源 8.1	气候形成的基本因素	视频
资源 9.1	气候系统及内部反馈和海气相互作用	视频
资源 10.1	气候变化及原因	视频
资源 10.2	人类活动对气候的影响	视频

目　录

绪　论

1. 气象学的定义与研究对象

气象学（meteorology，此词源于希腊文 meteoros 和 logos，意为“上空的”和“推理”）是研究大气中各种天气现象（包括人类活动对它的影响）及其演变规律，以及如何利用这些规律为人类服务的一门科学。

气象学是地球科学的一个组成部分。它的研究对象主要是覆盖整个地球的大气圈，地球表面的低层大气以及和它相关的水圈、岩石圈、生物圈、冰雪圈是人类赖以生存的主要环境。大气的各种现象及其变化过程，既可造福人类，也可给人类造成灾害。人类在生产生活过程中，也不断地影响着包括大气在内的自然环境。因此，如何认识大气中的各种现象，掌握它们的规律，及时而又正确地预报未来的天气、气候，并对不利的天气、气候条件进行人工调节和防御，充分利用气候资源，是气象学的主要任务。

随着科学技术在气象学中日益广泛的应用以及人类生产活动和生活的需要，气象学研究的对象日益扩展。研究领域不仅包括地球的大气圈，还包括地球以外的行星和卫星大气以及大气圈与水圈、冰雪圈、岩石圈和生物圈之间相互作用。传统气象学的研究内容已大大扩充。因此，气象学这门科学的名称，在国标 GB/T 13745—2008《学科分类与代码》中已改称“大气科学”。

2. 气象学的发展简史

气象学是一门古老的学科。综观 3000 多年来气象学、气候学发展的历史，源远流长。可以概括为以下三个时期：

（1）萌芽时期。萌芽时期主要指 16 世纪中叶以前这一漫长时期，这时期的特点是由于人类生活和生产的需要，进行一些零星的、局部的气象观测，积累了一些感性认识和经验，对某些天气现象作出一定的解释。

我国在这一时期，在此领域中有不少成就，而且是居于世界领先行列的。研究表明，在有文字历史记载以前，我国先民们已经知道防御气象灾害和利用气候资源。例如，在旧石器时代的云南元谋人（距今约 170 万年前），已知道进洞穴以避风雨，披兽皮以御寒、防湿，利用火来照明、取暖和烧烤兽肉。新石器时代的半坡村、河姆渡文化遗址，当时人们已经能够根据气候特点种植作物、养蚕治丝、织麻制衣，并利用空气烧制陶罐；修造房屋已注意到朝向，还注意到屋内的取暖、防寒、去湿、防漏、通风和采光等。远在 3000 年前，在殷代甲骨上就刻有关于风、云、雨、雪、虹、霞、龙卷、雷暴等文字记载，还常卜问未来十天的天气（称为“卜旬”），并将实况记录下来以资验证。春秋时代铁器普及和农业发展促进了人们对天气现象的认识。《周礼》

记载，在周代朝廷专门从事气象天文工作的官员很多。在公元前2世纪春秋战国时代见于《淮南子·天文训》和《逸周书·时训解》的二十四节气和七十二候，就是根据风、云、物候的观测记录，并沿用到现代。到了元代，天气经验绝大部分韵语化为“天气谚语”，如“朝霞不出门、暮霞行千里”。唐代黄子发的“相雨书”，元末明初出现的娄元礼编的《田家五行》和明末徐光启编写的《农政全书·占候》都是总结群众预报天气经验的著作。秦汉时代还出现了《夏小正》《吕氏春秋》《淮南子》和《礼记》等内容涉及物候的书籍，这些都是世界上最早关于气象学的文献。

气象观测仪器也是我国的最早发明。在西汉时（公元前104年），已盛行伣、铜凤凰和相风铜乌等三种风向器，到唐代又发展到在固定地方用相风乌，在军队中用鸡毛编成的风向器测风。欧洲到20世纪才有用候风鸟测风的记载。在西汉时还利用羽毛、木炭等物的吸湿特性来测量空气湿度。宋代曾有僧赞宁（公元10世纪）利用土炭湿度计来预报晴雨。关于降水的记录亦以我国最早。

在国外，气象学的萌芽也很早，公元前4世纪希腊大哲学家亚里士多德（Aristotle）所著《气象学》一书综合论述水、空气和地震等问题，对大气现象也作了适当的解释。

总之，在气象学萌芽时期，我国和希腊都处于世界领先水平。那时从学科性质来讲，气象学与天文学是混在一起的，可以说具有天象学的性质。

（2）发展初期。发展初期包括16世纪中叶到19世纪末。随着当时工业发展的要求，物理学、化学、流体力学和航海技术等快速发展起来，地理学蓬勃兴起，这就为介于物理学与地理学之间的边缘科学——气象学的发展奠定了基础。再加上这一段时间内温度、气压、风和湿度等气象观测仪器陆续发明［1593年意大利学者伽利略（Galileo）发明温度计，1643年意大利学者托里拆利（Torricelli）发明气压计］，地面气象观测台、站相继建立，形成了地面气象观测网，并因无线电技术的发明，能够开始绘制地面天气图。这些条件的具备为人类定量认识大气组成、大气运动等创造了条件。于是，气象学研究开始由单纯定性描述，进入了可以定量分析的阶段。人们开始用科学的方法观测和阐明天气现象，这是气象学发展进程中的一次飞跃。但由于当时的科学水平所限，人们还没有找一种科学的研究大气运动和天气变化规律的方法，其发展只是依赖着物理学、地理学发展。

我国气象学在萌芽时期曾处于世界先进行列，但由于封建统治的压抑，生产水平低下，气象学处于长期停顿状态。最早来我国境内的法国传教士于1743年在北京设立测候所。其后从1830年起俄国又断断续续地派人来北京做气象观测。1873年法国天主教会在上海徐家汇创建观象台，1893年德国人在山东青岛建立青岛观象台，此外还有在英国人掌握之下的海关测候所等共43处，他们都为各自的军事、航行、商船服务，这时我国的气象事业完全是半殖民地性质的。

（3）发展时期。20世纪以来是气象学的发展时期。随着生产发展的需要和技术的进步，不但进行地面气象观测，也进行高空直接观测。气象学开始从认识自然逐步向预测自然、控制自然和改造自然的方向发展。在综合天气图方法的基础上，气象学的发展中有三大重要进展。

1）锋面学说。1920 年前后，气象学家皮耶克尼斯父子（V. Bjerknes 和 J. Bjerknes）、索尔贝格和伯杰龙等应用物理学和流体力学的理论，通过长期的天气分析实践，提出了锋面、气旋和气团学说，从而为天气分析和预报 1～2 天以后的天气变化奠定了理论基础。

2）长波理论。1939 年，瑞典气象学家罗斯贝（Rossby）等研究大气环流，提出了长波动力学，并由此引出了位势涡度理论。它既为进行 2～4 天的天气预报奠定了理论基础，同时也使气象学由两度空间真正发展为三度空间的科学，为后来的数值天气预报和大气环流的数值模拟开辟了道路。

3）降雨学说。在 20 世纪 30 年代，伯杰龙-芬德生（Bergeron - Findeison）从研究雨的形成中，发现云中有冰晶与过冷却水滴共存最有利于降雨的形成，从而提出了降雨学说。

在这一时期，我国气象学、气候学也有一定的进展。竺可桢在 1927 年创立了气象研究所，次年在南京北极阁建立气象台，这是我国自己设置的第二个设备较好的气象观测机构。此后 20 余年中，国内陆续建立了 40 多个气象站和 100 多个雨量站，开展了少数城市的高空探测、天气预报和无线电广播等业务。

20 世纪 50 年代以后，由于各种新技术特别是电子计算机和雷达、激光、遥感及人造卫星等的使用，大大地促进了气象学的发展，人们对大气运动规律的了解不断加深，预报水平也不断提高。数值模式和模拟已成为气象学研究的重要手段。从研究地域来说，气象学已从中高纬度地区扩展到热带低纬地区，从对流层到平流层再到中间层。所研究的天气和气候现象，已从传统的天气尺度扩展到半球和全球尺度。气候和气候变化是当今的研究热点，灾害性极端天气气候事件也成为当今气象学的研究前沿。我国气象事业在这段时期也呈现出蒸蒸日上的大好局面。如今已建立了 20000 多个各类气象台站（包括自动站），地面天气测报网已经建成，高空气象探测网也基本形成，气候观测站网初具规模，各类站网的现代化程度不断提高。截至本次修订之日，我国共有 8 颗风云气象卫星在轨运行，其中 3 颗极轨系列卫星在轨运行，它们每天两次对全球进行观测，此外有 5 颗静止轨道气象卫星在轨运行，对以中国为中心的 1/3 个地球的中低纬进行持续观测，达到世界一流。中期数值天气预报技术和卫星气象在业务上的应用是我国天气预报水平显著提高的一个新的里程碑。我国的气象科学工作者积极参与联合国政府间气候变化专门委员会（IPCC）等国际活动，在气象学许多领域取得了非常可喜的成绩。

3. 气象学的研究内容和分支

（1）气象学的研究内容。

1）研究大气的特性和状态（如大气的组成、范围、结构、温度、湿度、压强和密度等）。

2）研究导致大气现象发生、发展的能量来源、性质及其转化。

3）研究大气现象的本质，从而能解释大气现象，寻求控制其发生、发展和变化的规律。

4）探讨如何应用这些规律，通过一定的措施，为预测和改善大气环境服务（如人工影响天气、人工降水、消雾、防雹等），使之能更适合于人类生活和生产的需要。

（2）气象学的分支。由于生产实践对气象学所提出的要求范围很广，气象学所涉及的问题很多，在气象学上用以解决这些问题的方法差异很大，再加上随着科学技术发展的日新月异，气象学分成许多分支学科，主要有大气探测、气候学、天气学、动力气象学、大气物理学、大气化学、大气环境学、应用气象学等。

1）大气探测是一门研究探测地球大气中各种现象的方法和手段的学科。按探测范围和探测手段划分，大气探测有地面气象观测、高空气象观测、大气遥感、气象雷达、气象卫星等。探测手段的飞跃往往带来难以预计的重大发现，在大气科学的发展进程中，大气探测起了十分重要的作用。

2）气候学是一门研究气候的特征、形成和演变以及气候同人类活动相互关系的学科。研究内容主要包括气候特征、气候分类、气候区划、气候成因、气候变化、气候与人类活动的关系、气候预测和应用气候等。20 世纪 70 年代以来，全世界发生几次气候异常，很多地区粮食产量大幅度下降，引起人们对气候问题的关注。工业生产引起大气中二氧化碳和其他温室气体（如甲烷、一氧化二氮等）含量逐年增加，若干年后它们对地球气候将发生什么影响，是非常令人关切的问题。电子计算机的采用，促进了对气候变化物理因子和气候模拟的研究，气候预测已不再是一个难题，已成为一个具有战略意义的课题了。

3）天气学是一门研究大气中各种天气现象发生发展的规律以及如何应用这些规律来制作天气预报的学科。研究内容主要包括天气现象、天气系统、天气分析和天气预报等。气候学和天气学的研究成果，不但为大气科学提供丰富的研究课题，而且还直接为国民经济服务。

4）动力气象学是一门应用物理学和流体力学定律及数学方法，研究大气运动的动力和热力过程及其相互关系的学科。研究内容主要包括大气热力学、大气动力学、大气环流、大气湍流、数值天气预报和数值模拟等。动力气象学的发展对更深刻地认识大气运动的机理、掌握天气和气候的变化规律有十分重要的作用，它是大气科学的理论基础学科。

5）大气物理学是一门研究大气的物理现象、物理过程及其演变规律的学科。研究内容主要包括云和降水物理学、大气光学、大气电学、大气声学、大气辐射学、大气扩散学等。

6）大气化学是一门研究大气组成和大气化学过程的学科。研究内容主要包括大气微量气体及其循环、大气气溶胶、大气放射性物质和降水化学等。

7）大气环境学是研究如何通过影响云和降水的微物理过程，使某些大气现象、大气过程发生改变的技术和方法。如人工降水、人工防雹、人工消雾等。人工影响天气是人类改造自然的一个组成部分。

8）应用气象学是将气象学的原理、方法和成果应用于农业、水文、航海、航空、军事、医疗等方面，同各个专业学科相结合而形成的边缘性学科。

气象学的各个分支学科彼此不是孤立的，如天气学、气候学与动力气象学相结合，产生了天气动力学和物理动力气候学。探测手段的不断革新和痕量化学分析技术的发展，推动了对大气的物理性质和化学性质的分析研究，促进了大气化学的发展。尤其是大气中二氧化碳和甲烷等微量气体对气候影响的日益显著以及大气污染问题的出现，不仅使人们更加认识到大气化学在大气科学中的重要性，而且随着研究的深入，更认识到大气化学过程和大气物理过程的相互作用，从而促进了这两个分支学科的相互结合；气象卫星探测与天气分析相结合产生了卫星气象学，气象雷达探测与云和降水物理学相结合产生了雷达气象学。气象学诸学科分支又分又合的过程，反映了气象学的不断深入发展。

4. 气象学与水文学的关系

气象学与水文学有着紧密的联系。陆地水文学是研究陆地上水文循环规律的科学，它包括降水的时空分布，水面、陆面和植物表面的水分蒸发以及地表径流和河川径流的形成过程等，也研究地下水的运动规律。而降水过程和蒸发过程都与气象学有关。地表和大气之间的热量和水分交换过程，在不同大气之间有很大差异，在年总量上以及年内分配方面都不同，这就导致不同地区有不同的气候，也就有了不同的水文现象、不同的河川径流量及其年内分配。河流的封冻与融解、水库和湖泊的水温变化与浪涌等水文问题的解决，都要用到气象学方面的知识。在水库设计中，水文工作者要提供决定库容（即坝高）及溢洪道宽度的资料，库容决定于来水量即流域的降水量和蒸发量之差，溢洪道宽度决定于流域的降水强度，为解决这些问题也必须用到气象知识。这就说明了为什么水文工作者一定要懂得一些气象学知识。

气象学与水文学是属于地球科学的两门姊妹学科。大气中的水分循环（蒸发-凝结-降水）是气象学的主要研究对象之一。而降水-蒸发-径流又是水文学的主要研究对象。组成水量平衡方程的四要素是降水、蒸发、径流与流域蓄水变量，当流域下垫面变化不大时，径流的变化主要取决于降水与蒸发的变化。因此气象学与水文学就自然互相保持着密切的联系。事实上河流、湖泊、沼泽的动态，河流的生命与发育都受到气候条件的影响，而且水文站网分布的规划也要受到气候条件的影响。因此，无论在水文学的科学研究还是在日常业务工作中，都要求工作人员掌握一定的气象知识，能使用和处理各种有关的气象资料。

在水文分析计算中，为了研究径流变化，首先就要考虑降水量、降水历时、降水面积、降水强度以及暴雨径流等因素。在推求水工建筑物设计洪水的标准时，应用气象学的理论与方法，从暴雨成因上进行研究，推求出可能最大降水（PMP），然后再推求可能最大洪水（PMF）。在做径流的年内变化、多年变化、探讨丰枯水期交替规律的研究时，显然必须考虑它们的气候背景。

在中长期水文预报方面，为了增长水文预报的预见期，就不能再应用实测水资料通过产流、汇流的计算或利用上下游关系的水文学方法来获得预报结果。做出中长期水文预报时必须要考虑未来可能影响本地区、本流域的天气系统。至于长期水文预报，更需要分析影响水文情况长期变化的各种因素，而大气环流则是关键因素。一个地区发生的旱涝异常都是由异常大气环流长期维持所形成，因此必须研究大气环流前后期演变承替的规律。

此外，流域蒸发的计算是水量平衡研究中的一个重要课题，这也是与气象学密切有关的。在水资源的开发利用中，研究大型水利工程建成后对生态、环境的影响时，都要进行对气候影响的分析。在进行水文区划和流域水文地理分析时，又要以气候区划和流域气候形成条件的研究作为基础。

综上所述，气象学与水文学在有关的研究内容上存在着自然的不可分割的关系，在解决有关联的，特别是讨论降水、蒸发方面的问题时，水文工作必须与气象工作密切配合。新的边缘科学——水文气象学就是在这样的基础上诞生的。

第 1 章

大气的基本特征

1.1 大 气 的 成 分

资源 1.1 大气成分与垂直结构

原始大气形成于 46 亿年以前，比人类出现的时间约早两个数量级。地球大气与太阳系中其他星球的大气不同，几乎没有一个天体能拥有地球大气这样适合生命生存的环境。经过了 46 亿年的漫长演变，现在的地球大气是由多种混合气体和悬浮的固、液态杂质组成。

1.1.1 干空气

大气中除了固、液态微粒及水汽以外的空气称为干洁空气，简称干空气。

干洁空气主要由氮（N_2）、氧（O_2）、氩（Ar）组成（表 1.1），三者合计占大气总体积 99.96%，其余气体所占总体积不到 0.1%。氮是大气中最多的气体，约占干空气质量的 75%，它是地球上生命体的基本成分。在自然条件下，豆科植物可以通过根瘤菌的作用，从大气中吸收氮素并转变成植物体中不可缺少的养料。氧是大气中次多的气体，占干空气质量的 23%左右，是一切生命所需，且决定着有机物的燃烧、腐烂和分解过程。大气中的氩约占干空气质量的 1%，是在自然过程中不重要的惰性气体。

表 1.1　干洁空气的成分

气体种类和分子式	含　量/%		分子量	临界温度/℃	临界压力/9.8×10^{4}Pa	沸点温度/℃（气压为101.3kPa）
	按容积	按质量				
氮 N_2	78.110±0.004	75.52	28.016	−147.2	33.5	−195.0
氧 O_2	20.953±0.004	23.15	32.000	−118.9	49.7	−183.1
氩 Ar	0.934±0.001	1.28	39.944	−122.0	48.0	−185.6
二氧化碳 CO_2	0.00～0.1（平均 0.032）	0.05	44.010	31.0	73.0	−78.2
臭氧 O_3	0～0.1（30km 高度处）	—	48.010	−5.0	92.3	−111.1
干洁空气	100	100	28.966	−140.7	37.2	−193.0

注　临界温度：能够使气体液化时的最高温度，在这个温度以上，无论怎样增大压强，气态物质不会液化。
临界压力：在临界温度下，使气体液化所需要的最低压力。

干空气中的二氧化碳和臭氧含量很少，但变化大，对大气的温度影响很大。二氧化碳主要来自火山喷发、有机物的燃烧、腐烂及动植物的呼吸，多集中在 20km 高度以下，平均含量为 0.03%，其含量随季节、地点、昼夜有较大的变化。在人口稠密的工业区，其含量明显增高，可占 0.06%～0.07%。二氧化碳对太阳辐射的吸收很少，但能强烈吸收来自地球表面的长波辐射，同时又向地面和周围大气放射长波辐射。它就像塑料温室中的塑料膜，整个地球就像在温室里一样，地面和空气就不至于因放射长波辐射而失热过多，二氧化碳起到了“温室效应”的作用。因此，二氧化碳又称为温室气体，它对大气和地表的温度有明显影响。有计算表明，如大气中不含二氧化碳，地面平均温度将约为−18℃，许多动植物将无法生存。近百年来，大量燃烧化石燃料，大气中的二氧化碳含量以每年 1×10^{-14} 的量级不断增加。有科学家认为，近几十年的暖冬和年平均气温上升了 0.6℃，就是因为大气中二氧化碳增多所造成的。二氧化碳增多是引起气候变暖的重要原因之一。

大气中的臭氧主要是在太阳紫外辐射及闪电作用下形成的，近地面大气层中含量最少，5km 以上开始增多，20～25km 达极大值，再往上减小，55～60km 极少（图 1.1）。臭氧能够强烈吸收太阳紫外辐射部分，对大气有增温作用，引起平流层的温度随高度增加。臭氧主要集中在 10～50km 高层大气范围内，故该层被称为臭氧层。由于臭氧层的吸收，滤掉了 70%～90%的太阳紫外辐射，使得地面上的生物圈免受过多的紫外辐射的伤害。20 世纪 70 年代以来，全球臭氧层的浓度减少的趋势日益明显，南极上空尤为显著，南纬 39°～90°减少量达 5%～10%，称为“南极臭氧空洞”。这是由于人类的生产活动排放的氯氟烷烃（如氟里昂）和溴氟烷烃（哈龙）等消耗臭氧分子所致。这些气体可作为空调、冰箱等设备中的制冷剂，喷雾剂生产中的催化剂，塑胶制品生产中的泡沫发生剂。氯氟烷烃在大气中十分稳定，可存留数十年乃至更久。所以，为了保护人类赖以生存的自然环境，1987 年各国通过《消耗臭氧层物质的蒙特利尔议定书》限制上述人工化合物的生产。

干空气虽然是由混合气体组成，但由于气流的不规则运动而产生的垂直混合作用，使得各主要气体的成分比从地面直到 90km 高度基本不变，可作为分子量为 28.966 的“单一气体”处理。在自然界大气的温度和压力的条件下，干空气所有成分都处于气态。在 90km 以上，大气的主要成分仍是氮和氧，但随着高度的增加氧的比例减小，氮的比例增大（图 1.2）。

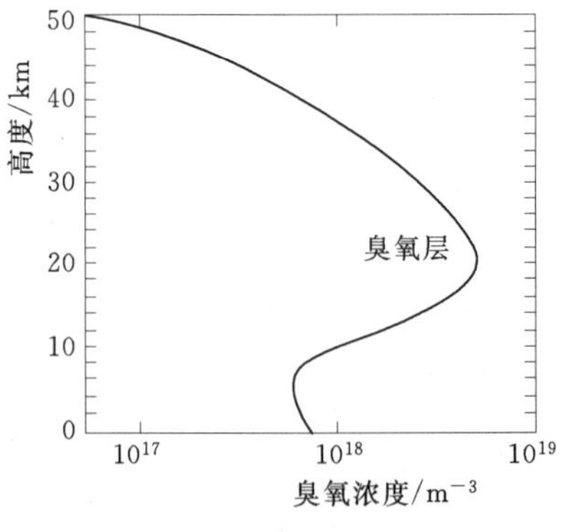

图 1.1　大气臭氧浓度随高度的变化

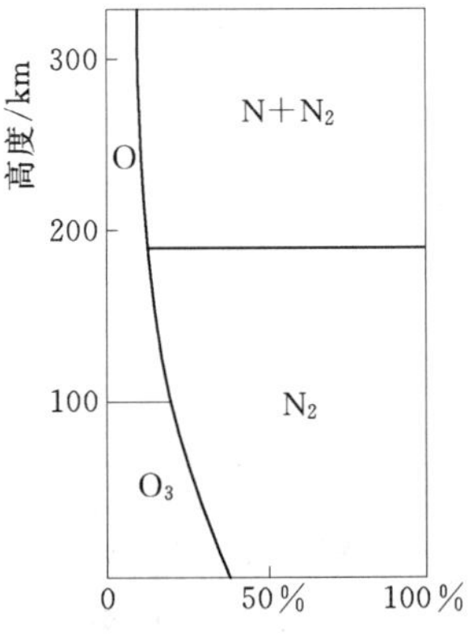

图 1.2　各高度上氧和氮的组成比例

平均从 80km 开始，由于太阳紫外辐射的照射，氧和氮已有不同程度的离解，在 100km 以上氧已全部成为氧原子，在 250km 以上氮也基本以原子的形式存在。据统计，大气中的氧在海拔 3.5～4.5km 高度的含量只相当于海平面高度的一半，被称为"白色死亡带"。高山、高原的缺氧，也就成为人类活动的天然屏障。

1.1.2 水汽

大气中的水汽主要来源于江、河、湖、海及潮湿物体表面的蒸发与植物的蒸腾，仅占整个地球总水量的 0.001%。含有水汽的空气称之为湿空气。大气中的水汽含量极不稳定，随地区、高度、时间和气象条件而异。据观测，1.5～2km 高度的水汽仅为地表的一半，5km 高度的水汽是地表的 1/10，再往上更少。水汽是唯一能够发生相变的大气成分，常见的云、雾、雨、雪等天气现象，都是水汽相变的表现。所以，水汽是产生天气变化的重要因素。此外，水汽能吸收和放射长波辐射，还能部分地吸收太阳的短波辐射，直接影响到地面和低层大气的温度。

1.1.3 大气中固态和液态微粒（气溶胶粒子）

大气中悬浮着多种固态微粒和液态微粒，统称大气气溶胶粒子。它们大多集中在大气的低层，随高度增加迅速减少。固态微粒有的来源于自然界，如被风吹起的地面微尘，火山爆发产生的火山灰，海洋浪花飞溅进入大气后蒸发留下的盐粒，细菌、微生物、植物的孢子花粉和宇宙尘埃等；有的是由于人类的活动而引起，如生产、生活方面物质的燃烧产生大量烟粒和微尘。气溶胶粒子能散射、反射和吸收部分太阳辐射，使大气能见度下降，阻挠了地面长波辐射的失散，从而改变了地球的辐射平衡，影响大气和地面的温度。同时，气溶胶粒子能充当水汽的凝结（华）核，对云雨的形成起重要作用。

1.1.4 大气的污染物质

目前，由于工业、交通运输业的快速发展，在废气得不到充分处理和利用的情况下，空气中添加了许多污染物质。据统计，每年排放到大气中的有害气体大约 6 亿～7 亿 t，其中微粒状的污染物有 2 亿 t。人们已经注意到的污染物有 100 多种，其中对人类影响较大的有粉尘、一氧化碳、二氧化硫、一氧化氮、硫化氢、碳氢化合物和氨。大气污染会使得大气的辐射性质发生变化，大气环流发生变化，最后导致天气、气候产生异常。研究表明，大气污染是影响天气气候的重要因素之一。通过降水等形式，污染物从空中落地，又污染了地表水、地下水、土壤和生物体，对人类影响很大，已引起了人们的极大关注。

1.2 大气的垂直结构

地面是大气的下界。如按照大气中极光出现的高度，大气的上界可定为 1200km；按照星际气体密度（1 个/cm^3）的高度来估计，大气的上界大约为 2000～3000km。大气受到地球引力的作用，在垂直方向上具有分层的结构。根据大气的物理或化学性质，可将大气分成若干层。如按大气成分结构，可将大气从下到上分为均质层和非均质层；按照大气的功能不同，可把大气分为电离层和臭氧层；但应用最广泛的，是按照大气的温度结构，将大气分为对流层、平流层、中间层、暖层和散逸层（图 1.3）。

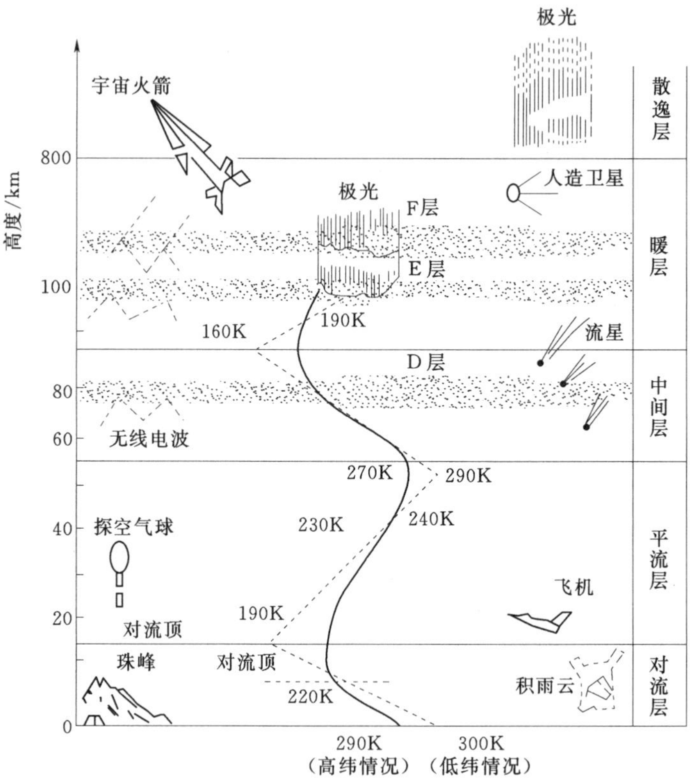

图 1.3　大气层结构示意图

1.2.1　对流层

位于大气圈的最低层，是地表系统的重要组成部分。对流层集中了大气质量的3/4，水汽质量的9/10，绝大多数天气现象发生在这层，是对人类活动影响最大的一层。根据观测，对流层的厚度随纬度和季节的不同而变化。在低纬度地区平均为17～18km，中纬度地区平均 10～12km，高纬度地区只有 8～9km。同纬度不同的季节对流层的厚度存在着明显差异，夏季的厚度大于冬季。

对流层具有以下三个主要特征：

(1) 温度随高度增加而降低。由于对流层主要是从地面得到热量，通过空气的对流和湍流运动，将热量输送到高层大气。一般情况下，温度随高度上升而下降。温度随高度的降低量级，与所在高度、季节等因素有关。平均而言，高度每上升 100m，温度下降 0.65℃。温度随高度的变化率称之为气温直减率，或称温度垂直梯度，通常用 γ 表示，即 $\gamma=0.65℃/100m$。

(2) 对流运动明显。由于地表面的不均匀加热，产生空气垂直对流运动。对流运动的强弱主要与纬度和季节有关，低纬度较强，高纬度较弱；夏季较强，冬季较弱。这种对流运动，使得高低层空气发生交换，有利于热量、水汽、杂质等向上输送，有利于成云致雨，从而导致一系列天气现象的发生。

(3) 气象要素水平分布不均匀。对流层与地面相接，受地表影响很大。地形的起伏、海陆的差异，使得对流层中的温度、湿度的水平分布不均匀，于是产生一系列物理过程和复杂的天气现象，对人类和环境影响很大。

1.2.2　平流层

对流层以上到 55km 左右为平流层。在平流层内，随着高度的升高，气温最初保持不变或微有上升。大约到 30km 以上，气温随高度增加而显著升高，在 50km 附近的高空形成暖区。到平流层顶，气温可达－3～17℃。平流层中这种温度的分布特征，是和它受地面的影响小以及该层中的臭氧对太阳紫外辐射的吸收有关。平流层中水汽含量极少，透明度好，大多数时间天空晴朗，只是在底部有分散的贝母云。平流层中空气以平流为主，气流稳定，是飞机飞行的理想高度。

1.2.3　中间层

自平流层顶到 80km 附近是中间层。由于离地面热源远，几乎没有臭氧，能被该气层空气（氧、氮）吸收的太阳辐射已被上层大气吸收，气温随高度增加而迅速降低，并有强烈的对流运动的，故又称之为上对流层。

1.2.4　暖层

自中间层顶到 800km 是暖层（热成层）。其空气密度很小，370km 处空气的密度是地面的一千亿分之一。暖层具有两个明显的特点：其一，温度随高度增加而迅速增高。这是因为小于 0.175μm 的太阳紫外辐射被该层中的氧和氮吸收，顶部温度可达 1700℃。其二，空气处在高度电离状态。这是由于受到太阳紫外辐射和宇宙射线的作用，氧分子和部分氮分子被分解成原子状态。暖层中存在着 E、F 电离强度最强的层次，对地面发射的无线电波有反射作用，使无线电波得以在全球传播。由于这个特点，暖层又称之为电离层。

1.2.5　散逸层

在暖层以上是散逸层，是大气圈与星际空间的过渡带，也称为外层。由于该层中空气极其稀薄，温度高，空气质点运动速度快，而且离地面远，受地球引力作用小，大气质点不断逃逸到宇宙太空。

1.3　大气的状态方程

空气状态常用密度（ρ）、体积（V）、压强（p）、温度（t 或 T）表示。对一定质量的空气，其 p、V、T 之间存在函数关系。例如，一小团空气从地面上升时，随着高度的增大，其受到的压力减小，随之发生体积膨胀增大，因膨胀时做功，消耗了内能，气温乃降低。这说明该过程中一个量变化了，其余的量也要随着变化，亦即空气状态发生了变化。如果三个量都不变，就称空气处于一定的状态中，因此研究这些量的关系就可以得到空气状态变化的基本规律。

资源 1.2
大气的状态方程

1.3.1　理想气体状态方程

根据大量的科学实验总结出，一切气体在压强不太大，温度不太低（远离绝对零

度）的条件下，一定质量气体的压强和体积的乘积除以其绝对温度等于常数，即

$$\frac{p_1V_1}{T_1}=\frac{p_2V_2}{T_2}=\frac{p_3V_3}{T_3}=\cdots=\frac{p_nV_n}{T_n} \tag{1.1}$$

$$\frac{pV}{T}=\text{常量} \tag{1.2}$$

上式是理想气体的状态方程。凡严格符合该方程的气体，称理想气体。实际上，理想气体并不存在，但在通常大气温度和压强条件下，干空气和未饱和的湿空气都十分接近于理想气体。

在标准状态下（$p_0=1013.25\text{hPa}$，$T_0=273\text{K}$），1mol 的气体，体积约等于 22.4L，即 $V_0=22.4\text{L/mol}$。因此

$$\frac{pV}{T}=\frac{p_0V_0}{T_0}=R^* \quad \text{即 } pV=R^*T \tag{1.3}$$

$$\begin{aligned}R^*&=\frac{1.01325\times10^5\text{Pa}\times2.24\times10^{-4}\text{m}^3/\text{mol}}{273\text{K}}\\&=8.31441\text{Pa}\cdot\text{m}^3/(\text{mol}\cdot\text{K})\approx8.31\text{J}/(\text{mol}\cdot\text{K})\end{aligned} \tag{1.4}$$

该值对 1mol 任何气体都适用，所以叫普适气体常数。

对于质量为 M，1mol 气体的质量是 μ 的理想气体，在标准状态下，其体积 V 等于 1mol 气体体积的 $\frac{M}{\mu}$ 倍，即

$$V=\frac{M}{\mu}\frac{R^*T}{p} \tag{1.5}$$

$$pV=\frac{M}{\mu}R^*T \tag{1.6}$$

这是通用的质量为 M 的理想气体状态方程，又称作门捷列夫-克拉珀珑方程。它表明气体在任何状态下，压强、体积、温度和质量 4 个量之间的关系（计算时要注意单位的统一）。

在气象学中，常用单位体积的空气块作为研究对象，为此，常将式（1.5）中 4 个量的关系变为压强、温度和密度 3 个量间的关系，即

$$p=\frac{M}{V}\cdot\frac{R^*}{\mu}T \tag{1.7}$$

式中 $\frac{M}{V}$ 就是密度 ρ，用 R 表示 $\frac{R^*}{\mu}$，则得

$$p=\rho RT \tag{1.8}$$

式中：R 为比气体常数，是对质量为 1g 的气体而言的，它的取值与气体的性质有关。

式（1.8）表明，在温度一定时，气体的压强与其密度成正比；在密度一定时，气体的压强与其绝对温度成正比。从分子运动论的观点来看，这是容易理解的。气体压强的大小决定于器壁单位面积上单位时间内受到的分子碰撞次数及每次碰撞的平均动能，如分子平均动能大且单位时间里碰撞次数多，故压强也就大。

1.3.2　干空气状态方程

如前所述可以把干空气（不含水汽、液体和固体微粒的空气）视为分子量为

28.97 的单一成分的气体来处理，这样，干空气的比气体常数 R_d 为

$$R_d=\frac{R^*}{\mu_d}=\frac{8.31}{28.97}=0.287\text{J}/(\text{g}\cdot\text{K}) \tag{1.9}$$

干空气的状态方程为

$$p_d=\rho_d R_d T \tag{1.10}$$

1.3.3 湿空气状态方程与虚温

在实际大气（尤其是在近地面气层）中，总是存在着的含有水汽的湿空气。在常温常压下，湿空气仍然可以看成理想气体。湿空气状态参量之间的关系，可用下式表示

$$p=\rho' R' T \tag{1.11}$$

式中：$R'=R^*/\mu'$，μ'为湿空气的分子量；ρ'为湿空气的密度。

由于湿空气中水汽含量是变化的，所以 μ'和 R'都是变量。

如果以 p 表示湿空气的总压强，e 表示其中水汽部分的压强（即前述的水汽压），则 $p-e$ 是干空气的压强。干空气的密度（ρ_d）和水汽的密度（ρ_w）分别是

$$\rho_d=\frac{p-e}{R_d T} \quad \rho_w=\frac{e}{R_w T} \tag{1.12}$$

式中：R_w 为水汽的比气体常数，$R_w=R^*/\mu_w=8.31/18\text{J}/(\text{g}\cdot\text{K})=0.4615\text{J}/(\text{g}\cdot\text{K})$（$\mu_w$ 为水汽分子量，$\mu_w=18\text{g/mol}$）。

$$R_w=\frac{R^*}{\mu_w}=\frac{\mu_d}{\mu_w}\cdot\frac{R^*}{\mu_d}=1.608R_d \tag{1.13}$$

因为湿空气是干空气和水汽的混合物，故湿空气的密度 ρ'是干空气密度 ρ_d 与水汽密度 ρ_w 之和，即

$$\rho'=\rho_d+\rho_w=\frac{p-e}{R_d T}+\frac{e}{R_w T}=\frac{1.608(p-e)+e}{1.608R_d T}=\frac{p}{R_d T}\left(1-0.378\frac{e}{p}\right) \tag{1.14}$$

将式（1.14）右边分子分母同乘以 $\left(1+0.378\frac{e}{p}\right)$，并考虑 e 比 p 小得多，因而 $\left(0.378\frac{e}{p}\right)^2$ 很小，可以略去不计，式（1.14）可写成

$$\rho'=\frac{p}{R_d T\left(1+0.378\frac{e}{p}\right)} \tag{1.15}$$

$$p=\rho' R_d T\left(1+0.378\frac{e}{p}\right) \tag{1.16}$$

式（1.16）为湿空气状态方程的常见形式。如果引进一个虚设的物理量——虚温（T_v），即

$$T_v=\left(1+0.378\frac{e}{p}\right)T \tag{1.17}$$

由于 $\left(1+0.378\frac{e}{p}\right)$ 恒大于 1，因此虚温总要比湿空气的实际温度高些。引入虚温

后，湿空气的状态方程可写成

$$p=\rho' RT_v \tag{1.18}$$

式中：R 为干空气的比气体常数，为了书写方便，把 R_d 的下标 d 省去了。

由上式，虚温可定义为：与湿空气同气压同密度的干空气的温度。水汽增加密度减小，温度升高密度也减小，这里不考虑水汽多少所引起的湿空气分子量的变化。将水汽增加密度减小的效应用温度升高密度减小来表示。比较湿空气和干空气的状态方程，在形式上是相似的，其区别仅在于把方程右边实际气温换成了虚温。虚温和实际温度之差 ΔT 为

$$\Delta T=T_v-T=0.378\,\frac{e}{p}T \tag{1.19}$$

可见空气中水汽压 e 越大，这一差值便越大。在低层大气，尤其是在夏季，e 值较高，这时必须用湿空气状态方程，但在高空，e 值相对较小，因而 ΔT 很小，这时便可用干空气状态方程，而不致造成大的误差。

1.4　大气静力学方程及其应用

资源 1.3

大气静力学方程

由于大气中气压随高度而减小，由气压所造成的作用于一个薄块空气的向上的力，与由地球引力造成的向下的重力近似地保持平衡，大气处于垂直方向静止状态。据此，就可推导得下列重要方程。

1.4.1　大气静力学方程

假设：大气在垂直方向是静止状态，水平方向无压力差（气块两侧达到均衡状态）。在气柱中取单位面积，厚度为 δz 的薄气柱（图 1.4），讨论其垂直方向的受力情况。

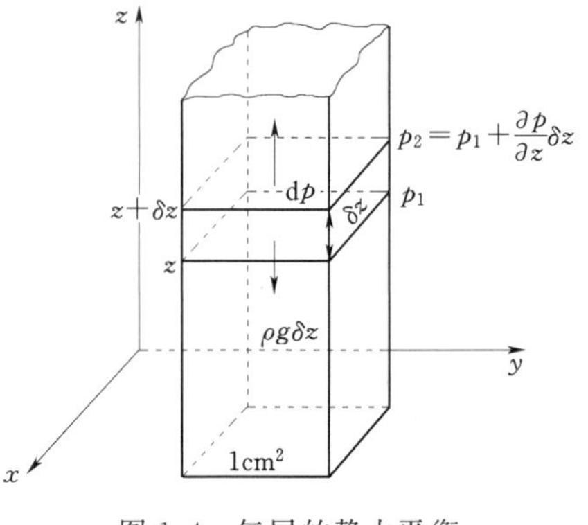

图 1.4　气层的静力平衡

高度变化 δz 的薄气柱，压强从 p_1 变到 $p_2=p_1+\frac{\partial p}{\partial z}\delta z$；所以，在这个气柱的上、下面上的压强之差（净压力）为

$$p_2-p_1=p_1+\frac{\partial p}{\partial z}\delta z-p_1$$

其方向向上。

厚度为 δz 的小气柱受到的重力：$-\rho g\delta z$ 方向向下相对地面静止的小气柱，必然在垂直方向两力平衡：

$$\frac{\partial p}{\partial z}\delta z=-\rho g\delta z \tag{1.20}$$

整理后得到

$$g=-\frac{1}{\rho}\frac{\partial p}{\partial z} \tag{1.21}$$

上式左边为单位质量空气所受的向下的重力；而右边则为单位质量空气所受的垂直气压梯度力。气压梯度力从高压指向低压，即指向上方。空气所受的向下的重力与向上的气压梯度力两者平衡，即空气处于垂直方向静力平衡之中。上式可改写成

$$\frac{\partial p}{\partial z}=-\rho g \tag{1.22}$$

式（1.22）就是流体静力学方程。在大气中除去有强烈对流运动的积云区以外，流体静力方程有很高的准确度，因而得到了广泛的应用。

若一块空气微团，在作上升运动时随时保持与外界的压力相等，也即符合式（1.22）所表示的规律，于是对此空气微团的压力变化可写出以下关系

$$\frac{\mathrm{d}p}{\mathrm{d}z}=-\rho g \tag{1.23}$$

把式（1.18）代入式（1.23）得到

$$\frac{\mathrm{d}p}{\mathrm{d}z}=-\frac{p}{RT_v}g \tag{1.24}$$

这个方程表明，压强随高度的变化与温度成反比。以后将可看到，压强随着高度的变化与气层的温度之间的关系，以及气层的厚度与气层的温度之间的关系。

1.4.2 单位压强高度差

单位压强高度差又称气压阶，它表示在大气静力平衡条件下压强随高度减小的快慢，或压强随高度减小一个单位所需要上升的高度。由流体静力学方程（1.23），令单位压强高度差为 h，则

$$h=-\frac{\mathrm{d}z}{\mathrm{d}p}=\frac{1}{\rho g} \tag{1.25}$$

将状态方程 $\rho=\frac{p}{R_d T}$代入，得

$$h=\frac{R_d T}{g p} \tag{1.26}$$

将 $g=980.6\mathrm{cm/s^2}$，$R_d=0.287\mathrm{J/(g\cdot K)}$ 代入上式，并将 T 换成摄氏温标 t，则得到

$$h\approx\frac{8000}{p}\left(1+\frac{t}{273}\right)\quad(\mathrm{m/hPa}) \tag{1.27}$$

上式表示，单位压强高度差与压强 p 成反比，而与温度 T 成正比。实际上气层的压强 p 与温度 T 都随着高度而变化。为此，可用（1.25）式来说明单位压强高度差随高度的变化。因为大气的密度随高度而减小，所以实际大气中单位压强高度差 h 随着高度而增大。由式（1.26）可知，暖气层中压强随高度的减小要比在冷气层中的慢。因此，在相邻的冷暖气层中，若地面压强相同，则在地面以上的某一高度上，暖气层内的压强将比冷气层内的压强大。

1.4.3 压高公式

为了精确地获得气压与高度之间的对应关系。由式（1.24），从气压为 p_0 的海平

面（$z=0$）积分到气压为 p 的高度 z，则得到

$$\int_{p_0}^{p} \frac{\mathrm{d}p}{p} = -\frac{g}{R}\int_0^z \frac{1}{T_v}\mathrm{d}z = \ln\frac{p}{p_0} \tag{1.28}$$

及

$$p = p_0 e^{-\frac{g}{R}\int_0^z \frac{1}{T_v}\mathrm{d}z} \tag{1.29}$$

从上式可知，气压随着高度增加按指数减小。

把大气划分成许多 100hPa 厚的气层，就可利用每一个气层的平均虚温确定该气层的厚度，然后把各气层的厚度相加，就得到总高度。因此，对于 z_1 和 z_2 高度之间的具有平均虚温为 $\overline{T}_v$ 的气层，就得到

$$\int_{p_1}^{p_2} \frac{\mathrm{d}p}{p} = -\frac{g}{R\overline{T}_v}(z_2 - z_1) \tag{1.30}$$

$$\ln p_2 - \ln p_1 = -\frac{g}{R\overline{T}_v}(z_2 - z_1) \tag{1.31}$$

或

$$z_2 - z_1 = \frac{R\overline{T}_v}{g}(\ln p_1 - \ln p_2) \tag{1.32}$$

将 T 换成 t，自然对数换成常用对数，并将 g 和 R 的值代入（1.32）式得

$$z_2 - z_1 = 18400\left(1 + \frac{\overline{t}_v}{273}\right)\lg\frac{p_1}{p_2} \tag{1.33}$$

上式称为拉普拉斯（Laplace）压高公式，是气象上常用的等温大气的压高公式。

实际大气并不是等温，但可以把整个大气分成若干层，分别求出各层的平均温度，一一代入公式（1.32）即可求出各气层中气压随高度的变化情况。

压高方程中四个变量 p_1，p_2，(z_2-z_1) 和 $\overline{t_v}$ 如果已知三个，就可以求出第四个来，因此压高方程可应用于以下几个方面：

（1）根据不同高度上的气压差和气柱的平均温度，求这两处之间的高度差。飞机上的高度表就是利用此原理制成的；

（2）根据某高度的气压值和气柱的平均温度，推算另一高度的气压值。气象台站测得的气压是本站气压，根据本站气压、该站的海拔高度和气柱的平均温度，可以推算海平面气压；

（3）由不同高度上的气压，求两高度之间气柱的平均温度（或平均虚温）。

1.4.4　重力位势高度

天气分析中，常常在等压面上进行高度场分析，并且不用通常的几何高度（m）而用位势高度（J/kg）来度量。

在地球重力场中，单位质量物体所具有的位势与它所处的高度有关。设海平面处的位势为 0，把单位质量物体从平均海面上移到 z 高度处做的功，称为重力位势，简称位势。则处于高度 z 的单位质量物体所具有的位势为

$$\Phi = \int_0^z g\,\mathrm{d}z \tag{1.34}$$

许多气象学上的计算，在垂直方向上通常把重力加速度 g 看作常量，所以上式可写成

$$\Phi = gz \text{ 或 } \Phi_2 - \Phi_1 = g(z_2 - z_1) \tag{1.35}$$

把 Φ 为常量的面称为等位势面。位势 Φ 的单位为 J/kg，其量纲为 L^2/T^2，单位为 cm^2/s^2。

我们定义 1 个位势米（1gpm）等于 9.80665J/kg，同时令海平面的位势高度为 0，则任一高度 z 的位势高度为

$$H = \frac{1}{9.80665}\int_0^z g\,dz \tag{1.36}$$

由于 $g \approx 9.8$，所以尽管位势高度和几何高度的意义截然不同，但两者在数值上非常接近。

然而，由于 g 随着纬度有变化，在极地它为 $983cm/s^2$，在赤道上它为 $978\ cm/s^2$，根据式（1.35）可见，在 $\Phi > 0$ 的各个等位势面都是从极地到赤道稍稍向上倾斜，而不与地面保持相同距离。

式（1.36）两边取微分，则得到

$$g_0 dH = g\,dz \tag{1.37}$$

$$9.8dH \approx d\Phi \tag{1.38}$$

式中：H 为位势高度，gpm；g_0 为常数，$g_0 = 9.80665m^2/(s^2 \cdot gpm)$。

把位势代入流体静力学方程，则得到

$$dp = -g\rho dz = -\rho d\Phi = -\frac{p}{RT_v}d\Phi \tag{1.39}$$

及

$$\int_{p_1}^{p_2}\frac{dp}{p} = -\frac{1}{R}\int_{z_1}^{z_2}\frac{1}{T_v}g\,dz = -\frac{1}{R}\int_{\Phi_1}^{\Phi_2}\frac{1}{T_v}d\Phi \tag{1.40}$$

采用平均虚温。

将（1.38）代入上式：

$$dH = -\frac{R\overline{T_v}}{9.8}\frac{dp}{p} \tag{1.41}$$

$$H_2 - H_1 = \frac{R\overline{T}_v}{9.8}\ln\frac{p_1}{p_2} = \Delta H \tag{1.42}$$

式中：H_2 为 p_2 等压面的位势高度；H_1 为 p_1 等压面的位势高度；ΔH 为上、下等压面之间的厚度。

世界气象组织已经编制了求算具有各种平均虚温的两个标准等压面之间的位势厚度表。

在天气分析与预报中，常用标准等压面图，图中的等高线就是位势高度，并以位势米表示。

资源 1.4
基本气象要素

1.5 基本气象要素

气象要素是指表示大气属性和大气现象的物理量，如气温、气压、湿度、风向、

风速、云量、降水量、能见度等。

1.5.1　气温

气温是空气温度的简称，是表示空气冷热程度的物理量。在一定的容积内，一定质量的空气，其温度的高低只与气体分子运动的平均动能有关。即这一动能与绝对温度 T 成正比。因此，空气冷热的程度，实质上是空气分子平均动能的表现。当空气获得热量时，其分子运动的平均速度增大，平均动能增加，气温也就升高。反之当空气失去热量时，其分子运动平均速度减小，平均动能随之减少，气温也就降低。气温决定着空气的干、湿与降水；决定着气压的大小，是影响大气运动和大气变化的基本因素。

气温随地点、高度和时间都有变化。通常所说的气温，是在离地面 1.5m 高的百叶箱内用水银温度表测得的。我国常用摄氏温标（℃）表示气温的高低。在气象学的计算中，常用到绝对温标，以 K 表示，这种温标中一度的间隔和摄氏度相同，但其零度称为“绝对零度”，规定等于摄氏－273.15℃，所以它们的换算关系为

$$T=273.15+t \tag{1.43}$$

式中：T 为绝对温度，K；t 为摄氏温度，℃。

此外有的国家用华氏温标（℉）。它们之间的换算关系为

$$\begin{cases} t_F=\dfrac{9}{5}t+32 \\ t=\dfrac{5}{9}t_F-32 \end{cases} \tag{1.44}$$

式中：t 为摄氏温度，℃；t_F 为华氏温度，℉。

华氏温标的单位较小，只相当于 5/9 摄氏温标的大小；同时在华氏温标中，水的冰点为 32℉，而在摄氏温标中为 0℃。

1.5.2　气压

1. 气压的定义及表达式

气压指大气的压强。从流体静力学的观点来看，它是空气柱的重量所产生的；从空气动力学的观点则可看作由分子运动所产生。

若以 p 代表气压，F 代表面积 A 上所承受的力，则

$$p=\frac{F}{A} \tag{1.45}$$

若 M 为任何面积 A 上的大气质量，在地球重力场中，g 为重力加速度，则这个面积 A 上大气柱的重量为

$$F=Mg \tag{1.46}$$

在静止大气中，面积 A 上大气柱的重量就是该面上所承受的力。将式（1.45）代入式（1.46）得

$$p=\frac{Mg}{A} \tag{1.47}$$

即静止大气中任意高度上的气压值等于其单位面积上所承受的大气柱的重量。当

空气有垂直加速运动时，气压值与单位面积上承受的大气柱重量就有一定的差值，但在一般情况下，空气的垂直运动加速度是很小的，这种差别可以忽略不计。

一般情况下气压值是用水银气压表测量的。设水银柱的高度为 h，水银密度为 ρ，水银柱截面积为 S，则水银柱的重量 $W=\rho ghS$。由于水银柱底面积的压强和外界大气压强是一致的，从而所测大气压强为

$$p=\frac{W}{S}=\frac{\rho ghS}{S}=\rho gh \tag{1.48}$$

所以气压单位曾经用毫米汞柱高度（mmHg，1mmHg=133.322Pa，全书下同）表示，现在通用百帕（hPa）来表示。1hPa 等于 $1m^2$ 面积上受到 100N 的压力时的压强值，即

$$1hPa=100N/m^2$$

当选定温度为 0℃，纬度为 45°的海平面作为标准时，海平面气压为 1013.25hPa，相当于 760mm 的水银柱高度，称此压强为 1 个大气压（1atm=1013.25hPa，全书下同）。

2. 气压场的概念

(1) 等压面。各空间点气压组成的场称之为气压场。气压的水平分布——水平气压场，垂直分布——垂直气压场。空间各气压相等的点组成的面称为等压面。等压面在空间是一个起伏不平的曲面，一般不为平面（图 1.5）。等压面的起伏形势，可以反映水平气压场的分布形势。向上凸起的部分对应水平面高压区，下凹的部分对应水平面低压区。

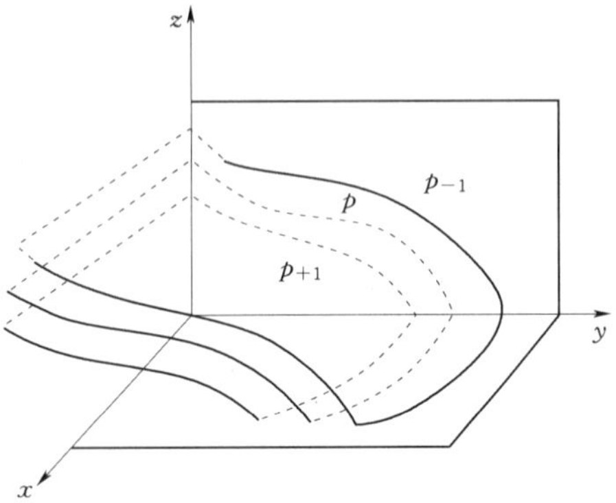

图 1.5 空间压强场示意图

如图 1.6 所示，曲线代表等压面，该面上的气压都是 700hPa。700hPa 等压面的平均高度是 3000m。同高度上比较，a 点气压低于 700hPa，b 点的气压等于 700hPa，c 点的气压大于 700hPa。等压面的起伏形势是可以通过等高线的分布表示出来的。

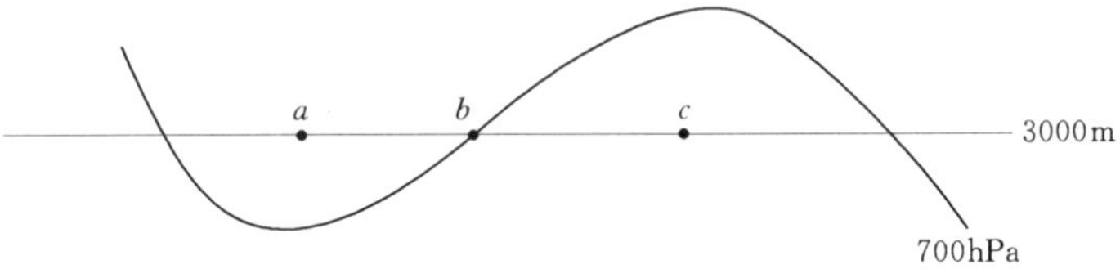

图 1.6 等压面起伏形势与水平面气压场的关系

等高线是位势高度相等的点连成的线。实际为空间等压面与水平面的交线（图 1.7），等压面凸起的部分（高压区）与闭合的等高线围成的高值区相对应；等压面下凹的部分（低压区）与闭合的等高线围成的低值区相对应。

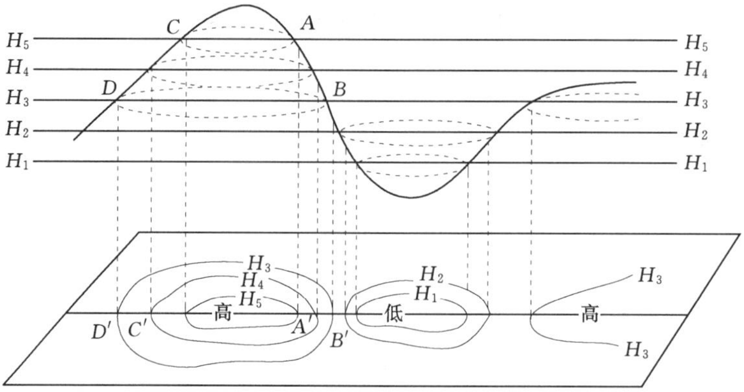

图 1.7　等压面与等高线的关系

气象部门所用的高空图就是等压面图，常用的有 100hPa、300hPa、500hPa、700hPa、850hPa、1000hPa 等压面图。

气压场的分布特点，可以通过等压面和等高面图的分析来反映。

(2) 等高面和等压线。等高面是高度相等的点组成的面。为了比较不同高度测站的气压高低，将同高度（常用海平面高度）各个不同站点的气压及其他要素填在一张平面图上，该图称为等高面图。

等压线是气压相等的点连成的线。在等高面上分析等压线以了解水平气压场的分布特征。

气象部门所用的地面图就是等高（海平面高度）面图。

(3) 气压场的基本类型。

1) 高压：空间等压面形如凸起的山包（图 1.7)。由闭合的等压（高）线构成的高值区，中心值最高（图 1.8)。

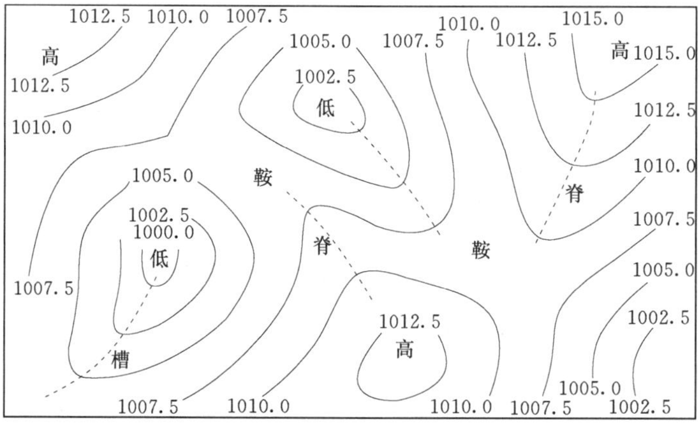

图 1.8　气压场的几种基本型式

2) 低压：空间等压面形如下凹的盆地（图 1.7)。由闭合的等压（高）线构成的低值区，中心值最低（图 1.8)。

3) 低压槽：是从低压区向外延伸的狭窄部分，空间等压面形如山谷。地面（高空）图上为一组未闭合的等压（高）线向较高值区突出的部分（图 1.8）。等压（高）线曲率最大点的连线称为槽线。

4）高压脊：是从高压区向外延伸的狭窄部分，空间等压面形如山脊。地面（高空）图上为一组未闭合的等压（高）线向较低值区突出的部分（图 1.8）。等压（高）线曲率最大点的连线称为脊线。

5）鞍形场：空间等压面形如马鞍。为两高两低相对组成的中间区域（图 1.8）。

上述五种气压类型，统称为气压系统，在不同的气压系统中天气情况各不相同。

1.5.3 湿度

表示大气中水汽量多少的物理量称大气湿度。它和云、雾、露、霜等物理现象有关。表示空气湿度的方法有很多种。生产领域不同，或研究的问题不同，可采用不同的表示方法。大气湿度常用下述物理量表示：

1. 水汽压

大气中的水汽所产生的那部分压力称水汽压（e）。它的单位和气压一样，也用 hPa 表示。水汽压随高度增加而迅速减少，1500m 高度的水汽压为地面的 1/2，5000m 高空则减少为地面的 1/10。水汽压的地理分布与气温相同，赤道区最大，约 26hPa，向两极逐渐减少，35°N 处约 13hPa，65°N 为 4hPa，极地为 1～2hPa。

自然条件下水汽压存在一个极大值，当水汽压接近这一极大值时便有水汽凝结出来，以保持水汽压不超过这一极值。如果水汽含量达到此限度，空气就呈饱和状态，这时的空气称饱和空气。饱和空气的水汽压称饱和水汽压（e_s），也叫最大水汽压。实验和理论都可证明，饱和水汽压是温度的函数，随温度的升高而增大。在不同的温度条件下，饱和水汽压的数值是不同的。根据实验结果用公式表示为

$$e_s = 6.11 \times 10^{at/(b+t)} \tag{1.49}$$

式中：e_s 为饱和水汽压，hPa；t 为温度，℃；a 和 b 为常数，在冰面上 $a=9.5$，$b=265.5$，在水面上 $a=7.63$，$b=241.9$。

水面上和冰面上的饱和水汽压随温度的变化见表 1.2。

表 1.2　　饱 和 水 汽 压　　单位：hPa

蒸发面		0℃	1℃	2℃	3℃	4℃	5℃	6℃	7℃	8℃	9℃
水面	−10℃	2.86	2.64	2.44	2.25	2.03	1.91	1.75			
	−0℃	6.11	5.68	5.27	4.89	4.54	4.21	3.9	3.62	3.35	3.1
	+0℃	6.11	6.57	7.06	7.58	8.13	8.72	9.35	10.02	10.73	11.48
	10℃	12.28	13.13	14.02	14.98	15.98	17.05	18.18	19.38	20.64	21.97
	20℃	23.38	24.87	26.44	28.09	29.84	31.68	33.61	35.65	37.8	40.06
	30℃	42.45	44.93	47.55	50.31	53.2	56.23	59.42	62.76	67.26	69.92
	40℃	74.1	77.79	82	86.4	91.01	95.84	100.87	106.1	111.6	117.4
冰面	−30℃	0.39	0.34	0.3	0.27	0.25	0.22	0.2	0.18	0.16	0.14
	−20℃	1.03	0.94	0.85	0.77	0.7	0.63	0.57	0.51	0.46	0.42
	−10℃	2.6	2.37	2.17	1.98	1.81	1.65	1.5	1.37	1.25	1.11
	−0℃	6.11	5.62	5.17	4.76	4.37	4.01	3.68	3.38	3.1	2.83

含有水汽但未达到饱和的空气称为湿空气。水汽含量达到饱和的空气则称为饱和空气。自然条件下空气中的实际水汽压可能出现大于同温下的饱和水汽压的情况。但在实验室中，在人工清除了所有凝结核的情况下，实际水汽压可能远大于饱和水汽压，这被称为过饱和空气。

2. 绝对湿度

单位体积空气中所含的水汽质量称为绝对湿度，实际上也就是水汽密度，以 g/m^3 表示。它可用下式计算：

$$\rho_w=\frac{e}{R_w T}\times 10^3 \tag{1.50}$$

式中：e 为水汽分压力，Pa；T 为气温，K；ρ_w 为水汽密度，g/m^3；R_w 为水汽的比气体常数，$R_w=461.5J/(kg \cdot K)$。

当水汽达到饱和时，用饱和水汽压 e_s 值代入上式中计算，即得到饱和绝对湿度值。表 1.3 中给出了一些温度下的饱和绝对湿度值 ρ_{ws}。从表中可以看出，温度越高，该值越大。当温度高达 40℃时，若水汽含量达到饱和，每立方米空气中含有约 51g 水汽。

表 1.3　饱和绝对湿度

温度/℃	$\rho_{ws}/(g/m^3)$	温度/℃	$\rho_{ws}/(g/m^3)$
−40	0.120	5	6.797
−35	0.205	10	9.401
−30	0.342	15	12.832
−25	0.559	20	17.300
−20	0.894	25	23.049
−15	1.403	30	30.371
−10	2.158	35	39.599
−5	3.261	40	51.117
0	4.847		

3. 比湿

在一团湿空气中，水汽的质量与该团空气总质量（水汽质量加上干空气质量）的比值，称比湿（q）。其值是一个比值，本来没有量纲，但其单位常标以 g/g，即表示每一克湿空气中含有多少克的水汽。因该量很小，也有用每千克质量湿空气中所含水汽质量的克数表示的，即 g/kg。

$$q=\frac{m_w}{m_d+m_w} \tag{1.51}$$

式中：m_w 为该团湿空气中水汽的质量；m_d 为该团湿空气中干空气的质量。

据式（1.51）和气体状态方程可导出

$$q=0.622\frac{e}{p-0.378e} \tag{1.52}$$

由式（1.52）知，对于某一团空气而言，只要其中水汽质量和干空气质量保持不变，不论发生膨胀或压缩，体积如何变化，其比湿都保持不变。因此在讨论空气的垂直运动时，通常用比湿来表示空气的湿度。

当空气达到饱和时，其饱和比湿 q_s 可按下式计算：

$$q_s = 0.622\frac{e_s}{p - 0.378e_s} \tag{1.53}$$

计算中水汽压和大气总压力要用同样的单位 hPa。由于 e_s 是温度的函数，公式中又包含 p，所以饱和比湿是温度和气压的函数。表 1.4 给出了各种温度和压强下的饱和比湿值。

表 1.4　各种温度和压强下的饱和比湿值　单位：g/kg

气压/hPa 温度/℃	1000	900	800	700	600	500	400
−40	0.118	0.131	0.147	0.168	0.196	0.235	0.294
−35	0.195	0.217	0.244	0.279	0.326	0.391	0.488
−30	0.317	0.353	0.397	0.453	0.529	0.635	0.793
−25	0.503	0.599	0.629	0.719	0.839	1.007	1.259
−20	0.784	0.871	0.98	1.12	1.307	1.569	1.962
−15	1.2	1.33	1.49	1.71	1.99	2.39	2.99
−10	1.79	1.99	2.23	2.55	2.98	3.58	4.48
−5	2.63	2.92	3.29	3.76	4.39	5.27	6.59
0	3.8	4.23	4.76	5.44	6.35	7.62	9.54
5	5.44	6.05	6.81	7.79	9.09	10.92	13.67
10	7.67	8.53	9.6	11.0	12.8	15.4	
15	10.7	11.9	13.4	15.3	17.9		
20	14.7	16.3	18.4	21.1			
25	20.0	22.2	25				
30	26.9	29.9	33.7				
35	35.8	39.8					
40	47.3						

4. 混合比

一团湿空气中，水汽质量与干空气质量的比值称水汽混合比（w），与比湿一样，常标以 g/g 或 g/kg。

$$w = \frac{m_w}{m_d} \tag{1.54}$$

据其定义和气体状态方程可导出

$$w = 0.622\frac{e}{p - e} \tag{1.55}$$

因为 $e \ll p$，所以按照式（1.52）算出的 q 与按（1.55）算出的 w 差别很小，而且可以近似认为

$$\left.\begin{aligned} q \approx w \approx 0.622\,\frac{e}{p}\,(\mathrm{g/g}) \\ q \approx w \approx 622\,\frac{e}{p}\,(\mathrm{g/kg}) \end{aligned}\right\} \tag{1.56}$$

5. 相对湿度

相对湿度（f）就是空气中的实际水汽压与同温度下的饱和水汽压的比值（用百分数表示），即

$$f = \frac{e}{e_s} \times 100\% \tag{1.57}$$

相对湿度的大小直接反映了空气中水汽含量距离饱和的程度。当空气中水汽含量达到饱和时，相对湿度为 100%，未饱和时则 $f<100\%$。很明显，相对湿度值还可由以下公式计算。

$$f = \frac{\rho}{\rho_s} \times 100\% = \frac{q}{q_s} \times 100\% \tag{1.58}$$

从相对湿度的计算公式可以看出，当水汽压不变时，气温升高，饱和水汽压增大，相对湿度会减小。

6. 露点和霜点

在空气中气压和水汽含量不变的条件下降温，使水汽相对于水面达到饱和（$t>0℃$）时的温度，称为露点温度，简称露点，其单位与气温相同。同样的过程使水汽相对于冰面达到饱和（$t<0℃$）时所应降低到的温度，称为霜点温度，简称霜点。地面温度降低到露点则出现露；地面温度降低到霜点则出现霜冻。已知水汽压，由式（1.49），计算露点或霜点温度 t_d 时可应用以下关系式

$$e = 6.11 \times 10^{at_d/(b+t_d)} \tag{1.59}$$

式中：e 为实际水汽分压力，hPa；t_d 为露点（或霜点）温度，℃。

当计算露点时，$a=9.5$，$b=265.5$（$t_d>0℃$）

当计算霜点时，$a=7.5$，$b=237.3$（$t_d<0℃$）

对式（1.59）两边取常用对数，经过运算可得到以下根据水汽压 e 求露点（或霜点）温度 t_d 的公式：

$$t_d = \frac{b\lg\left(\dfrac{e}{6.11}\right)}{a - \lg\left(\dfrac{e}{6.11}\right)} \tag{1.60}$$

由上式可以看出，在气压一定时，露点（或霜点）的高低只与空气中的水汽含量有关，水汽含量越多，露点（或霜点）越高，所以露点（或霜点）也是反映空气中水汽含量的物理量。在实际大气中，空气经常处于未饱和状态，露点（或霜点）温度常比气温低（$t_d<t$）。因此，根据 t 和 t_d 的差值，可以大致判断空气距离饱和的程度。

【例】 某地某日 14 点时，$t=30℃$，$e_s=42.5\text{hPa}$，$e=31.7\text{hPa}$，$f=31.7/42.5\times$

100%=74.58%，空气处于未饱和状态。当 t 由 30℃降至 25℃时，$e_s=31.7\text{hPa}$，$e=31.7\text{hPa}$，$f=100\%$，此时的 $t=25$℃即为露点温度值。

7. 饱和差

实际大气处于未饱和状态是经常的，饱和状态时较少，因此露点温度总比实际大气温度低，只有当空气在饱和状态时，气温（t）等于露点温度（t_d）。因此在一定温度下，饱和水汽压与实际空气中水汽压之差被称为饱和差（d），也叫湿度差，即 $d=e_s-e$。d 表示实际空气距离饱和的程度。在研究水面蒸发时常用到 d，它能反映水分子的蒸发能力。

【例】 空气饱和时，$f=100\%$，$t=t_d$，$t-t_d=0$，空气湿润、出现凝结现象；

空气未饱和时，$f<100\%$，$t>t_d$，$t-t_d>0$，空气干燥；

空气过饱和时，$f>100\%$，$t<t_d$，$t-t_d<0$，水汽过多，产生降水。

上述各种表示湿度的物理量：水汽压、比湿、混合比、露点基本上表示空气中水汽含量的多寡。而相对湿度、饱和差则表示空气距离饱和的程度。

1.5.4　降水

降水是指从天空降落到地面的液态或固态水，包括雨、毛毛雨、雪、雨夹雪、霰、冰粒和冰雹等。降水量指降水落至地面后（固态降水则需经融化后），未经蒸发、渗透、流失而在水平面上积聚的深度，降水量以 mm 为单位，该单位与 kg/m^2 相同，因为 1kg 水分平铺在地面 1m^2 面积上所形成的水层深度为 1mm。降水量常用雨量器（雨量筒、雨量计）测定。

在高纬度地区冬季降雪多，还需测量雪深和雪压。雪深是从积雪表面到地面的垂直深度，以 cm 为单位。当雪深超过 5cm 时，则需观测雪压。雪压是单位面积上的积雪质量，以 g/cm^2 为单位。

降水有不同的分类方法，水文上更注意降水强度及持续时间。中国国家气象局颁布的降水强度等级划分以 24h 或 12h 的降水量作为标准（表 1.5）。

表 1.5　　降水强度标准

降水强度	小雨	中雨	大雨	暴雨	大暴雨	特大暴雨
12h 雨量/mm	0.1～4.9	5.0～14.9	15.0～29.9	30.0～69.9	70.0～139.9	≥140.0
24h 雨量/mm	0.1～9.9	10.0～24.9	25.0～49.9	50.0～99.9	100.0～249.9	≥250.0

降水量是表征某地气候干湿状态的重要要素，雪深和雪压还反映当地的寒冷程度。

1.5.5　风

空气的水平运动称为风。风是一个表示气流运动的物理量。它不仅有数值的大小（风速），还具有方向（风向）。因此风是向量。

单位时间内空气在水平方向流动的距离就是风速，风速单位常用 m/s、knot（海里/小时，又称“节”）和 km/h 表示，其换算关系如下：

1m/s=3.6km/h，1knot=1.852km/h，1km/h=0.28m/s，1knot=0.52m/s。

风向是指风的来向，用方位或方位度数表示。地面风向用 16 方位表示，高空风向常用方位度数表示，即以 0°（或 360°）表示正北，90°表示正东，180°表示正南，270°表示正西。在 16 方位中，每相邻方位间的角差为 22.5°（图 1.9）。

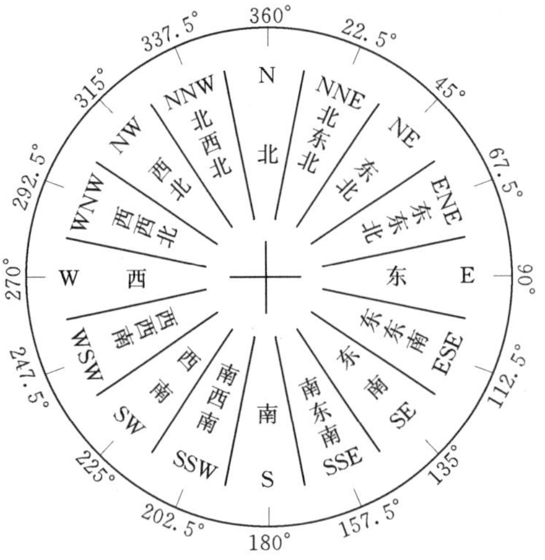

图 1.9　风向十六方位图

风向风速可用风向仪和风速仪测定，也可根据自然界物体受风吹动后所表现出的状况来估计风的大小，判断风的方向。蒲福风力等级表就是英国人蒲福（Francis Beaufort，1774—1857）于 1805 年拟定的用以目估风速的经验总结（表 1.6）。根据风力等级，可粗略地估算出风速：风速$=3.02\sqrt{F^3}$，这里 F 是风力等级，风速以 km/h 计。

表 1.6　　**风 力 等 级 表**

风力等级	名称	海面浪高 平均/m	海面浪高 最高/m	海面渔船征象	陆地地面征象	相当风速 m/s 范围	相当风速 m/s 中数	相当风速 km/h	相当风速 knot
0	无风	—	—	静	静，烟直上	0.0～0.2	0.1	小于 1	小于 1
1	软风	0.1	0.1	寻常渔船略觉摇动	烟能表示风向	0.3～1.5	0.9	1～5	1～3
2	轻风	0.2	0.3	渔船张帆时，每小时可随风移行 2～3km	人面感觉有风，树叶有微响	1.6～3.3	2.5	6～11	4～6
3	微风	0.6	1.0	渔船渐觉簸动，每小时可随风移行 5～6km	树叶及微枝摇动不息，旌旗展开	3.4～5.4	4.4	12～19	7～10
4	和风	1.0	1.5	渔船满帆时，可使船身倾一方	能吹起地面灰尘和纸张，树的小枝摇动	5.5～7.9	6.7	20～28	11～16
5	清风	2.0	2.5	渔船缩帆（即收去帆的一部分）	有叶的小树摇摆，内陆的水面有小波	8.0～10.7	9.4	29～38	17～21
6	强风	3.0	4.0	渔船加倍缩帆，捕鱼须注意风险	大树枝摇动，电线呼呼有声，张伞困难	10.8～13.8	12.3	39～49	22～27
7	劲风	4.0	5.5	渔船停息港中，在海者下锚	全树摇摆，大树枝弯下来，迎风步行感觉不便	13.9～17.1	15.5	50～61	28～33
8	大风	5.5	7.5	近港的渔船皆停留不出	可折坏树枝，迎风步行感觉阻力甚大	17.2～20.7	19.0	62～74	34～40
9	烈风	7.0	10.0	汽船航行困难	烟囱及平房屋顶受到损坏，小屋遭受破坏	20.8～24.4	22.6	75～88	41～47
10	狂风	9.0	12.5	汽船航行颇危险	陆上少见，见时可使树木拔起，或将建筑物吹坏	24.5～28.4	26.5	89～102	48～55

续表

风力等级	名称	海面浪高		海面渔船征象	陆地地面征象	相当风速			
		平均/m	最高/m			m/s		km/h	knot
						范围	中数		
11	暴风	11.5	16.0	汽船遇之极危险	陆上很少，有则必有重大损毁	28.5～32.6	30.6	103～117	56～63
12	台风	14.0	—	海浪滔天	陆上绝少，其摧毁力极大	32.7～36.9	34.8	118～133	64～71
13		—	—	—	—	37.0～41.4	39.2	134～149	72～80
14		—	—	—	—	41.5～46.1	43.8	150～166	81～89
15		—	—	—	—	46.2～50.9	48.6	167～183	90～99
16		—	—	—	—	51.0～56.0	53.5	184～201	100～108
17		—	—	—	—	56.1～61.2	58.7	202～220	109～118

注 13～17 级风力是当风速可用仪器测定时用之。

1.5.6 云

当空气中水汽含量达到饱和，便凝结成小水滴或凝华形成微小冰晶。它们漂浮在空气中便成为云或雾。因此云是悬浮在大气中的小水滴、冰晶微粒或二者混合物的可见聚合群体，底部不接触地面（如接触地面则为雾），且具有一定的厚度。由于云粒很小，微弱的空气上升运动就可以使它们漂浮在空中而不降落。云是最易变化的气象要素。云况通常用云量和云状来表示，云况的演变常能反映天气的变化。云的运动可显示出不同高度上空气的运动方向和速度。在气象观测中经常要观察云量和云状，有时也要观测云高，云向和云速。

1. *云量*

云量表示云的多少，以云所遮蔽的天空面积来度量。将地平线以上全部天空划分为 10 等份，为云所遮蔽的份数即为云量。例如，碧空无云，云量为 0，天空一半为云所覆盖，则云量为 5。

2. *云状*

云的形状多种多样，而且变化迅速。据云的不同形态和云出现的不同高度，大致将云分为 3 族 10 属（表 1.7）。

表 1.7 云的分类与特征

云族	云属	符号	高度/m	特征
高云	卷云	Ci	7000～10000	由微小冰晶组成，一般不产生降水
	卷层云	Cs	6000～9000	
	卷积云	Cc	6000～8000	
中云	高积云	Ac	3000～5000	由冰滴与冰晶组成，As 加厚可发生降水，已转变为雨层云 Ns
	高层云	As	2000～5000	

续表

云族	云属	符号	高度/m	特　征
低云	层积云	Sc	500～2000	由水滴组成，Ns 常产生大量降水由水滴、冰晶组成；云底平坦、垂直向上发展，产生阵性降水
	层　云	St	50～500	
	雨层云	Ns	500～1200	
	积　云	Cu	云底 500～1200	
	积雨云	Cb	云底 300～1500	

云可以说是天气的招牌，它能反映当时的大气状况并可作为判断天气的依据。云的形态和光彩现象与天气的关系分别见表 1.8 和表 1.9。

表 1.8　　云的形态与天气的关系

云的种类	云　的　形　状	位置	天气情况
卷　云	像羽毛、像绫纱	最高	晴朗
卷积云	像鳞波	很高	一般没雨雪
积　云	像棉花团	2000m 左右	阳光温和
高积云	像羊群	2000m 左右	天空碧蓝
卷层云	仿佛白色绸幕	高	天气转阴
高层云	像毛玻璃	低	将下雨、雪
雨层云	云层厚而均匀，呈暗灰色，布满天空，完全遮蔽日月，云底很乱，漫无定形	更低	雨雪下降
积雨云	高大的云山	更低	即将下暴雨

表 1.9　　云的光彩现象与天气的关系

光名	产生和分布情况	色彩	天　气　征　兆
晕	在卷层云之上，分布在日月周围	里红外紫	日晕三更雨，月晕午时风
华	在高积云边缘	里紫外红	华环小变大转晴，由大变小转阴雨
虹	雨过天晴，在太阳对面的云幕上	彩色圆弧	东虹轰隆西虹雨
霞	早、晚太阳照着光彩	云层变红	朝霞不出门，晚霞行千里

1.5.7　能见度

能见度指视力正常的人在当时天气条件下，能够从天空背景中看到和辨出目标物的最大水平距离，单位用 m 或 km 表示。

思考题与练习题

1. 为什么说云雾雨雪都出现在对流层内？
2. 大气中的臭氧与生物圈有何关系？
3. 污染大气的污染物是些什么？是怎样产生的？
4. 试述对流层的特征。对流层这个名词的意义如何？

5. 平流层里有没有水汽？有什么现象可以证明？

6. 为什么平流层内温度会随着高度而增高？

7. 干洁空气中含有哪些重要气体？它们随高度有何变化？

8. 空气中二氧化碳增多的原因是什么？

9. 压强随高度按什么关系变化？

10. 比湿和混合比为什么可相互通用？

11. 虚温的物理意义是什么？有什么用途？

12. 米与位势米有何不同？

13. 为什么说饱和水汽压是温度的函数，饱和水汽压随温度的变化而变化的程度如何？

14. 为什么在暖空气中单位气压高度差要比在冷空气中的大？如果相邻的冷暖空气的地面气压相同，在各个高度上它们的气压也一定相同吗？

15. 西风来自何方？北风来自何方？

16. 风速、风力、风压的意义是什么？

17. 露点的意义是什么？露点的高低决定于哪些（个）因子？

18. 有哪些表示湿度的量与水汽压成正比？

19. 写出气象上常用的干空气和湿空气状态方程表达式，并说明其物理意义。

20. 写出流体静力学方程并说明其物理意义。

21. 若温度保持不变，比湿减小，相对湿度将如何变化？

第 2 章

辐射与热量平衡

辐射是太阳、地球、地面能量交换的重要形式。大气运动的能量归根结底来源于太阳辐射，但又不是直接取自于太阳，而是通过地面长波辐射间接提供。地面和大气在获得太阳辐射能的同时，又向外发射长波辐射，以达到辐射平衡。讨论辐射收支与热量平衡，对于了解气候带的形成，水文气象要素的分布特征，及天气的形成和变化有着重要的意义。

2.1 辐射的基础知识

资源 2.1
辐射的基础知识

2.1.1 辐射与辐射能

自然界中，一切物体都以电磁波的形式向外放射热量。这种传递能量的方式称为辐射。物体通过辐射放出的能量称为辐射能。辐射波与光波的物理性质相同，都是电磁波，都具有反射、折射等光学特性。电磁波的范围很广，从波长为 10^{-14}cm 的宇宙线到 γ 射线、x 射线、紫外线、可见光、红外线、短无线电波（微波）、长无线电波等（图 2.1）。与气象和水文现象关系密切的辐射是太阳辐射和地球辐射。太阳辐射的波长范围为 0.15～4μm，属于紫外线、可见光和红外线的波段范围。可见光的波长范围为 0.39～0.76μm，所对应的颜色见表 2.1。地球辐射和大气辐射的波长约为 3～120μm，属于红外线波段。因此，在气象学上，称太阳辐射为短波辐射，地球和大气辐射称为长波辐射。

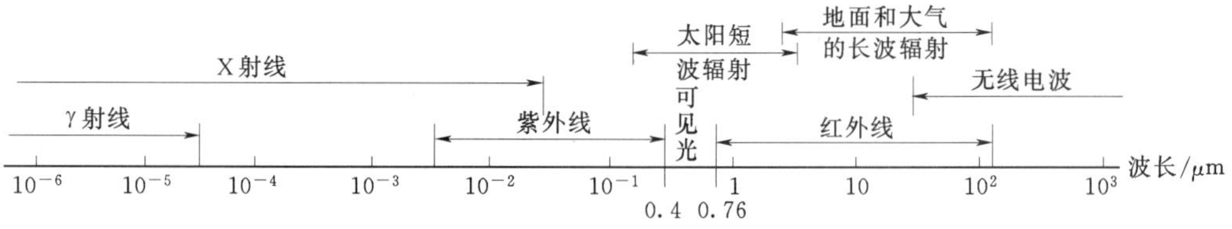

图 2.1　各种辐射的波长范围

表 2.1　可见波长和对应的颜色

颜色	波长范围/μm	典型波长/μm	颜色	波长范围/μm	典型波长/μm
紫	0.390～0.455	0.430	黄绿	0.550～0.575	0.560
深蓝	0.455～0.485	0.470	黄	0.575～0.585	0.580
浅蓝	0.485～0.505	0.495	橙	0.585～0.620	0.600
绿	0.505～0.550	0.530	红	0.620～0.760	0.640

辐射能可用能量的单位焦耳来度量。单位时间内，通过任一表面的辐射能称辐射通量，以 W（或 J/s）计。例如，太阳的辐射通量约为 3.90×10^{26} W，也常用 4.1868J/s 表示。辐射通量除以辐射所通过的面积，则称辐射通量密度（F），单位是 W/m，或 $4.1868\text{J}/(\text{cm}^2/\text{s})$。通过太阳表面（设太阳的半径为 7×10^8m）的辐射通量密度为

$$\frac{3.90\times10^{26}}{4\pi(7\times10^8)^2}=6.34\times10^7\,\text{W/m}^2$$

由于通过一个表面向空间各个方向的辐射通量往往是不同的。在单位时间内，垂直于任何方向的单位面积、在此方向的单位立体角（一个锥面所围成的空间部分称为"立体角"。立体角是以锥的顶点为心，半径为 1 的球面被锥面所截得的面积来度量的，度量单位称为"立体弧度"）内所放射出的辐射能量，定义为辐射面在此方向的辐射强度 I（图 2.2），其表达式为

$$I=\frac{\Delta F}{\Delta t\,\Delta S\cos\theta\,\Delta\omega} \tag{2.1}$$

式中：ΔF 为 Δt 时间内 ΔS 面积在与此面积的法线成 θ 角方向的 $\Delta\omega$ 球面度内放射出的能量。

显然，辐射通量密度就是单位面积在单位时间内向整个半球所辐射的能量，即辐射通量密度 F 为

$$F=\int_{\text{半球}}\mathrm{d}F=\int_{\text{半球}}I\cos\theta\,\mathrm{d}\omega \tag{2.2}$$

式中，$\mathrm{d}F=\Delta F/(\Delta t\,\Delta S)$。定义立体角为曲面上面积微元 $\mathrm{d}A$ 与其矢量半径的二次方的比值。若采用球坐标（图 2.3），则

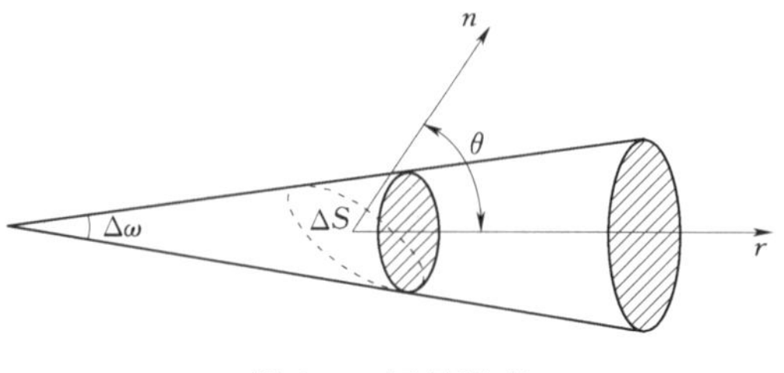

图 2.2 辐射强度

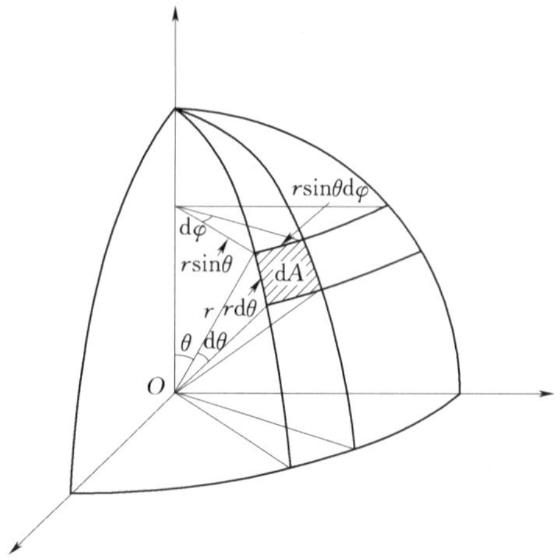

图 2.3 球坐标中的面积元和立体角

$$\mathrm{d}\omega=\frac{\mathrm{d}A}{r^2}=\frac{r\,\mathrm{d}\theta\,r\sin\theta\,\mathrm{d}\varphi}{r^2}=\sin\theta\,\mathrm{d}\theta\,\mathrm{d}\varphi \tag{2.3}$$

设辐射是各向同性的，即 I 值为常数而与方向无关，则

$$F = I\int_0^{2\pi} d\varphi \int_0^{\frac{\pi}{2}} \cos\theta \sin\theta d\theta = \pi I \tag{2.4}$$

所以，对于各向同性的辐射来说，辐射通量密度等于辐射强度的 π 倍。

辐射强度的单位为 W/(m^2 · sr) 或 4.1868J/(cm^2 · min · sr) [瓦特/(米^2 · 球面度) 或 4.1868 焦耳/(厘米^2 · 分 · 球面度)]。

2.1.2　辐射的基本定律

1. 普朗克定律

能够全部吸收投射到物体上的各种波长的电磁波的物体，称为绝对黑体。1900 年普朗克依据量子理论导出了绝对黑体对单色波的辐射强度与波长、温度的关系为

$$I_\lambda^* = \frac{2hc^2}{\lambda^5(e^{hc/k\lambda T} - 1)} \tag{2.5}$$

式中：$h = 6.626 \times 10^{-34}$ J · s，为普朗克常数；$k = 1.38 \times 10^{-23}$ J/K，为波尔兹曼常数；$c = 3 \times 10^8$ m/s，为光速；I_λ^* 的单位为 W/(m^2 · μm · sr)；T 为物体的绝对温度，K；λ 为波长，μm。

式 (2.5) 也称为普朗克定律。

图 2.4 是根据式 (2.5) 绘制的，它表示在不同温度下黑体辐射率随波长的变化特征情况。太阳表面温度为 6000K，主要能量集中在 0.17～4μm 波段内，而地球和大气的温度约为 200～300K，主要能量集中在 3～120μm 波段内，二者基本不重合。因而在大气科学中，以 4mm 作为界，把太阳辐射称为短波辐射，而把地球和大气的辐射称为长波辐射或红外辐射。式 (2.5) 也可改写为

$$I_\lambda^* = \frac{C_1}{\lambda^5[\exp(C_2/\lambda T) - 1]} \tag{2.6}$$

式中：$C_1 = 2c^2 h = 1.19 \times 10^{-10}$ Wm^2；$C_2 = \frac{ch}{k} = 1.44 \times 10^{-2}$ mK。

当波长不太长时，$C_2/\lambda T$ 之值远大于 1，式 (2.6) 改写成

$$I_\lambda^* = C_1/\lambda^5 \exp(-C_2/\lambda T) \tag{2.7}$$

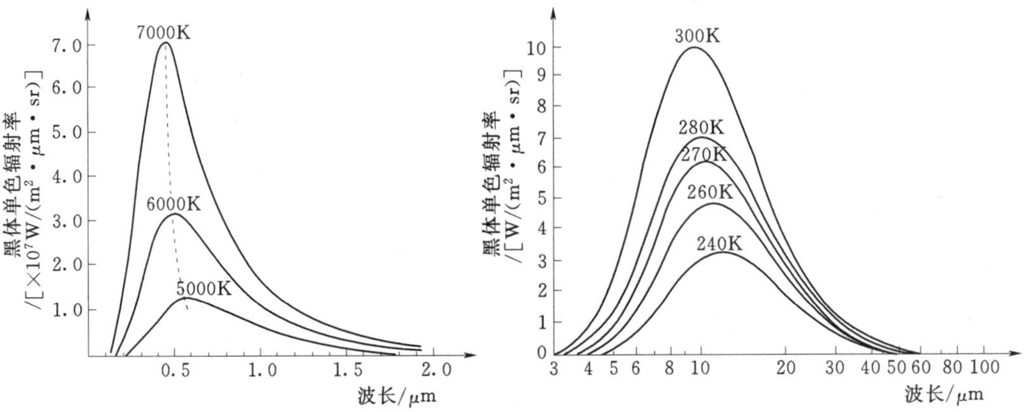

图 2.4　各种温度下的黑体辐射光谱

2. 维恩位移定律

黑体的温度不同，其辐射的电磁波的波长范围也不同。维恩发现，黑体放射能量最强的波的波长 λ_m 与黑体温度 T 成反比，即放射能力最强的波长随着温度增高面向短波方向移动。这种关系为

$$\lambda_m T = 2897\mu\text{mK} \tag{2.8}$$

式（2.8）也称为维恩位移定律。这个定律可用式（2.7），根据 $(\mathrm{d}I_\lambda/\mathrm{d}\lambda)=0$ 导出。由式（2.8），当 $T=6100\text{K}$ 时，$\lambda_m=0.475\mu\text{m}$；当 $T=300\text{K}$ 时，$\lambda_m=9.66\mu\text{m}$。这与图 2.5 所示相符。根据 λ_m 值算出的温度为色温度，所以太阳色温度为 6100K。

3. 斯蒂芬-波尔兹曼定律

黑体所辐射的各单色波的辐射强度之总和，称为黑体的辐射强度。由式（2.5），黑体的辐射强度为

$$I^* = \int_0^\infty I_\lambda^* \,\mathrm{d}\lambda = 2hc^2\int_0^\infty \frac{1}{\lambda^5(\mathrm{e}^{hc/k\lambda T}-1)}\mathrm{d}\lambda$$

引入频率 $\nu = c/\lambda$，则

$$I^* = \frac{2h}{c^2}\int_0^\infty \frac{\nu^3}{e^{h\nu/kT}-1}\mathrm{d}\nu = \frac{2k^4T^4}{c^2h^3}\int_0^\infty \frac{x^3}{e^x-1}\mathrm{d}x$$

由于 $\int_0^\infty \frac{x^3}{e^x-1}\mathrm{d}x = \frac{\pi^4}{15}$

所以

$$I^* = \frac{2\pi^4k^4}{15c^2h^3}T^4 = \frac{\sigma}{\pi}T^4$$

式中：$\sigma = \frac{2\pi^5k^4}{15c^2h^3} = 5.67\times10^{-8}\text{W}/(\text{m}^2\cdot\text{K}^4)$，$\sigma$ 为斯蒂芬常数，由式（2.4），并把黑体辐射通量密度写作 E^*，则得到

$$E^* = \sigma T^4 \tag{2.9}$$

式（2.9）也称为斯蒂芬-波尔兹曼定律。它表明：黑体总的辐射通量密度与其绝对温度的四次方成正比。因为黑体辐射是各向同性的，所以根据 E^* 值算出的温度为等效黑体温度，从而可算得太阳的等效黑体温度为 5780K。

4. 基尔霍夫定律

在一定温度下，一定物体所吸收的辐射能量与投射到该物体上的辐射总量之比，称为吸收率。一般说，物体的吸收率随波长而异，雪面对可见光的吸收率很小，是很好的反射体；但它对红外辐射的吸收率几乎为 1，是很好的吸收体。如前所述，能够吸收投射到一个物体上所有波长的辐射能量的物体，称为绝对黑体。若一物体吸收一切波长的辐射能，但又不是全部吸收，对各种波来说，其吸收率均小于 1，则称此物体为灰体。

投射到一个物体上的辐射能，一部分被该物体吸收，其余均被反射回去，被该物体反射出去的辐射能与投射到该物体上的总的辐射能之比，称为反射率。各种物体的反射率也各不相同。但显然，各物体的吸收率与反射率之和应等于 1。

此外，定义物体的辐射通量密度与同温度下黑体的辐射通量密度之比，称为比辐

射率，即

$$\varepsilon_\lambda = E_\lambda / E_\lambda^* \tag{2.10}$$

基尔霍夫证明，物体对一定波长的比辐射率与该物体对同一波长的吸收率相等，即

$$a_\lambda = \varepsilon_\lambda \tag{2.11}$$

a_λ 为物体对波长 λ 的吸收率。这就是基尔霍夫定律。

基尔霍夫定律表明：物质如能强烈吸收某一波长的辐射，则一定也能强烈地发射同一波长的辐射。大气中的云体和水汽能强烈吸收地面的长波辐射，它们也能强烈放射长波辐射。地面上的水和雪对长波的吸收和放射情形也是这样。

几种地表对长波的比辐射率见表 2.2。

表 2.2　地表对长波的比辐射率

下垫面	黑土	砂土	浅草	黑麦田	雪	水
比辐射率 ε	0.87	0.89	0.84	0.93	0.995	0.965

2.2　太阳辐射

资源 2.2
太阳辐射

太阳是一个炽热的气体球，表面温度为 6000K，内部温度更高。它一刻也不停地向茫茫宇宙空间辐射着大量的电磁波。其中射向地球的那一部分，向地球输送了大量的光和热。据粗略估计，太阳每分钟向地球输送的热能大约是 250×10^{16} 卡（1 卡 = 4.1868J），相当于燃烧 4 亿 t 烟煤所产生的能量，这是非常可观的。地球在一年中从太阳获得的能量，相当于人类现有各种能源在同期内所提供的能量的上万倍。地球上的一些天然能源（如煤、石油等）可能有枯竭的那一天，而太阳能却是取之不尽，用之不竭的。太阳能是人类可以无限使用下去的一种巨大的天然能源。地球上的热量基本来源于太阳辐射，除了从太阳那里取得能源外，还可从其他天体，如月球等取得能量，但其数量是微不足道的。所以说，太阳是地球和大气能量的源泉。

2.2.1　太阳辐射光谱和太阳常数

太阳辐射中辐射能随波长的分布，称为太阳辐射光谱。大气上界太阳光谱的分布曲线（图 2.5 中的实线）与 $T=6000$K 的黑体光谱能量的分布曲线（图 2.5 中的虚线）非常相似，可以把太阳辐射看成黑体辐射，有关黑体辐射的定律都可应用于太阳辐射。

太阳辐射主要能量集中在 0.4～0.76μm 的可见光区、0.15～0.4μm 紫外辐射区、大于 0.76μm 红外辐射区。前者占太阳总能量的 50%，后者占 43%，紫外辐射只占 7%。最强辐射的波长 $\lambda_m=0.475\mu$m。

太阳辐射通过星际空间来到地球大气的上界。由于地球绕太阳公转轨道是椭圆形的，日地间的距离随时间不同，近日点为 14700 万 km，远日点为 15200 万 km。设：日地平均距离为 $r_0=14960$ 万 km，地球大气上界，垂直于太阳光线单位面积上，单位时间内获得的太阳辐射能，称太阳常数，用 I_0 表示。1981 年世界气象组织推荐的

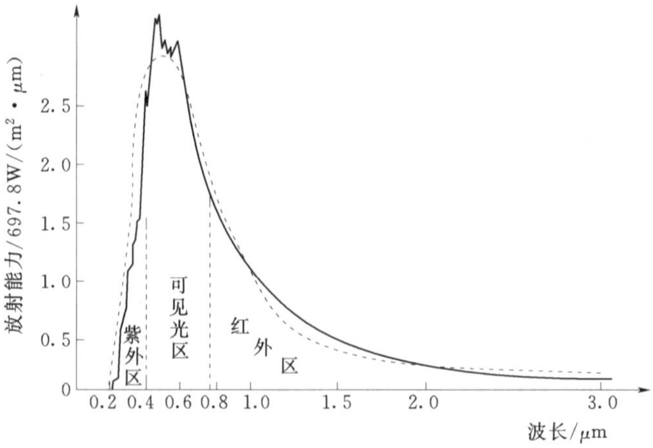

图 2.5 太阳辐射光谱

太阳常数是 1367W/m²，多数文献上采用 1370W/m²。据研究，太阳常数也有周期性变化特征，变化范围在 1%～2%，这可能与太阳黑子的活动周期有关。

2.2.2 达到地球上界的太阳辐射

太阳辐射在大气上界的时空变化与分布是由太阳与地球间的天文位置决定的，又称天文辐射。除太阳本身的变化外，天文辐射能量主要决定于日地距离、太阳高度角和白昼长度。

1. 日地距离

因为地球绕太阳公转的轨道为椭圆形，所以日地之间的距离时时都在变化，这种变化以一年为周期。地球上接收到太阳辐射的强度是与日地间距离的平方成反比的。在某一时刻，大气上界的太阳辐射强度 I 应为

$$I=\frac{r_0^2}{r^2}I_0 \tag{2.12}$$

式中：r 为该时刻的日地距离；r_0 为地球公转轨道的平均半径；I_0 为太阳常数 1370W/m²。

假设取 $r_0=1$（1 个天文单位），$\frac{r}{r_0}$用 ρ 表示，则

$$I=\frac{I_0}{\rho^2} \tag{2.13}$$

一年中地球在公转轨道上运行，就近代情况而言，在 1 月初经过近日点，7 月初经过远日点，按上式计算，便得到各月 1 日大气上界太阳辐射强度变化值（与太阳常数相差的百分数），见表 2.3。

表 2.3　　大气上界太阳辐射强度的变化

月份	1	2	3	4	5	6	7	8	9	10	11	12
百分数/%	3.4	2.8	1.8	0.2	−1.5	−2.8	−3.5	−3.1	−1.7	−0.3	1.6	2.8

可见，在远日点和在近日点的太阳辐射强度与太阳常数就有一定差异。大气上界的太阳辐射强度在一年中变动于＋3.4%～－3.5%之间。在近日点垂直于大气上界的太阳辐射强度比太阳常数大 3.4%；而在远日点则比太阳常数小 3.5%。

2. 太阳高度角

太阳高度角是太阳光线入射的方向与地平面的夹角。它是决定天文辐射能量的一个重要因素。任意时刻太阳高度的表达式为

$$\sin h=\sin\varphi\sin\delta+\cos\varphi\cos\delta\cos\omega \tag{2.14}$$

式（2.14）是计算太阳高度角的基本方程。其中，h 为太阳高度角；φ 为所在地的纬度；δ 为太阳赤纬，赤纬在赤道以北为正，在赤道以南为负，一年内在北半球夏至日 δ 为 23°27′，冬至日为－23°27′，春、秋分日 $\delta=0°$；ω 为时角，在一天中正午时 $\omega=0°$，距离正午每差 1h，时角相差 15°，午前为负值，午后为正值。

在某一时刻，大气上界的太阳辐射强度 I，在一定程度上代表了垂直到达大气上界的太阳辐射强度（图 2.6），与到达水平面上的太阳辐射强度之间存在着下面的数学关系式：

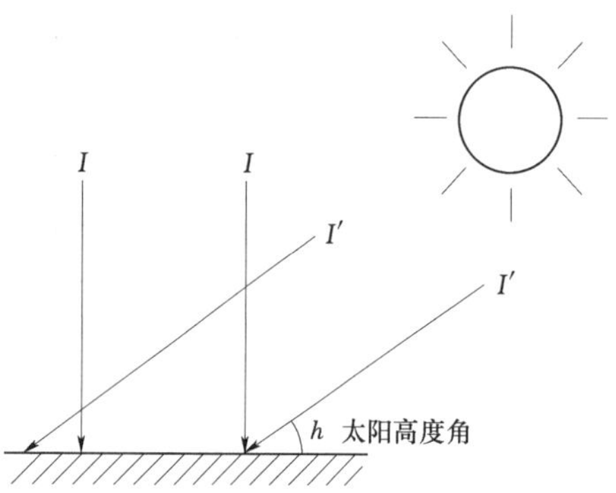

图 2.6　太阳高度角和太阳辐射强度

$$I'=I\sin h \tag{2.15}$$

式中：h 为太阳高度角；I 为垂直到达大气上界的太阳辐射强度；I'为投射到大气上界水平面上的太阳辐射强度。

即考虑到日地距离的影响，在太阳高度为 h 时，单位面积上所获得的太阳能为 $I\sin h$，那么每单位时间落到大气上界任意地点的单位水平面上的天文辐射能量为

$$\frac{\mathrm{d}Q_s}{\mathrm{d}t}=\frac{I_0}{\rho^2}\sin h \tag{2.16}$$

将式（2.14）代入式（2.16），则得

$$\frac{\mathrm{d}Q_s}{\mathrm{d}t}=\frac{I_0}{\rho^2}(\sin\varphi\sin\delta+\cos\varphi\cos\delta\cos\omega) \tag{2.17}$$

由式（2.17）可以求出任一地点、任一天太阳辐射在大气上界流入量（天文辐射）的日变化，以及一年中任一天白昼的任一时刻，地球表面水平面上天文辐射的分布。

3. 白昼长度

白昼长度指从日出到日没的时间间隔。以 $-\omega_0$ 为日出的时角，以 ω_0 为日没的时角，有

$$\cos\omega_0=\tan\varphi\tan\delta \tag{2.18}$$

因日出、日没的时角绝对值相等，所以 $2\omega_0$ 就是白昼长度，也就是天文辐射中的可照时间。它是随地理纬度和太阳赤纬而变化的。

要计算任一地点在一天内，$1\mathrm{m}^2$ 水平面上天文辐射的总能量，可将式（2.17）对时间积分，得到

$$Q_s = \int_{日出}^{日落} \frac{\mathrm{d}Q_s}{\mathrm{d}t}\mathrm{d}t \tag{2.19}$$

一天内，时角变化 2π 弧度，相当于 1440min，所以

$$\mathrm{d}t = \frac{1440}{2\pi}\mathrm{d}\omega \tag{2.20}$$

将式（2.17）代入式（2.19），并利用式（2.20），得到

$$Q_s = \frac{T}{\pi}\frac{I_0}{\rho^2}(\omega_0 \sin\varphi\sin\delta + \cos\varphi\cos\delta\sin\omega_0) \tag{2.21}$$

式中：T 为 1 日长度（1440min）；$\frac{T}{\pi} = 458.4$。

太阳赤纬 δ，日地相对距离 ρ 和时角 ω_0 都可由天文年历中查得，因此根据式（2.21）可以计算出某纬度 φ 在某日天文辐射的日总量 Q_s。

式（2.21）中，δ 和 ρ 仅决定于一年中的季节，ω_0 则决定于纬度和季节。因此太阳辐射的理论分布值 Q_s 决定于纬度和季节的变化。不同纬度天文辐射的年变化如图 2.7 所示；春分、秋分、夏至、冬至各日 Q_s 值随纬度的变化如图 2.8 所示。

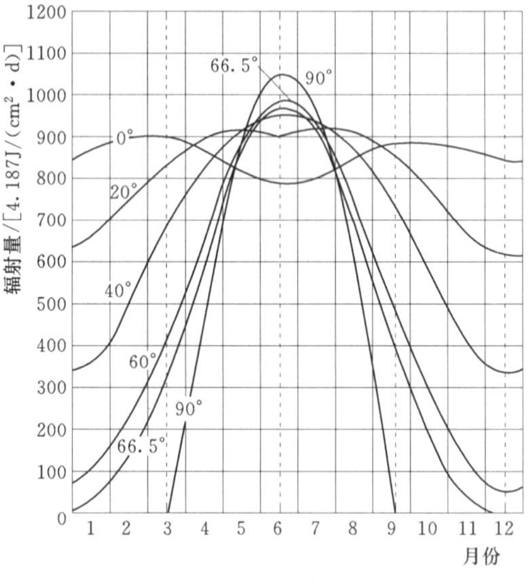

图 2.7　不同纬度天文辐射的年变化

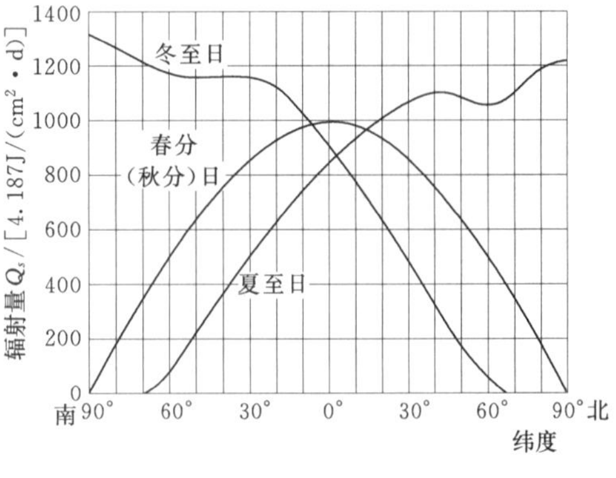

图 2.8　春分、秋分、夏至、冬至各日 Q_s 值随纬度的变化

由图 2.7 和图 2.8 可知：赤道上一年内 Q_s 值的变化很小。而在北极，夏季接受的太阳辐射能为最多，这时那里出现极昼，全天 24h 都能得到太阳辐射能。但从 9 月到次年 3 月，北极则一点太阳能也接受不到，这就是极夜。在南极，情形完全与北极相同，只是极昼、极夜的月份正好与北极的相反。因为 Q_s 值的年变幅越向极地越大，以后将看到与 Q_s 值对应的温度的年变幅也越向极地越大。又可看到，处于夏半年的半球上，不同纬度上接受的太阳辐射能相差较小。同理，南、北半球上，夏半年高低纬度间的温度差要比冬半年的小得多。例如，7 月，曼谷平均温度为 27.4℃，北京为

26.4℃，鄂霍次克为 11.7℃，北极也不低于零度。但在 1 月，赤道上为 27℃左右，北极却低达－32℃，甚至低到－50℃以下。

2.2.3　太阳辐射在大气中的减弱

太阳辐射通过大气时，分别受到大气中的水汽、二氧化碳、微尘、氧和臭氧以及云滴、雾、冰晶、空气分子的吸收、散射、反射等作用，从而使投射到大气上界的太阳辐射不能完全到达地面。

1. 大气吸收

太阳辐射经过大气时，由于臭氧、水汽及二氧化碳对紫外线、可见光对红外线的吸收，使得直接到达地面的太阳辐射强度与光谱都发生了变化。

如图 2.9 所示，太阳位于天顶时，到达地面的太阳辐射光谱（下面一条曲线）和射到大气顶上的太阳辐射光谱（上面一条曲线）。两条曲线之间的面积表示入射辐射通过大气后的削弱量。这个削弱量分为两部分：非阴影部分表示云和气溶胶的反向散射和吸收的综合效应及空气分子的反向散射效应，而阴影部分表示空气分子的吸收量。几乎所有阴影部分都可用分散的吸收带表示出来，其中最重要的是红外线附近的水汽吸收带。到达地面的太阳辐射中一半以上的能量位于可见光的波长范围内。

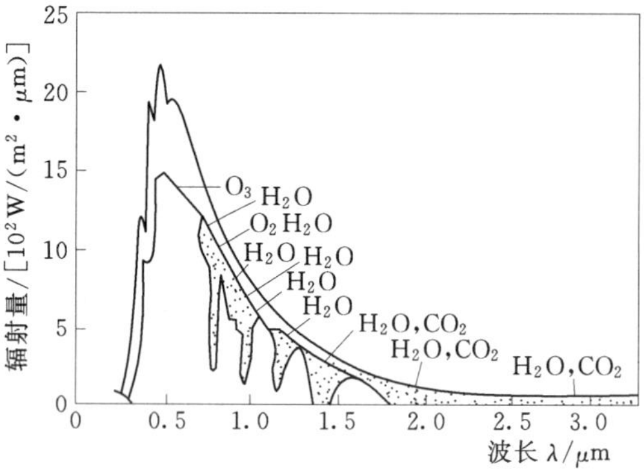

图 2.9　太阳辐射经过大气层后的削弱情况

太阳辐射波长范围中吸收光谱的带状分布结构，如图 2.10 所示。可见：

（1）实际上，所有 $\lambda<0.31\mu m$ 的太阳辐射在到达对流层顶高度以前就被吸收掉。其中氧（尤其是电离层中的氧）能吸收波长 $\lambda<0.2\mu m$ 太阳辐射，臭氧（平流层）能吸收 $\lambda<0.3\mu m$ 紫外线的大部分，高层大气对 $\lambda>0.35\mu m$ 的太阳辐射几乎是透明的。

（2）大气的气体成分对可见光波长的太阳辐射，吸收得很少，吸收光谱的透明窗刚好位于太阳辐射能量最多的波长范围内。

（3）太阳辐射的红外波长部分主要是由对流层中的水汽吸收的。水汽（对流层）能吸收 $\lambda=0.70\sim2.85\mu m$ 的辐射。二氧化碳能吸收波长为 $4.3\mu m$ 附近的太阳辐射。

悬浮在大气中的尘埃等杂质，也能吸收一部分太阳辐射，但其量很小。平均说来，太阳辐射由于大气的吸收而损失的量约 19%。即大气直接吸收的太阳辐射并不多，特别对于对流层大气来说，太阳辐射并不是主要的直接热源。

根据皮尔定律，在没有散射时，单色入射辐射量 $E_{\lambda\infty}$ 与经过空气吸收后的辐射量 E_λ 之间满足关系：

$$E_\lambda=E_{\lambda\infty}\exp(-\sigma_\lambda) \tag{2.22}$$

式中：σ_λ 称为光学厚度。

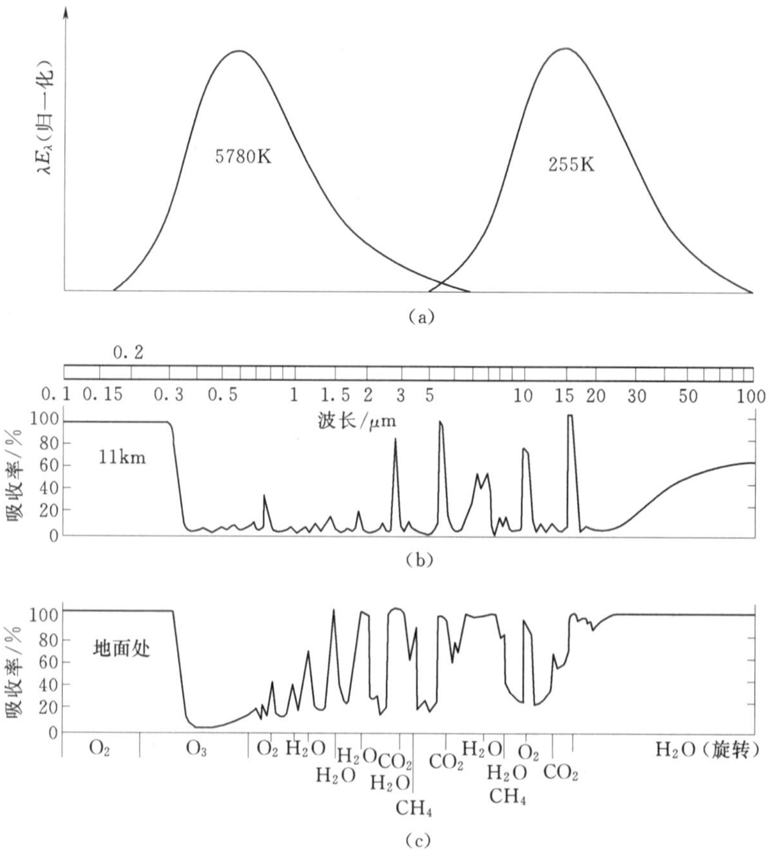

图 2.10　地球-太阳光谱的带状分布结构

[图(a)为5780K和255K时正规化的黑体辐射曲线。辐射通量密度与曲线下方的面积成正比；图(b)与图(c)相同，但位于11km的高空；图(c)晴空时，大气分别对天顶角为50°的太阳辐射和地球长波辐射的吸收谱]

$$\sigma_\lambda = \sec\varphi \int_z^\infty k_\lambda \rho \mathrm{d}z \tag{2.23}$$

式中：φ 为太阳天顶角（地球上某点的切面的法线与此点和太阳连线的夹角称为此时此地的太阳天顶角。太阳高度角和太阳天顶角互为余角）；z 为高度；k_λ 为空气对波长为 λ 的辐射波的吸收系数；ρ 为空气的密度。

2. 太阳辐射散射

散射是指每一个散射分子或散射质点将入射的辐射重新向各方辐射出去的一种现象。在辐射过程中，能量并不损失，只是部分的改变了电磁波的方向，有部分能量返回宇宙空间，使到达地面的太阳直接辐射减小了，但同时却使得整个天空大气层变得明亮起来。

在大气中散射粒子的尺度较宽，从气体分子（10^{-8}cm）直到降水粒子。散射的特性强烈地依赖于粒子尺度与入射辐射波长的相对大小。引进尺度参数 $\alpha = \dfrac{2\pi r}{\lambda}$，

r 为散射质点的半径，λ 为入射辐射的波长。当 $\alpha<0.1(r\ll\lambda)$ 时的散射称为瑞利散射或称分子散射；当 $0.1<\alpha<50(r\approx\lambda)$ 时称为米散射，也称大颗粒散射（像大气中的云滴，尘埃等对可见光的散射）；当 $\alpha>50(r\gg\lambda)$ 时的散射属于几何光学的范畴了［像大雨滴（$r\sim10^3\mu m$）对可见光会产生折射、反射等现象］，服从几何光学的规律。

（1）瑞利散射。$\alpha<0.1$ 时的散射，首先是由瑞利于1871年进行研究的，故称为瑞利散射。瑞利证明，散射光的强度与波长的四次方成反比，这种散射是有选择性的。因此，太阳辐射通过大气时，由于空气分子散射的结果，波长较短的光被散射得较多。雨后天晴，天空呈青蓝色就是因为辐射中青蓝色波长较短，容易被大气散射的缘故。而在日出和日落时，当太阳高度角较小时，太阳辐射在到达地面前所经过的光学厚度很大，蓝色光被散射殆尽。所以太阳光呈红色。

云滴和雨滴对于雷达微波的散射也属于瑞利散射。α 之值随着云滴的增大而增大，微波的散射与 α^4 成正比例增强。因而，雨滴对微波的散射远大于云滴。由此，可用雷达测定大面积的降水强度或积雨云所占面积和垂直伸展的高度。

（2）米散射。1908年，米（G. Mic）用电磁理论给出了均匀球状粒子散射问题的精确解，也就是米散射理论。该理论证明，当散射体的半径较大时，散射强度与波长无关，这种散射是没有选择性的，即辐射的各种波长都同样被散射。所以天空有云时，因云滴或冰晶较大，它们对可见光的散射属于米散射型，散射出的光与波长无关，从而天空呈白色。

有时为了区别有选择性的散射和没有选择性的散射，将前者称为散射，后者称为漫射。

3. 云层和尘埃对太阳辐射的反射作用

与散射不同的是，反射具有一定的方向性，它与入射角有关。大气中云层和较大颗粒的埃尘能将太阳辐射中的一部分能量反射到宇宙空间去。火山爆发是影响大气反射率的重要因素，例如，发生在1991年6月的菲律宾皮纳图博火山爆发，大量的火山灰进入大气，造成反射率明显增加，结果使得以后的几年内，北半球的平均气温降低0.5～1℃，南半球的气温降低0.25～0.5℃。不同的云量，不同的云状，云的不同厚度所发生的反射是不同的。高云平均反射25%，中云平均反射50%，低云平均反射65%，很厚的云层反射可达90%。笼统地讲，云量反射平均达50%～55%。

以上三种方式中，以反射作用最重要。太阳辐射有30%因反射和散射作用回到宇宙空间，19%被大气吸收，其余51%到达地面。

2.2.4　到达地表的太阳辐射

到达地面的太阳辐射包括了直接投射到地面上的直接辐射和以散射的形式到达地面的散射辐射两部分。

1. 太阳直接辐射

在太阳光未被遮挡的地方，可接受到太阳直接辐射。根据式（2.15）和式（2.22），地面单位面积接受的太阳直达辐射为

$$Q = I\sin h\exp(-\sigma_\lambda) \tag{2.24}$$

由上式看出，由于太阳常数变化很小及日地距离的变化影响不大，所以太阳直接辐射的大小主要是由太阳高度角和大气透明度所决定的。

（1）太阳高度角。直接辐射随太阳高度角的加大而增加。一方面是由于太阳高度角越小时，等量的太阳辐射能散布的面积越大，则单位面积上接受到的能量就越少，另一方面，因为太阳高度角越小时，太阳光穿过的大气层就越厚，大气对太阳辐射的减弱作用就越强。所以到达地面的辐射能就越少。

（2）大气透明度。直接辐射随着大气透明系数的改变而改变，当大气中的水汽、杂质等含量越多时，太阳辐射被削弱的越多。

（3）直接辐射的变化。太阳高度角的大小与纬度、季节及一天中的时间有关。因此直接辐射有明显的日变化、年变化和随纬度的变化。

在无云的天气条件下，一天中，直接辐射一般是中午最大，最小值是在日出日落时刻。

直接辐射也有显著的年变化，这种变化主要取决于太阳高度角的年变化。对一个地区来说，一年中，直接辐射夏季最大，冬季最小。但由于盛夏时，大气中的水汽含量增加、云量增多，也能使直接辐射减弱得较多。使得直接辐射的月平均值的最大值不出现在盛夏，而出现在春末夏初的季节。如表 2.4 列出了北京直接辐射的各月平均值。可以看出，北京直接辐射的月平均最大值出现在五月，最小值出现在十二月。

表 2.4　　北京直接辐射的月平均值

月　份	1	2	3	4	5	6	7	8	9	10	11	12
直接辐射/(10^2 W/m^2)	2.02	2.79	3.14	4.53	4.60	4.19	3.84	3.42	3.49	2.58	1.88	1.67

直接辐射还随纬度而改变。冬半年北半球由于太阳高度角和太阳可照时间随纬度的增高而减小，所以直接辐射也随纬度增高而减少。夏半年，虽然每天太阳的可照时间随纬度的增高而增长，在极地地区还有极昼现象，但高纬地区由于太阳高度角比较小，所以直接辐射量仍然不大，加上云和透明系数的影响，全年直接辐射的最大值出现在北回归线附近。

云量对于太阳直接辐射的影响最为强烈。最明显的是它影响直接辐射的日变化。由于午后对流的发展，把水汽和灰尘带到上空，使大气透明系数变小，导致直接辐射午后小于午前。阴天太阳直接辐射不能透过浓密的低云层，所以太阳直接辐射为零，只有在太阳高度角较大时，太阳直接辐射才能透过薄的高云。另外，云与雾的反射作用，也使直接辐射减少。

海拔也影响到太阳直接辐射的强度。海拔增加，太阳辐射进入大气到达地面的厚度减小，σ 值减小，同时高原上水汽含量小，吸收系数相应减小，从而太阳直接辐射强度随海拔增高而增大。

当然，从较长时段来说，影响地面接受太阳直达辐射的主要因子还是纬度和季节。

2. 散射辐射

太阳辐射射入大气层后，通过空气分子、尘埃和云滴散射后，一部分辐射能返回宇宙空间，而另一部分则以散射光方式由空中射到地面。后者用 D 表示，它和太阳直达辐射强度一样，随着太阳高度角的增大而增强。大气中尘埃、微粒或云量减少时，散射辐射减弱。云量对散射辐射强度的影响很大，在有薄的高云时，散射辐射的强度要比无云的晴天时的散射辐射的强度大得多，有时散射辐射值可和太阳直接辐射值相当。散射辐射随海拔增加而减小，这是因为高山上空空气稀薄，微尘含量小的缘故。平均说来，由于后向散射而返回宇宙空间的能量约占射入大气内的太阳辐射总量的 6%。

3. 总辐射

到达地面的太阳直接辐射与散射辐射之和，称为太阳总辐射，以 $Q_{总}$ 表示，则

$$Q_{总}=Q+D \tag{2.25}$$

晴天时，总辐射由太阳直接辐射和散射辐射两部分组成；阴天时，总辐射等于散射辐射。

全球年总辐射大致在 2510～9210MJ/(m^2·a) 之间，基本上呈带状分布，只是在热带低纬度地区受到破坏。赤道地区，因为云雨较多，年总量大为降低。南、北半球的副热带地区，特别是在大陆上的副热带沙漠地区，因为云量最少，总辐射大。最大值出现在非洲东北部，其数值达 9210MJ/(m^2·a)。

我国各地太阳辐射年总量（图 2.11）大致在 3350～8370MJ/(m^2·a) 之间。在 90°E 以西，等值线基本上与纬线平行，而且年总辐射量自北向南增大。最大值出现

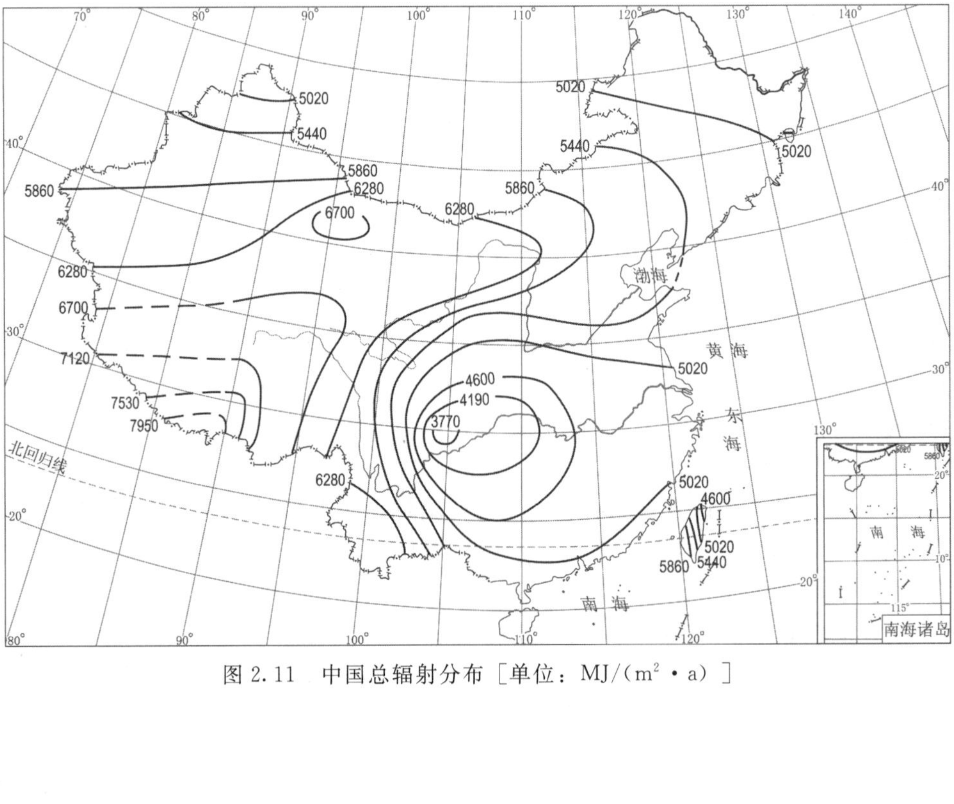

图 2.11　中国总辐射分布［单位：MJ/(m^2·a)］

在青藏高原西南部，高达 8370MJ/(m^2 · a)，因为这里海拔较高，纬度较低。四川盆地多云雾，是我国年总辐射量最少的地区，最小值出现在四川盆地西南部和贵州北部，仅为 3350～3768MJ/(m^2 · a)。

总辐射的年变化特征是，一般在一年中总辐射强度（指月平均值）在夏季最大，冬季最小。但受当地气候特征的影响，各地很不一致。

2.2.5 地面对太阳辐射的反射

到达地面的总辐射，有一部分被地面反射回到大气和宇宙空间，这部分辐射称为地面反射辐射；另一部分总辐射被地面吸收并转变成热能。地面对太阳辐射的反射能力常用反射率 A 表示，它是地面各方向上总反射辐射通量密度 R 与投射到该地面的总辐射通量密度 $Q_{总}$ 的百分比，即

$$A=\frac{R}{Q_{总}}\times 100\% \tag{2.26a}$$

某一地面的反射率为 A，其吸收率等于 $(1-A)$。因此该地面所吸收的太阳总辐射能量，就等于总辐射乘以吸收率。令地面单位面积吸收的太阳总辐射能量为 $Q'_{总}$，则

$$Q'_{总}=Q_{总}(1-A) \tag{2.26b}$$

反射率随地面性质和状态的不同而有很大差别。一些地面的反射率见表 2.5。

表 2.5 不同性质的地面对太阳辐射的反射率

地　　面	反射率/%	地　　面	反射率/%
裸地	10～25	棉地	20～22
沙地、沙漠	25～40	雪（干、洁）	75～95
草地	15～25	雪（湿或脏）	25～75
森林	10～20	海面（h>25°）	<10
稻田	12	海面（h 小）	10～70

其中，水面对不同入射角的光线具有不同的反射率，入射角越小，反射率越小，垂直入射时，反射率约为 2%～5%；当入射角接近 90°时，其反射率为 70%～80%。对于天空散射光，水面的反射率平均为 8%～10%。

由于地面有季节变化，所以反射率也随季节而变化。

到此为止，讨论了太阳辐射穿过大气层到达地面的各种辐射情况。如图 2.12 所示，设射入大气层的太阳辐射为 100 个单位，在大气中被水汽、尘埃和臭氧等吸收 16 单位，被云层吸收 3 单位，吸收率 19%。被大气后向散射返回宇宙空间 6 单位，被云顶反射回到宇宙空间 20 单位，因地面对它反射而进入宇宙空间为 4 单位，整个地球大气系统的反射率为 30%。只有 51 单位到达地面，被地面吸收。

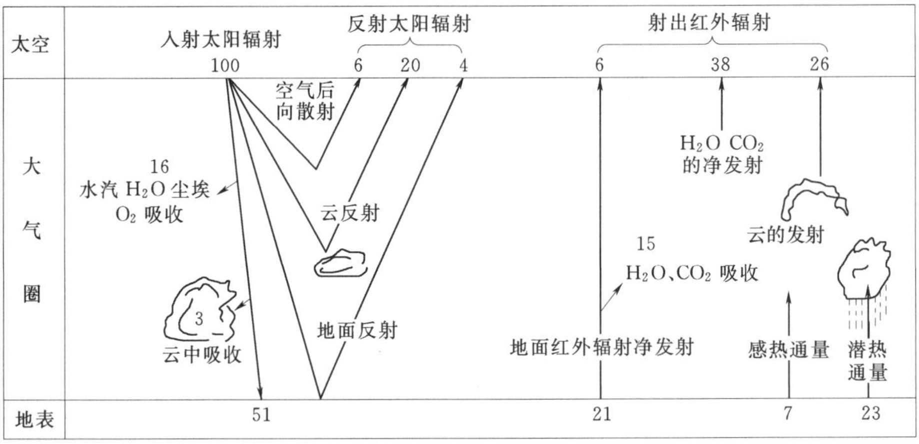

图 2.12　地球大气系统整个能量年平均收支图
（图中给出的数值是大气顶上的入射太阳辐射照度的全球平均值的百分数）

2.3　地面和大气的辐射

资源 2.3
地气的辐射及辐射差额和热量收支

由前面讨论可知，太阳辐射虽是地球上的主要能量来源，但大气对太阳短波辐射几乎是透明的，直接吸收的太阳辐射很少，而地面却能大量地吸收太阳辐射，并能转换成长波辐射供大气吸收。从这个意义上说，地面是大气的直接热源。

地面吸收太阳短波辐射的同时，按其本身的温度不断地向外发射长波辐射；大气强烈吸收地面的长波辐射的同时，也按其本身的温度向外发射长波辐射。通过长波辐射，地面和大气之间以及大气中气层和气层之间相互交换热量，并向宇宙空间散发着热量。

在地面和大气中常见的温度范围内（地面温度约为 300K，对流层气温约为 280K），若按黑体辐射计算，95%以上的地面和大气辐射的波长在 3～120mm 之间，都是肉眼不能够看见的红外、远红外辐射。根据维恩位移定律，可推得它们最大辐射强度的波长在 10～15mm 范围内。

2.3.1　地面辐射

地面以自己的温度向外放射辐射能，称为地面辐射。

地面辐射量可看作灰体辐射，根据基尔霍夫和斯蒂芬-波尔兹曼定律，地面辐射通量密度为

$$F_s = \varepsilon\sigma T_s^4 \tag{2.27}$$

式中：T_s 为地面温度，K；ε 为地面对长波的比辐射率（表 2.6）。

由上式可见，地面辐射通量密度主要取决于地面的温度。由于地球的温度远比太阳的低，所以前者的辐射强度只有后者的 1/160000。

表 2.6　　地表对长波的比辐射率

下垫面	黑土	砂土	浅草	黑麦田	雪	水
比辐射率 ε	0.87	0.89	0.84	0.93	0.995	0.965

2.3.2　大气辐射和大气逆辐射

大气只吸收太阳辐射的16%，却吸收绝大部分的地面辐射（长波）升高气温，同时也放射辐射能，这就称为大气辐射。大气辐射中一部分外逸到宇宙空间，另一部分投向地面。这种向下达到地面的大气辐射，称大气逆辐射。由于地面不是黑体，地面只能吸收一部分大气逆辐射。

如大气逆辐射为 F_a，其中被地面吸收的辐射量可表示为 aF_a，a 为地面对长波的吸收率。

2.3.3　大气对地面长波辐射的吸收

地面辐射除部分透过大气奔向宇宙外，大部分被大气所吸收。大气对地面辐射吸收是具有选择性的，其中的水汽、液态水、二氧化碳和臭氧对长波的吸收和放射起主要作用。

1. 水汽和液态水

大气成分中以水汽吸收地面辐射为最强，范围亦最广。图2.13表示大气吸收率与长波波长的关系。由图可见，水汽在6.5μm附近有一较强的吸收带，在波长8.5～12μm范围内吸收很弱，但地面辐射在这段波长范围内放射能力较强，可透过大气进入宇宙空间，所以此波段有“大气之窗”之称。从18μm以后，吸收率又急剧增大，几乎全部被吸收。液态水对长波辐射的吸收情况与水汽的相仿，只是其吸收作用更为强些。大气中若有0.3mm的可降水量，则它几乎能吸收全部波长在5～7μm及28μm以上的辐射能。在地面附近约40m厚的气层中就含有0.3mm的可降水量。因此，大气，尤其是对流层中的大气，主要靠吸收地面辐射而增热。

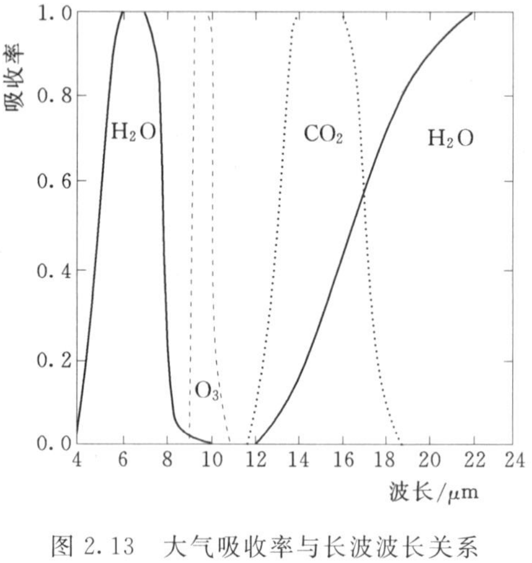

图2.13　大气吸收率与长波波长关系

2. 二氧化碳

二氧化碳有两个吸收带，一个吸收带波长在4.1～4.5μm，吸收作用极强，但在这个光谱区，地球辐射通量很弱（图2.10），所以这个吸收带的辐射热交换作用的影响不大。另一个吸收带波长在13.5～16.5μm，吸收作用也相当强，对辐射热交换有相当大的影响。

3. 臭氧

臭氧吸收作用（波长在8.3～10.6μm）与水汽、液态水和二氧化碳的相比，是很弱的。臭氧主要集中在平流层内，对低层的辐射交换影响很小。

由以上所述可知，大气主要靠水汽及液态水吸收地面长波辐射能，大气辐射也主要靠水汽放出，所以大气辐射的强弱决定于大气温度、湿度和云况。气温越高，水汽和液态水含量越大，大气辐射也就越强。

2.3.4　大气保温效应（又称花房效应或温室效应）

太阳辐射能穿过大气，地球长波辐射却大部分被大气吸收。只有较高处的大气层放射的长波辐射才能逸入宇宙空间。投射到地面上大气辐射中的一部分被地面吸收，实际上等于增加了地面的能量收入，从而提高了地面的温度，大气的这种作用，称为大气的保温效应。据计算，如果没有大气，地面平均温度应−23℃，有了大气逆辐射地球表面的平均温度是 15℃，比没有大气时高 38℃。月球则因为没有像地球这样的大气，致使它表面的温度昼夜变化剧烈，白天表面温度可达 127℃，夜间可降至−183℃。

2.3.5　地面有效辐射

地面有效辐射是地面所放射的辐射量与被地面所吸收的那部分大气逆辐射量之差。根据定义，有效辐射为

$$F = F_s - aF_a = \varepsilon(\sigma T_s^4 - F_a) \tag{2.28}$$

在这里，应用了基尔霍夫定律，物体的吸收率等于其比辐射率，所以 $a=\varepsilon$。

无云时，有效辐射通量密度为 0.50～1.0J/(cm^2·min)，远比太阳辐射要小。

影响地面辐射和大气逆辐射的因子都会对有效辐射产生影响，主要的影响因子有：地面温度、地面性质、空气的温度、湿度及它们的垂直分布和云况等。

通常大气温度低于地面温度，地面辐射大于大气辐射，地面会因有效辐射而失掉热量。白天，地面吸收的太阳辐射能量超过有效辐射，地面增温。夜间，因有效辐射地面损失热量，又无太阳辐射补充，地面就冷却。但在逆温情况下，大气逆辐射甚至超过地面辐射，有效辐射变为负值，地面反而获得热量。

在其他条件不变的情况下，有效辐射强度随着地面温度升高而增大。因此，有效辐射存在明显的日变化和年变化。其日变化与温度日变化相似，在一天中，有效辐射最大值一般出现在中午，最小值出现在日出之前。其年变化也与温度年变化相似，在一年中，一般夏季最大，冬季最小。

云量对有效辐射值的影响很大。云层像一覆盖层，阻挡地面辐射返回宇宙空间，使得大气逆辐射增大，减小地面有效辐射。有云的夜晚通常要比无云的夜晚暖和一些。云被的这种作用，我们也称为云被的保温效应。人造烟幕所以能防御霜冻，其道理也在于此。云层越密越低，大气逆辐射越大。在浓密的低云下，有效辐射值可减低到零。雾和水汽能够强烈减弱有效辐射强度。沙漠地区空气干燥，有效辐射强度就特别大。由于水汽和云的影响，使得有效辐射的最大值不一定出现在夏季。我国秦岭、淮河以南地区有效辐射秋季最大，春季最小；华北、东北等地区有效辐射则春季最大，夏季最小。

另外，海拔对有效辐射也有影响。海拔越高，空气越稀薄，水汽含量和尘埃含量减少，大气逆辐射减弱，有效辐射将增强。

2.4　地面及地气系统的辐射差额

任何物体都能不断地以辐射方式进行着热量交换。地面和大气与其他物体一样，都在不断地进行着这种热量交换。物体收入辐射能与支出辐射能的差值称为净辐射或辐射差额。即“辐射差额＝收入辐射－支出辐射”。在没有其他方式进行热交换时，辐射差额决定物体的升温或降温。辐射差额不为零，表明物体收支的辐射能不平衡，会有升温或降温产生。辐射差额为零时，物体的温度保持不变。

2.4.1　地面辐射差额

地面辐射差额是地面上辐射能的收入与支出之差，也就是地面吸收的太阳总辐射能与地面长波辐射净支出（即有效辐射）之差，以 R 表示。由式（2.26b）和式（2.28），得到 R 为

$$R=(Q+D)(1-A)-\varepsilon(\sigma T_s^4-F_a) \tag{2.29}$$

上式表明，影响地面辐射差额 R 因子很多，除考虑对总辐射和有效辐射的影响因子外，还要考虑地面反射率的影响。由于各个影响因子本身的变化就很复杂，这就使得地面辐射差额产生日变化、年变化、随纬度变化、随天空状况不同的变化。

日变化：白天，地面接受的短波辐射量大于长波辐射支出量，于是 $R>0$；夜间，太阳短波辐射量为零，只有长波辐射支出项，所以 $R<0$，即辐射差额值为负。由负值转到正值的时刻一般在日出后 1h，由正值转到负值的时刻一般在日落前 1～1.5h。图 2.14 是呼和浩特夏季辐射差额日变化。

年变化：在一年中，一般夏季辐射差额为正，冬季为负，最大值出现在较暖的月份，最小值出现在较冷的月份。图 2.15 给出了我国不同地区辐射差额年变化的情况。图 2.15 中，赣州代表我国南部地区，地面辐射差额月最大值出现在 7 月，而北部地区以北京为例，沙漠地区以敦煌为例，地面辐射差额月最大值都出现在 6 月，地面辐射差额的最小值出现在 12 月。

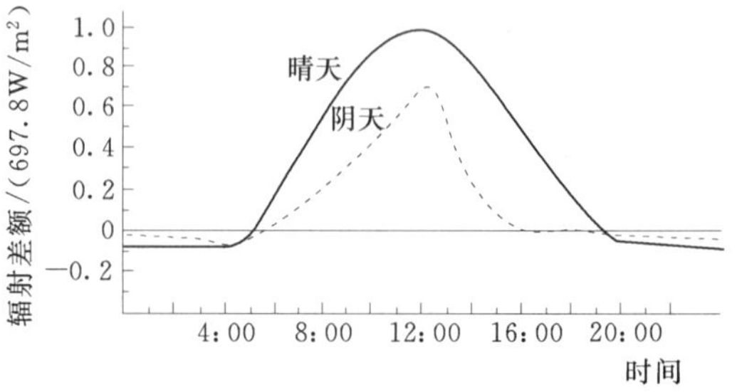

图 2.14　呼和浩特夏季辐射差额日变化

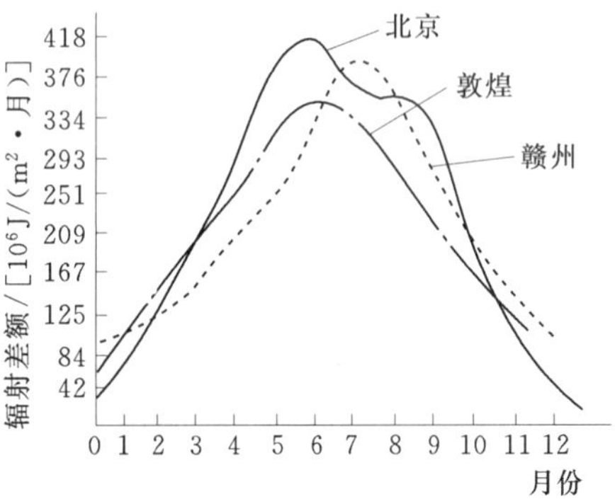

图 2.15　辐射差额的年变化

随纬度变化：一年中，地面辐射差额随纬度而异，低纬度辐射差额值始终为正；高纬度地区，夏季各月辐射差额为正，冬季各月它则为负；一年内，辐射差额为负的

月份随着纬度的增高面增多（图 2.16）。

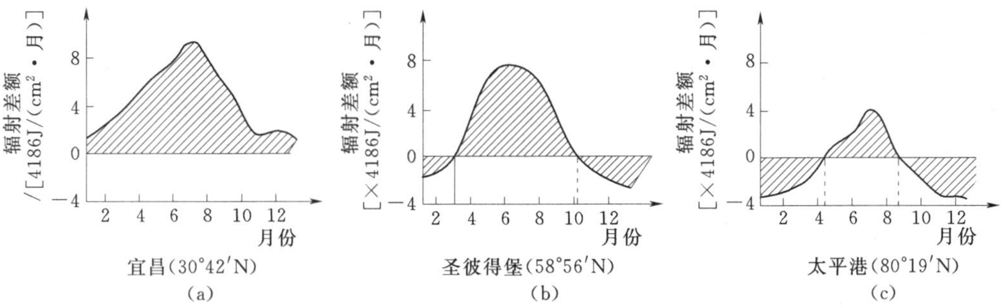

图 2.16　不同纬度辐射差额的变化

随天空状况变化：辐射差额随天空状况的不同而有变化。白天有云时，短波辐射收入项减小；夜间有云时，有效辐射减小，辐射差额为负而不大。所以有云时辐射差额的日变化不大，因而气温的日变化也不大。

地面辐射差额年变化大的地方，气温的年变化也大。

就全球辐射差额的平均情况来说，地面的辐射差额为正值，它所对应的热量则借助于下垫面上水分蒸发或接触热传导，湍流热传导等方式，传入大气中。

2.4.2　地气系统的辐射差额

如果把地面和对流层大气看成一个整体来研究此系统的辐射差额，能更清楚地看出辐射差额随纬度分布的情况。这个系统中，收入部分是由地面和大气所吸收的太阳辐射所组成，而支出部分则是辐射到宇宙空间去的地面和大气长波辐射。对于全球地气系统，这两者之间的热量交换一定达到平衡，地气系统的辐射差额为零，因为地球和地气系统的平均温度并无明显变化。当然，就局部地区说，有的地区短波辐射净收人大于长波辐射支出；有的地区则相反。若对各纬度求辐射差额的长期平均值，后者随纬度的分布如图 2.17 所示，地气系统辐射差额是随纬度增高而由正值转变为负值的，在 35°S 到 35°N 之间的地气系统辐射差额为正值，在此范围以外的中、高纬度地区为负值。这样，在低纬度，热量有剩余；在高纬度，热量则亏缺不足。低纬度多余的热量，靠着洋流和气流，从低纬度输送到高纬度；同时气流也把水汽从低纬度地区输送到高纬度地区，而在中高纬度地区，在适当条件下水汽凝结成云雨，雨降落到地面。可见辐射差额的这种分布，也正是引起高低纬度之间大气环流和洋流产生的基本原因。

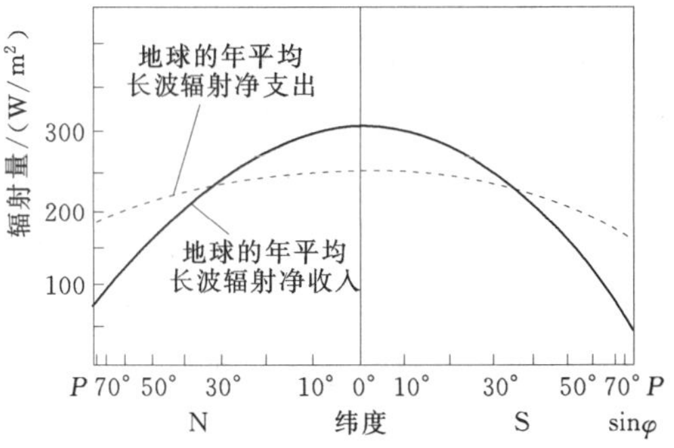

图 2.17　地球的年平均太阳辐射净收入与年平均长波辐射净支出随纬度的分布

2.5 地面热量平衡及地气系统的热量收支

地面有了辐射差额，热量就有盈余和亏损，但并没有出现热量盈余（亏损）地区的温度不断上升（降低）现象。说明的热量是可以发生转换的，结果使得热量的收入和支出达到了平衡，这就是热量平衡。

2.5.1 地面热量平衡方程

地面能量平衡方程可写成下列形式

$$R+LE+P+A=0 \tag{2.30}$$

式中：R 为地面辐射差额；LE 为地面与大气间的潜热传输量（L 为蒸发潜热，E 为蒸发量或凝结量）；P 为地面和大气间的湍流显热（感热）交换；A 为地表面与其下层间的热传输量（B）和平流输送量（C）之和。

式（2.30）中，地面得到热量时各项为正值，地面失去热量时各项为负值（图2.18）。在形成地面能量平衡中，这四者是最主要的，其他如大气的湍流摩擦使地面得到的热量，植物光合作用消耗的能量以及与降水（水滴的温度不等于下垫面的温度）引起的热量交换等，其数值都很小，一般可以忽略不计。

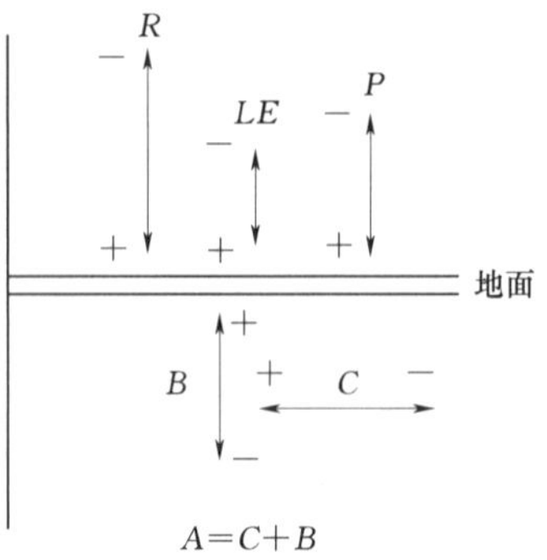

图 2.18 下垫面能量平衡示意图

对于陆地表面来说，由于土壤热传导而产生的水平输送异常缓慢而可忽略不计，而对于年平均而言，土壤与上界面的能量交换为零。因此，对于陆地表面年平均热量平衡方程就可简化为

$$R+LE+P=0 \tag{2.31}$$

沙漠地区年平均情况下 LE 和 A 都等于零，方程又可以转化为

$$R+P=0 \tag{2.32}$$

即沙漠地区辐射差额的盈亏完全由湍流交换来平衡。

对于海洋，在年平均情况下，海洋表面与其下层间的热传输量 $B=0$，考虑到大洋中的平流输送量 C 的作用，平衡方程为

$$R+LE+P+C=0 \tag{2.33}$$

在组成地面能量平衡方程的各分量中，由于辐射差额有明显的日变化和年变化，因此其他分量也发生类似的周期变化。并且当各地下垫面的性质和气候条件不同时，式（2.30）中各项的日变化和年变化也就很不相同。

草地上和干湖上的热量平衡各分量的日变化，如图 2.19 所示。其中图 2.19（a）为草地情况，图 2.19（b）为干湖情况。由热量平衡各分量日变化的曲线看出，即使在一天这样的短历时，B 项仍比较小。而 P 与 LE 的日变化，在这两种不同性质的下垫面条件下，显得截然不同。从图 2.19（a）中可以看到，白天地面获得的正值辐射差额比较大，通过湍流交换、蒸发和土壤热交换等方式将热量传递给大气和土壤深

层。比较起来蒸发耗热量最大，湍流热交换量次之，土壤热交换量最小。还可以看出，各分量在中午前后达到极大（小）值，以后逐渐减小（增大）。夜间 R 负值，蒸发耗热量接近于零，地面因辐射失去的热量通过湍流热交换与土壤热交换的热流入量而得到补偿。

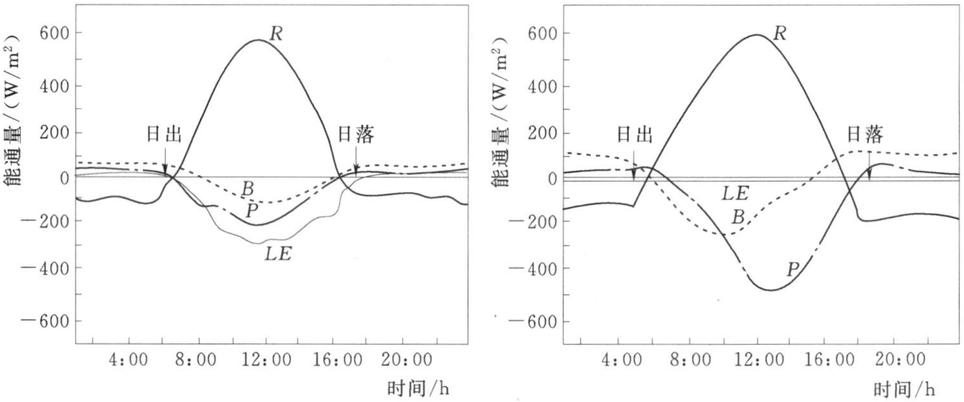

(a) 草地上的情况　　(b) 干湖上的情况

图 2.19　能量平衡的周期日变化

但在干湖地区，如图 2.19（b）所示，这里因为干燥缺水，一天内蒸发耗热量近于零，白天正值辐射平衡用于湍流热交换和土壤热交换所支出的热量，湍流热通量的数值显著地超过土壤热交换。夜间比较小的辐射热量支出是由来自大气和土壤中的热流入量来补偿的。

热量平衡各分量的年变化，与下垫面的气候特点关系密切。海洋和大陆表面热量平衡各分量的纬度年平均分布如图 2.20 和图 2.21 所示。

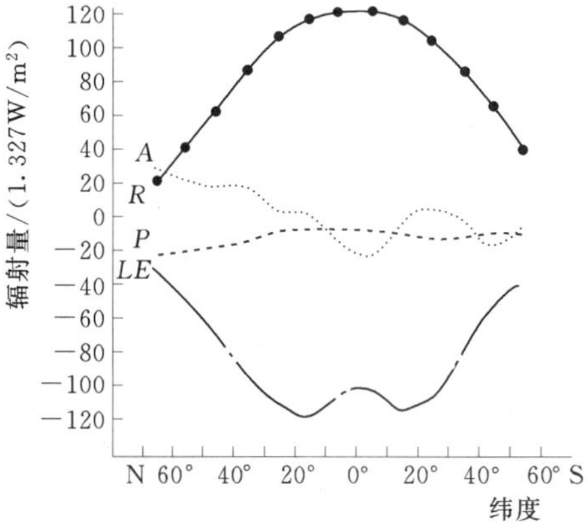

图 2.20　海洋表面的热量平衡

（A 表示海内部的热量交换）

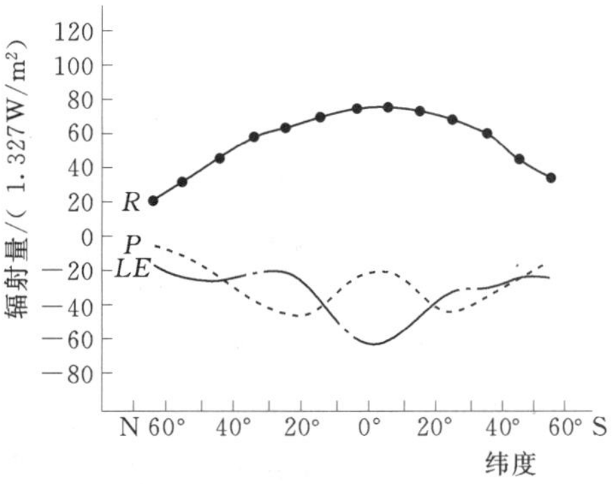

图 2.21　陆地表面的热量平衡

由图 2.20 和图 2.21 可得出以下结论：

(1) 不管陆地或海洋，辐射差额都是随纬度的增高而减小的，其最大值出现在赤道附近地区。

（2）大陆和海洋上的蒸发耗热量随纬度的分布情况是不同的。大陆上最大蒸发出现在赤道附近，这是由于这个地区降水量很大，土壤湿润之故。而在副热带高压带纬度上，因常年在高压控制下，气候干燥，蒸发量急剧减少。海洋上蒸发最大值出现在太阳能流入量特别大的热带纬度，赤道地区蒸发量显著减少。

（3）从洋面指向大气的湍流热交换量在所有纬度上都比较小，只有在北半球随着纬度的增高略有增加（与洋流有关）。大陆上湍流热交换值显著地比洋面上大，其最大值出现在气候干燥的副热带高压带。

2.5.2 地气系统的热量收支

至于全球地表面和整个大气的热量收支平衡情况，则如图 2.12 所示。设，投射到大气上界的太阳辐射能为 100 单位。地面吸收 51 单位，地面的有效辐射为 21 单位，所以地面辐射差额为 30 单位；其中 23 单位用于水分蒸发，7 单位则为感热通量（即湍流热通量）。整个大气的能量收入情况为：大气中的水汽、尘埃和云直接吸收太阳辐射 16 单位，云吸收 3 单位，大气中的水汽、云和二氧化碳等吸收地面辐射 15 单位，水汽凝结释出潜热使大气得到 23 单位，由湍流热通量从地面得到 7 单位，总共收入 64 单位。大气的热量支出项为：水汽和二氧化碳向宇宙空间放射出 38 单位，云放射长波辐射 26 单位，总共也为 64 单位。对地气系统整体而言，进入太阳辐射能为 100 单位。支出情况为：空气向后散射 6 单位，云反射 20 单位，地面反射 4 单位，地面射出红外辐射 70 单位。可见地球表面，大气及地气系统热量收支是平衡的。

2.6 地面温度和气温的（周期性或日、年）变化

资源 2.4

地面温度和气温的变化

地表从太阳辐射得到大量热量，同时又以长波辐射、显热和潜热的形式将部分热量传输给大气，从而失去热量。从长时间平均来看，热量得失相当，所以地面平均温度保持不变。但在某一段时间里，热量收入可能大于支出，地面因有热量累积而升温；而当热量支出大于收入时，地面将出现降温过程。地面温度的变化会通过非绝热过程传递给大气，大气温度也会相应变化。由于在热量收支平衡中，太阳辐射处于主导地位，因此，随着日夜、冬夏的交替，地面温度、气温也会出现相应的日变化和年变化，这是周期性变化。另外，气温还会因大气的运动而有非周期变化（将在第 3 章讨论）。

2.6.1 地面温度的变化

太阳辐射到达地面后，由于地表性质不同，所吸收的辐射能的多少各不相同，其热量转换也有较大的差异，使得陆面温度和水温的变化也有所不同。

1. 水陆表面热力情况的差异

水陆表面热力情况的差异表现在下列几个方面：

（1）水体与陆地的比热不同。水的比热平均要比陆地大三倍。因此对于等量的水陆两面，上升同样温度时，水比陆地需要吸收更多的热量。在地面受热期间，水体的

增温迟缓，陆地的增温剧烈；在地面冷却期间，水体的降温缓慢，陆地的降温迅速。

（2）水体和陆地透射太阳辐射的性能不同。水面相当透明，太阳辐射可以透射到水的深处。当太阳光线垂直投射到水面时，1mm 深处的太阳辐射相当于水体表面的 86%，1cm 深处为 73%，1m 深处为 36%，10m 深处为 18%。然而由于陆面不透明，对太阳辐射的反射率大于水面，吸收太阳辐射的深度仅限于数毫米的表层，深层储存的热量比水体少。因此，这也是陆面温度的升降较水面迅速的原因。

（3）水体与陆地导热方式不同。陆面为固体，热量传送靠分子传导，而一般岩石和土壤的导热性能更差，因而热量多集中在表层。当白天太阳辐射很强时，陆面获得的热量不能很快传至深处储存，夜间深层的热量也不能很快传到因辐射冷却的地面，所以陆面的温度变化剧烈。水体具有流动性，热量传送主要靠热量交换作用，水体有水平运动和垂直运动，不仅上下层的热量可以迅速交换，冷暖水域的热量也可以迅速交换，因而水域的温度变化和缓。

（4）水面的蒸发大于陆面。水面中有大量的热量用于蒸发，而陆面上当水分不足时，尤其是干燥地区，只有小部分热量用于蒸发，大部分热量都用来增高陆面及近地层空气的温度。同时，因为水汽对长波辐射的吸收性能很高，低纬度地区的地面辐射几乎 70%为水汽吸收。大气中的水汽吸收了地面辐射后，一部分又以逆辐射还于地面。因为水域上空气中的水汽含量较陆地上多，故亦可使水面温度变化较陆上和缓。

综合以上原因，可知水面的热力过程具有调和平缓的特性，而陆面则有急剧多变的特性。

2. 陆地表面的温度随时间的变化

对陆地表面某部分而言，其温度变化的原因之一是当地的热量差额 ΔQ，它可以表示为

$$\Delta Q = R + LE + P + A \tag{2.34}$$

由上式可见，当 $\Delta Q>0$ 时表示陆地表面热量有净收入而将升温，当 $\Delta Q<0$ 时表示陆地表面热量有净支出而将降温。

陆地表面温度在 24h 内的连续变化称为陆地表面温度日变化，12 个月平均温度变化称为陆地表面温度年变化。陆地表面温度的变化基本上决定于辐射的变化，但与天气和陆地表面的性质以及入地深度有密切的关系。

陆地表面日变化曲线是单波形的，其最高点通常发生于 13 时前后，按土地潮湿或干燥的程度，略有迟早的移动，即土地干燥时最高温度提早，土地潮湿时推迟。虽然太阳辐射强度在中午 12 时最大，但因为在 12 时之后不长的时间里 ΔQ 仍大于零，而且要使地表层的温度达到最大值，需要有一个传递过程，也就是在时间上要落后一些。土地潮湿，因水的热容量大，且参与温度变化的地表层较厚，因此达到最高温度的过程较慢；土地干燥则因导热性较差，温度变化集中地表，因此最高温度时间提前。陆地表面日变化曲线的最低点发生在日出的时候，这是因为土壤夜间不断放热，到日出时已达最大程度的缘故。由于陆地的比热小，所以陆地表面日变化的变幅（最高温度与最低温度的较差）是相当大的，一般可达 20℃，有时超过 40℃，在个别场合甚至可达 60℃左右。陆地表面日变化的变幅晴天大于阴天，入地越深，温度日变

化的幅度越小，在 1m 深处（干燥土地 0.5m）温度几无日变化，陆地表面日变化中最高点和最低点发生的时间，随着入地深度而往后延。

陆地表面温度年变化曲线几乎与太阳辐射年变化曲线平行，在北半球一般最高点发生在 7 月，最低点在 1 月，随深度增加，最高和最低值出现时间延后，变幅减小，如图 2.22 所示。陆地表面温度年变化的幅度通常可达 30～40℃。例如南京最高地温为 7 月 33.9℃，最低地温为 1 月 1.5℃，变幅为 32.4℃，沙漠区域变幅在 60℃以上。高纬度地方因太阳辐射的年变化较大，陆地表面温度的年变化也较大。低纬地区因太阳辐射年变化较小，所以陆地表面温度年变化也较小。地温年变化所达深度约 20m，干燥区域在 10m 深处已不见温度年变化。

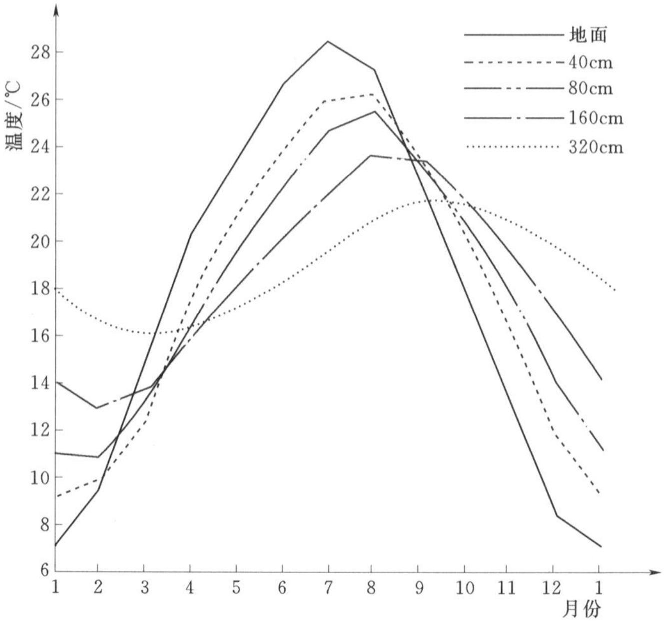

图 2.22 成都各深度土壤温度的年变化

中高纬度在冬季的大部分时候，由于陆地表面热量平衡处于超出状态，温度降低到零度以下，于是土壤中的水分开始冻结。土壤冻结的温度，由于土壤结构和含水情况的不同，有时在零下 1～2℃，一般则以 0℃为冻结温度。土壤冻结深度，通常系指地下温度 0℃处的深度，这个深度当然随着纬度增高而增大。例如，我国在华南是没有冻土的，长江以南和西南一带，土壤冻结深度不超过 5cm，华北平原约在 1m 以内，西北地区一般在 1m 以上，东北最深，可达 3m 以上。

在高纬度地区，地面下有一层经常冻结的土壤，有时融了又冻，冻了又融，这就称为永冻层。永冻层的深度和分布各处不一，又与地面性质及土中水分多少有关。我国东北的北部黑龙江流域有岛状冰冻土分布。

3. 水温随时间的变化

水面温度的日变化曲线，大致与地温日变化曲线相似，不过变幅远较地温小，通常在热带大洋中平均为 0.5℃，中纬度约为 0.4℃，高纬度只有 0.1℃。湖面或大河水温日变化的幅度不超过2～5℃，水温日较差的大小不但与纬度有关，而且也与天气有关。例如，晴朗无风天气下的水温日变化较大。水温日变化所及的深度比地温大得多，在海洋中达10～20m，在湖泊中约达5m，同时水温日变化的最高最低点的时间略较地温迟些，洋面水温日变化的最高点发生于15时与16时之间，最低点发生于日出后不久。

水温（海温）年变化曲线的最高点通常发生在8月，最低点发生在2—3月，平均要比地温迟一个月，水温年变化的幅度与地温相比要小得多，由于中纬度夏季受到低纬暖流和冬季受到高纬寒流的影响，最大的变幅见于中纬海洋，低纬度和高纬度的变幅都较小。

内海、海湾、湖泊水温年变化的幅度要比较大些（例如，青岛海面温度年变化，最低在2月为2.1℃，最高在8月为26.1℃，变幅24℃），水温年变的深度可达200～300m。

2.6.2　气温随时间的变化

1. 大气传热的方式

对流层大气直接吸收太阳辐射的能力很弱，主要靠地面热量向上传播而获得热量，传热的方式主要有下述几种：

（1）传导。是依靠分子的热运动将能量从一个分子传递给另一个分子，从而达到热量平衡的传热方式。空气与地面之间，空气团与空气团之间，当有温度差异时，就会以传导方式交换热量。但是地面和大气都是热的不良导体，所以通过这种方式交换的热量很少，其作用仅在贴近气层中，因为空气密度大，单位距离内的温度差异也较大。对于较大规模的热量传递来说，可以忽略不计。

（2）辐射。是物体之间按照各自的温度以辐射方式交换热量的传热方式。大气主要依靠吸收地面的长波辐射而增热，同时，地面也吸收大气放出的长波辐射，它们之间就可以通过长波辐射的方式不停地交换着热量。空气团之间，也可以通过长波辐射而交换热量。

（3）对流。当暖而轻的空气上升时，周围的冷空气便下来补充，这种升降运动，称为对流。通过对流，上下层空气相互混合，热量也就随之交换，使低层的热量传递到较高的层次。这是对流层中热量交换的重要方式。

（4）湍流。空气的不规则运动称为湍流，又称乱流。湍流是由于空气黏滞力产生的。当近地层空气在地面上流动时，由于黏滞力的作用，空气的运动速度产生脉动现象，即在总的按平均速度的气流中产生许多不规则的涡旋，它们方向不定，有时向上，有时向下，有时甚至和总的气流方向相反。这些不规则运动的小涡旋在运动过程中，把它在原始位置的属性如热量、水分等带到新的位置上，相邻的空气团之间发生混合，从而引起热量交换，同时也可引起水分等其他属性的交换。

湍流热交换比分子热交换大得多，通常比分子热传导大几千倍到几万倍，是摩擦层中热量交换的重要方式，对大气中其他属性如水分等的交换也起着很重要的作用。湍流热交换也称为显热交换，因为它传递的热量直接导致空气温度的升高。

湍流活动在晴日白天强，夜间弱；夏季强，冬季弱，低纬比高纬地区湍流活动强，大气不稳定时湍流活动强。夏季晴日干燥地区近地层的湍流活动强。

（5）蒸发（升华）和凝结（凝华）。水在蒸发（或冰在升华）时要吸收热量；相反，水汽在凝结（或凝华）时，又会放出潜热。如果蒸发（升华）的水汽，不是在原处凝结（凝华），而是被带到别处去凝结（凝华），就会使热量得到传递。例如，从地面蒸发的水汽，在空中发生凝结时，就把地面的热量传给了空气。因此，通过蒸发（升华）和凝结（凝华），也就能使地面和大气之间、空气团与空气团之间发生热量交换。水的蒸发和凝结进行的热量交换称为潜热交换。由于大气中的水汽要集中在5km以下的气层中，所以这种热量交换主要在对流层下半层起作用。

以上分别讨论了空气与外界交换热量的方式，事实上，同一时间对同一团空气而言，温度的变化常常是几种作用共同引起的。哪个为主，哪个为次，要看具体的情况。在地面与空气之间，最主要的是辐射，其次通过蒸发、凝结过程的潜热出入，进行热量交换。

2. 气温的日变化和年变化

一般所说的气温，是指气象观测所用的百叶箱中离地面1.5m高处的温度。近地气层的温度主要受地表增热和冷却的影响。因某一地区所接受的太阳辐射的数量就出现以日、年为周期的变化，从而导致气温的昼夜（日）和季节（年）变化。午热晨凉、冬寒夏暑，这是气温随时间变化的一般规律。

（1）气温的日变化。近地层气温日变化的特征是：在一日内有一个最高值，一般出现在14时左右；一个最低值，一般出现在日出前后。

早晨日出以后随着太阳辐射的增强，地面净得热量，温度升高。此时地面放出的热量随着温度升高而增强，大气吸收了地面放出的热量，也跟着升温。到了正午太阳辐射达到最强。正午以后，地面太阳辐射强度虽然开始减弱，但得到的热量比失去的热量还多，这时地面储存的热量仍在增加，所以地温继续升高，长波辐射继续增强，气温也随着不断升高。所以最高气温出现在午后2时左右。到午后一定时间，地面得到的热量因太阳辐射的进一步减弱而少于失去的热量，这时地温开始下降。随后气温便逐渐下降，一直下降到清晨日出之前地面储存的热量减至最少为止。所以最低气温出现在清晨日出前后，而不是在半夜。

（2）气温日较差。一天中气温的最高值与最低值之差，称为气温日较差，其大小反映气温日变化的程度。气温日较差的大小与纬度、季节和其他自然地理条件有关。

纬度：太阳高度角在一天中的变化范围随纬度的增加而减小，因此气温的日较差也随纬度的增加而减小。由于赤道地区降水多，因此地球上实际气温日较差最大的地区在副热带，向两极减小。热带地区的平均日较差约为12℃，温带约为8～9℃，极圈附近为3～4℃。

季节：夏季太阳高度角大，白昼时间长，因此日较差夏季大于冬季，但最大值并不出现在夏至日。夏至日正午太阳高度角虽最高，但夜间持续时间短，地面来不及剧烈辐射冷却，最低温度不够低。所以中纬度地区日较差最大值出现在初夏，最小值出现在冬季。

下垫面的性质：海陆表面热力状况不同，海陆地气温日变化也不同，海洋上气温日较差小于陆地。在陆地上，气温日变化也因下垫面不同性质而不同。沙漠地区日较差很大，潮湿地区日较差较小；砂土表面气温日较差比黏土表面大；深色土壤比浅色土壤大；植物覆盖层能减小气温日变化的幅度。

海拔：海拔高，贴地层空气与较高层的空气自由交流，受地面影响较小，因此气温昼夜变化较小，气温日变化越小。在 2～3km 的高度上，气温日较差可小于 1℃

天气状况：如果有云层存在，则白天地面得到的太阳辐射少，最高气温比晴天低。而在夜间，云层覆盖又不易使地面热量散失，最低气温反而比晴天高。所以阴天的气温日较差比晴天小（图 2.23）。

（3）气温的年变化。

地球绕太阳公转时，地轴的倾斜造成了日射强度的年周期变化，从而产生了气温的年周期变化，形成了气候季节。

在一年中月平均气温有一个最高值和一个最低值。由于地面储存热量的原因，使气温最高值和最低值出现的时间不是在太阳辐射最强和最弱的一天（北半球夏至和冬至），也不是太阳辐射最强和最弱一天所在的月份（北半球 6 月和 12 月），而是比这一时段要落后 1～2 个月。大体而论，海洋上落后较多，陆地上落后较少。就北半球来说，中、高纬度内陆的气温以 7 月为最高，1 月为最低。海洋上气温以 8 月最高，2 月为最低。

（4）气温年较差。

一年中月平均气温的最高值与最低值之差，称为气温年较差。气温年较差的大小与纬度、海陆分布等因素有关。

纬度：气温年较差随纬度的升高而增大。以赤道最小，因为赤道正午太阳高度角全年变化很小，并且全年昼夜长短相等。随着纬度的升高，不同季节正午太阳高度角变化增大，全年昼夜长度的差别显著，因此两极，气温年较差最大。图 2.24 给出了不同纬度气温年变化的情况。可见，低纬度地区气温年较差很小，高纬度地区气温年较差可达 40～50℃。

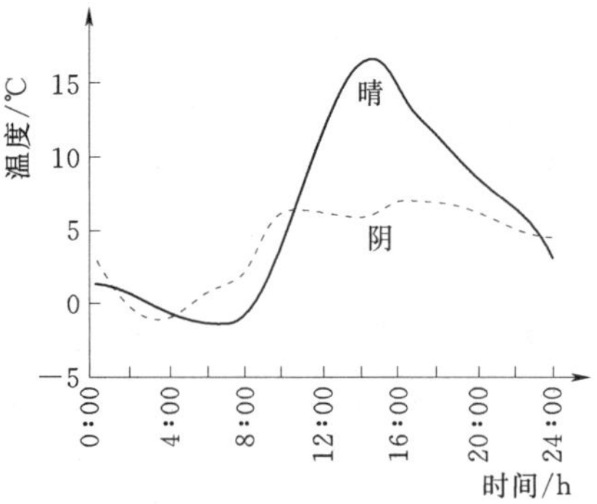

图 2.23　天气状况对气温日变化的影响

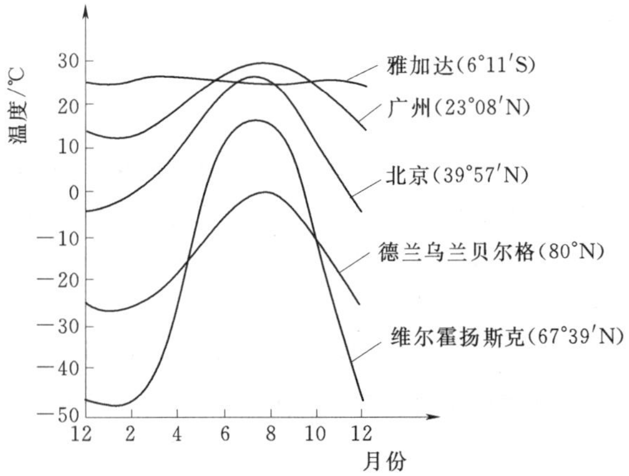

图 2.24　不同纬度的气温年变化

地表性质：如以同一纬度的海陆相比较，大陆区域冬夏两季热量收支的差值比海洋大，所以，陆上气温年较差比海洋大得多。在一般情况下，温带海洋上气温年较差为 11℃，大陆上气温年较差可达到 20～60℃。

天气情况：阴雨天气出现多可使气温年较差减小。低纬度的雨季对于温度年变化影响很大，因为这里的太阳辐射变化小。例如，印度夏季风带来雨季，因此雨季之前的 5 月份月均温最高。

2.6.3　气温的地理分布

为了说明气温分布的一般特征，将气温修正到同一海面，以消除高度差对气温的影响。并把地球上气温相同各点用线（等温线）连接起来，制成等温线图。通过等温线的分布，来了解气温的地理分布特征。图 2.25 和 2.26 分别表示订正到海平面后的 1 月和 7 月气温分布（1 月代表冬季，7 月代表夏季），能够清楚地反映全球气温分布的类型以及纬度，海陆分布和洋流等因子对温度分布的影响。主要特点如下：

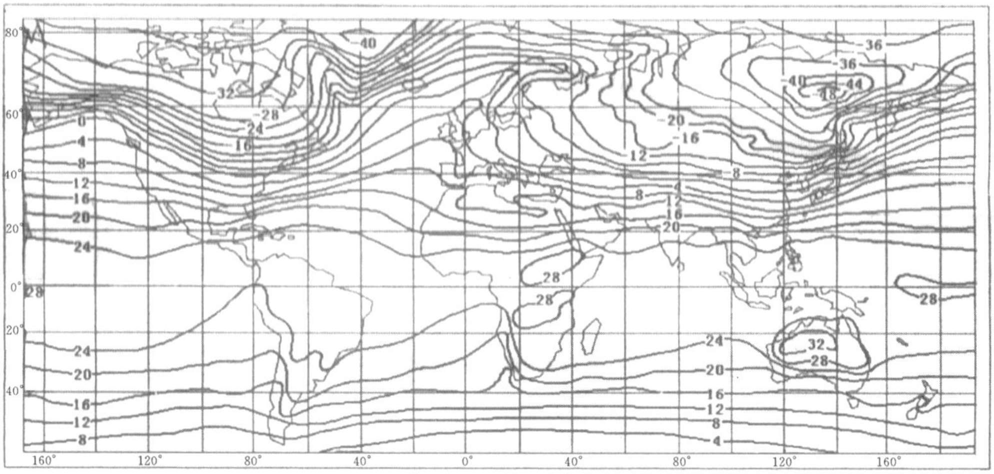

图 2.25　1 月海平面平均气温

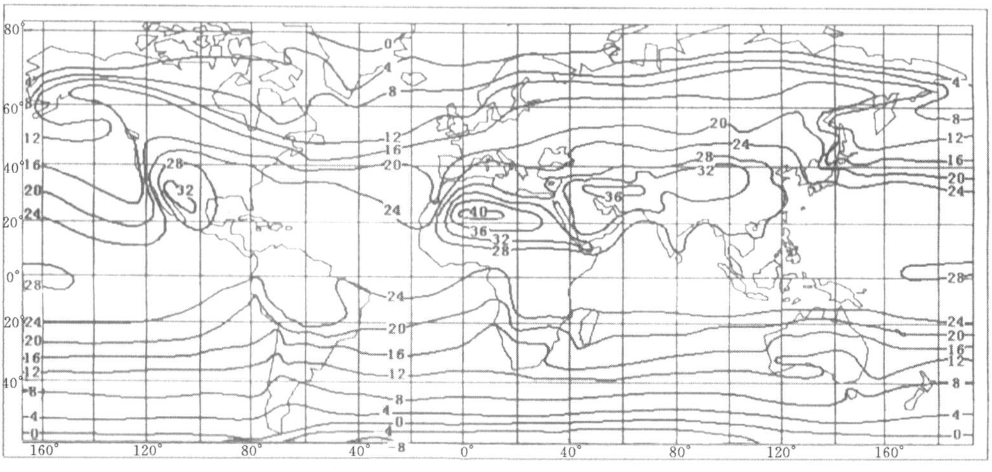

图 2.26　7 月海平面平均气温

(1) 夏半球的等温线较稀疏，冬半球的则较密集，即冬半球南北温度梯度大于夏半球。这与冬夏高低纬之间，地面接受的太阳辐射差的不同有关。

(2) 等温线与纬圈不完全平行，北半球尤为突出，冬季大陆的等温线凸向赤道，海洋上等温线凸向极地。反映大陆在冬半年较冷、在夏半年较热的特性。南半球则因陆地面积小，水域面积大，所以等温线大致与纬圈平行。

(3) 1月，在太平洋和大西洋的北部，等温线急剧地向北极凸出，这正好反映了暖流对气温的影响，像黑潮、阿留申暖流、墨西哥湾暖流巨大的增暖作用。例如，北大西洋的等温线向北突出，是由墨西哥暖流所造成的。在属于夏季的南半球，寒流的影响增强了，将等温线远远地推向赤道方向。7月份，北半球等温线沿非洲和北美的西岸向南凸出，是受加那利寒流和加利福尼亚寒流影响的结果。在南半球等温线沿非洲和南美西岸向北弯曲，则是受本格拉寒流和秘鲁寒流影响的结果。

(4) 在南半球，不论冬夏，最低气温都出现在南极地区，而北半球只有夏季的最低气温出现在极地地区。冬季，北半球有两个冷极，一个在西伯利亚的佛科扬斯克和奥依米亚康地区，1月平均气温在－48℃以下；另一个在格陵兰，1月平均气温低于－40℃。

地球上最冷的地方是南极，1962年曾在72°08′S，96°35′E测得－90℃；1967年在南极极点附近测得－94.5℃的低温。在北半球，在佛科扬斯克曾测得最低温度为－67.8℃，在奥依米亚康地区则测得－73℃（这个地方所以冷，是因纬度及地形的因素造成的。这里地处高纬，北极圈通过其中，温暖的海风根本吹不到，特别是这地区的东面、西面、南面被高山所包围，只有北面向北冰洋敞开大门，而佛科扬斯克都处在谷地中，所以南面的暖空气被挡在门外，而北面来的冷空气倒可以长驱直入，并在谷地中停滞下来。本来这里由于太阳辐射少，气温已经很低，再加上冷空气助威，所以更加寒冷）。

最高气温出现在15°～40°N范围内的沙漠地区，如索马里和的黎波里。全球有记录的最高气温位于美国加利福尼亚的死亡谷国家公园，达到56.7℃（1913年7月10日）。

我国最高气温出现于吐鲁番，曾达到49.6℃（1975年7月13日）。最低气温出现于漠河，为－52.3℃（1969年2月23日）。

地球上，各纬圈的平均气温见表2.7。年平均气温最高的地带（又称热赤道）的平均位置是10°N。赤道与极地之间的温度差随着季节而不同。在北半球，7月，这个差值为28℃；1月，它为66℃。南半球，1月（夏季），这个差值为39℃；7月（冬季），它为75℃。也就是说，冬季赤道与极地的温差约为夏季该温差的两倍。气温年较差由赤道向极地增大，在赤道附近它只有1℃左右，极地上则达到35～40℃。同样的纬度上的温度年较差，北半球上的大于南半球上的，这是由于北半球陆地面积较大的缘故。北半球陆地面积占半球面积的39%，而南半球陆地面积只占19%。正因为这个缘故，北半球的平均气温高于南半球的，前者为15.2℃，而后者为13.3℃，全球的平均气温为14.3℃。

表 2.7　　全球不同纬度上的平均气温　　单位:℃

纬度	1月	7月	年平均值	1月、7月温度差	两个半球年平均
90°N	−41.0	−1.0	−22.7	−40	10.4
80	−30.3	2.0	−17.2	−32.3	9.8
70	−24.8	7.3	−10.7	−32.1	2.9
60	−15.6	14.1	−1.1	−29.7	2.3
50	−6.8	18.1	5.8	−24.9	0.0
40	5.5	24.0	14.5	−18.5	2.2
30	14.8	27.3	20.4	−12.5	2.0
20	22.1	28.0	25.3	−5.9	2.4
10	25.1	26.9	26.7	−1.8	1.4
0	26.7	25.6	26.2	1.1	
10°S	26.5	24.9	25.3	1.6	
20	25.8	20.0	22.9	5.8	
30	22.9	14.7	18.4	8.2	
40	16.1	9.0	12.3	7.1	
50	8.8	3.4	5.8	5.4	
60	2.1	−9.1	−3.4	11.2	
70	−3.4	−23.0	−13.6	19.6	
80	−10.8	−39.5	−27.6	28.7	
90	−13.5	−48.0	−33.1	34.5	

思考题与练习题

1. 太阳常数是多少？太阳辐射与地球辐射的波长各是多少？

2. 太阳辐射在大气中衰减的原因是什么？

3. 散射有几种形式，散射强度与入射波波长的关系？

4. 为什么天空呈现蓝色；为什么纸烟燃烧的烟呈现蓝色，而吸烟者吐出的烟是白色？

5. 地面接受的太阳辐射由几部分组成？与哪些因子有关？

6. 什么是地面有效辐射？影响因子有哪些？

7. 为什么冬天晴朗的早晨气温特别低？

8. 为什么夜间在近地气层的顶部的空气中易形成逆温？

9. 赤道地区的温度年变化小而日变化大，在极地则相反，为什么？

10. 为什么冬季高低纬之间的温度差大，在夏季该差较小？

11. 试述地表辐射差额和日、年变化特征。

12. 试述地面辐射差额的分布特征。

13. 试述地表热量平衡方程的物理意义。

14. 试述气温的日、年变化特征和地理分布特征。

第 3 章

大气热力学

温度是大气的重要状态参量之一，是天气预报的预报项目之一。由于温度场与气压场及流场之间存在着相互影响和制约的关系，温度场的变化必然要引起气压场和流场的变化，进而引起天气的变化。此外温度的变化还与云、降水等其他天气现象密切相关。因此，了解温度的变化规律是十分重要的。大气的温度变化有两种情况：一是空气与外界有热量交换所引起的，称为非绝热变化（如在第 2 章中讨论过的温度日、年变化）；二是由于空气与外界没有热量交换，外界的压力变化使空气膨胀或压缩引起的，称为绝热变化。本章以热力学第一定律为基础，讨论空气在绝热上升、下降过程中温度（湿度）的变化、大气层结稳定度、影响局地温度变化的原因及大气中的逆温现象。

3.1 热力学第一定律在大气中的应用

3.1.1 热力学第一定律

资源 3.1 ▶

热力学第一定律 & 干绝热过程和位温

热力学第一定律是能量守恒定律在理想气体中的应用。表示某一系统的输入或输出的热量与它的内能和做功三者之间能量转换的定量关系。给予 m 质量的大气块（系统）传递热量 $\mathrm{d}Q$，其中一部分热量使得该块大气的内能增加了 $mc_v\mathrm{d}T$，另一部分热量消耗于该大气块对抗外力而做的功 $p\mathrm{d}V$。用数学式表示为

$$\mathrm{d}Q = mc_v\mathrm{d}T + p\mathrm{d}V \tag{3.1}$$

式中：$c_v=0.716\mathrm{J/(g\cdot K)}$，为空气的定容比热，即当该块空气的容积不变时，1g 空气温度升高 1℃所需加的能量的焦耳数；T 为气体温度；p 为压力；V 为体积。

式（3.1）就是热力学第一定律的表示式。干空气和水汽都可近似地看成理想气体，热力学第一定律可以直接应用于干空气和水汽。

3.1.2 干空气的热力学第一定律

对单位质量的干空气而言，热力学第一定律可写成

$$\mathrm{d}Q = c_v\mathrm{d}T + p\mathrm{d}\alpha \tag{3.2}$$

式中：α 为比容，即 1g 空气所占的体积。

在大气中，因为比容不易测得，须用气体状态方程代换。将状态方程 $p\alpha=RT$ 微分后代入式（3.2），并利用 $c_v+R=c_p$，则得到

$$\mathrm{d}Q = c_p\mathrm{d}T - \frac{RT}{p}\mathrm{d}p \tag{3.3}$$

式中：dQ 为单位质量空气由于辐射、湍流等引起的热量变化；R 为比气体常数，对于干空气 $R=R_d=0.287\text{J}/(\text{g}\cdot\text{K})$；$c_p=1.005\text{J}/(\text{g}\cdot\text{K})$，为干空气的定压比热，即在气压不变时 1g 干空气温度上升 1℃所需加的能量的焦耳数。

式（3.3）为干空气热力学第一定律的表示式。可见，大气温度的变化 dT，除与外界热量交换有关，还与本身的气压变化 dp 有关。实际大气可近似为湿空气，但当湿空气在未饱和之前，其状态变化基本上和干空气的状态变化一样，所以式（3.3）也适用于未饱和的湿空气。

3.1.3 饱和湿空气的热力学第一定律

湿空气达到饱和之后，就有部分水汽凝结，并且释放潜热。温度为 t 的单位质量水汽凝结成同温度的液体，释放出的热量称凝结潜热 L，其量为

$$L=2499.5-2.39t(\text{J/g})$$

若在单位质量饱和空气中，水汽凝结量为 $-dq_s$ 克，则释放的凝结潜热量为

$$dQ_2=-L\,dq_s$$

上式右方"－"号表示水汽凝结时，该系统中的水汽减少，即 $dq_s<0$，$dQ_2>0$；反之，系统中水滴蒸发，$dq_s>0$，而 $dQ_2<0$，即该系统降温。令外界给予该系统中干空气的热量为 dQ_1，则该系统所得到的热量为

$$dQ=dQ_1+dQ_2$$

于是，对于饱和湿空气，热力学第一定律可写成

$$dQ_1-L\,dq_s=c_p\,dT-\frac{RT}{p}dp \tag{3.4}$$

3.2 干绝热过程和位温

3.2.1 概念

如果一个封闭系统在变化过程中与外界不发生热量交换，称这种过程为绝热过程，简称绝热。

在实际大气中，运动中的一团空气（气块）吸收太阳短波辐射、地球大气的长波辐射，并且和周围空气之间有热量交换，这些热量使得实际空气的热量有所增加，故称之为非绝热过程。但一般说来，在短时间内，这种非绝热过程造成的影响比空气团因升降运动引起的气压变化造成的影响要小得多，所以气块在快速升降过程中温度的变化可看作绝热过程。

如果升降气块内部既没有发生水相变化，又没有与外界交换热量，称这种过程为干绝热过程。

3.2.2 干绝热方程

干绝热过程，即在式（3.2）、式（3.3）中 $dQ=0$。由式（3.3），则得到

$$c_p\,dT-\frac{RT}{p}dp=0 \tag{3.5a}$$

或

$$dT=\frac{RT}{c_p p}dp \tag{3.5b}$$

式（3.5a）称干绝热方程。表明干空气在绝热变化过程中，其温度变化 dT 与气压变化 dp 的关系：当气压增大时，其温度升高；反之，气压减小时，其温度降低。在实际大气中，气压随高度按指数降低［式（1.29）］。因此，当气块上升时，其温度不断降低；当气块下降时，其温度不断升高。

对（3.5b）式从初态 p_0、T_0 到状态 p、T 积分，得

$$\int_{T_0}^{T}\frac{dT}{T}=\int_{p_0}^{p}\frac{R}{c_p}\frac{dp}{p},$$

$$\frac{T}{T_0}=\left(\frac{p}{p_0}\right)^{\frac{R}{c_p}} \tag{3.6}$$

其中 $R/c_p\approx0.288$，所以

$$\frac{T}{T_0}=\left(\frac{p}{p_0}\right)^{0.288} \tag{3.7}$$

式（3.6）或式（3.7），称泊松（Poisson）方程，也是干绝热方程的另一种形式。

泊松方程的意义：

（1）干绝热过程中气块温度变化唯一的决定于气压变化。

（2）T_0，p_0 一定，p 升高（下降），T 呈指数升高（下降）。

（3）气块绝热上升（下降），温度呈指数下降（上升）。

若已知在干绝热下的气压变化，则可以用泊松（Poisson）方程求其温度变化。研究大气的垂直运动时，常用到该类计算。

对于未饱和湿空气来说，只要在上升过程中未达到饱和，虽然 R/c_p 与干空气有差异，但极小，可滤去不计，因此其状态的变化也基本服从于干绝热方程。

3.2.3　干绝热温度的直减率

气块绝热上升单位距离时温度的降低值，称绝热垂直减温率，简称绝热直减率。对于干空气和未饱和湿空气，则称干绝热直减率。

引入准静力学条件：气块在做垂直运动中，其压力所有时刻都调节到与周围大气压力相等。用 p、ρ 及 T 表示气块的状态，p'、ρ' 及 T' 表示周围大气的状态。则有

$$p=p',dp=dp'$$

周围大气气压随高度的变化满足静力学方程：

$$\frac{dp'}{dz}=-\rho' g,dp'=-\rho' g\,dz=dp$$

干空气或未饱和湿空气满足的绝热方程：$dT=\frac{RT}{c_p p}dp$［式（3.5b）］，其中 dp 用上式代入，得

$$dT=-\frac{RT}{c_p p}\rho' g\,dz$$

又 $\rho'=\frac{p'}{RT'}$，代入上式得

$$dT=-\frac{RT}{c_p p}\frac{p'}{RT'}g\,dz \tag{3.8}$$

因为 $p=p'$；实际大气中，垂直运动着的气块温度 T 和周围空气的温度 T'，相差很少超过 10℃，以绝对温标表示，$\frac{T}{T'}\approx 1$。式（3.8）变为

$$dT\approx-\frac{g}{c_p}dz$$

$$\frac{dT}{dz}=-\frac{g}{c_p}$$

令 $\gamma_d=-\frac{dT}{dz}$，为干绝热直减率，则

$$\gamma_d=-\frac{dT}{dz}=\frac{g}{c_p}=\frac{0.981}{1.005}\approx 0.98\text{K/100m}(\text{或 }0.98℃/100\text{m}) \tag{3.9}$$

实际工作中取 $\gamma_d=1℃/100\text{m}$。这就是说，在干绝热过程中，气块每上升（下降）100m，温度约降低（升高）1℃。在高度（气压）、温度坐标系中，将不同高度（气压）的温度点连成的线称之为干绝热线。

定义 $\gamma=-\frac{\partial T}{\partial z}$为实际大气的温度直减率，即固定地点温度随高变化率。它不是一个定值，要由实际观测资料来确定。它可能大于 γ_d、等于 γ_d，也可能小于 γ_d。对流层的平均情况 $\gamma=-\frac{\partial T}{\partial z}\approx 0.65℃/100\text{m}$。将不同高度（气压）温度点连成的线称之为层结曲线。

3.2.4 位温 θ

在前面已得到结论，当一块空气绝热上升时，其温度随气压而变化，因此在不同气压条件下，两个空气块的热力学性质就不好加以鉴别。为了把不同气压条件下的气块的温度进行比较，气象上引进“位温”的概念。位温定义为，气块沿干绝热过程移动到标准气压（取 1000hPa）处所具有的温度。

由泊松方程：

$$\frac{T}{T_0}=\left(\frac{p}{p_0}\right)^{0.288}$$

取 $p_0=1000\text{hPa}$，$T_0=\theta$，得

$$\theta=T\left(\frac{1000}{p}\right)^{0.288} \tag{3.10}$$

上式即为位温的表达式，可见位温是温度 T 和气压 p 的函数。利用该式可计算出任

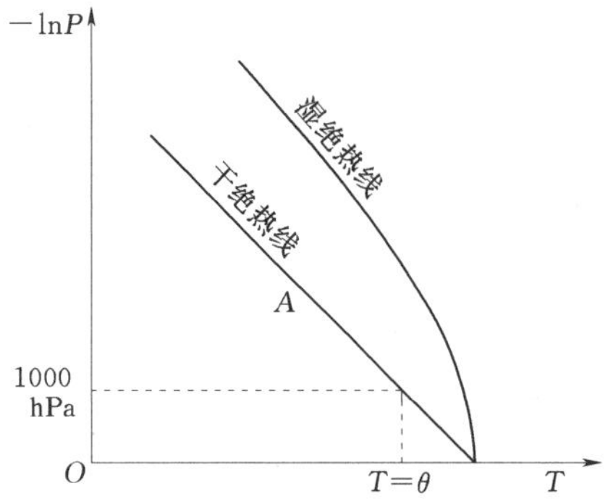

图 3.1　干、湿绝热线比较图

何 p 和 T 值时的位温。在气象学中，一般常用的热力图表是以温度 T 为横坐标，以对数压力 $\ln p$ 为纵坐标，称为温度对数压力图解。该图上的干绝热线即为等位温线，是根据式（3.10）绘制出来的，已知空气的压力和温度，即可由热力图表直接读出位温 θ 来。其状态为 p 和 T 的气块在热力图表上得一点（图 3.1A 点），它作干绝热运动时总是沿着通过 A 点的干绝热线移动，虽然它在不同的高度可有不同的温度，但到 1000hPa 的温度是 θ，可见 θ 在空气做干绝热运动时总是不变的，即在干绝热过程中是保守的，这是位温的重要性质。

3.3　湿绝热过程

3.3.1　凝结高度

资源 3.2
湿绝热过程&假绝热过程

未饱和的湿空气块绝热上升，气块的水汽压小于其温度时的饱和水汽压；当气块继续上升，其温度降低，饱和水汽压也随之减小。这样，在某一高度上，其饱和水汽压等于气块的水汽压，水汽开始发生凝结，把这个高度称为抬升凝结高度（LCL），简称凝结高度。实际上，未饱和空气被抬升到凝结高度未必一定开始凝结，这是因为大气中可出现过饱和状态。但湿空气绝热上升时，在这个高度上有产生凝结的可能。凝结高度一般可以作为云底高度的近似，但有时仍会有偏离，因为所讨论的上升气块还可能与四周空气相混合。

凝结高度的近似计算公式：

$$h=123(T_0-T_{d0}) \tag{3.11}$$

式中：h 为抬升凝结高度；T_0 和 T_{d0} 分别为抬升前气块的温度和露点，一般用地面温度和露点代替。由于没考虑与周围空气的混合作用，用式（3.11）计算出的云底高度比实际情况低。

3.3.2　湿绝热过程和湿绝热直减率

1. 湿绝热过程

湿空气中的水汽凝结后，过程的进行可能有两种情况：①凝结成的水滴和冰晶仍留在气块内，而且随着气块垂直向上；②凝结物雨滴、雪花等一部分或全部降落。

实际大气中这两种过程都可能出现。

（1）定义。

饱和湿空气在上升过程中，与外界没有热量交换，该过程称为湿绝热过程。显然，是与上述①过程相对应的。

（2）湿绝热方程。

由式（3.4）饱和湿空气的热力学第一定律：

$$dQ_1 - L\,dq_s = c_p\,dT - RT\,\frac{dp}{p}$$

绝热，$dQ_1=0$，得

$$-L\,dq_s = c_p\,dT - RT\,\frac{dp}{p} \tag{3.12a}$$

整理得

$$dT = \frac{RT}{c_p}\frac{dp}{p} - \frac{L}{c_p}dq_s \tag{3.12b}$$

由于方程（3.12b）考虑了湿空气相变产生热量的影响，没有外界热量的影响，所以称为湿绝热方程。该方程表明，饱和湿空气在绝热情况下温度的变化与两种因子作用有关：一种是与气压变化有关，如气块上升伴随气压降低，$dp<0$，气块温度将降低，$dT<0$；另一种与凝结潜热有关，气块上升时水汽凝结，$dq_s<0$，引起温度升高，$dT>0$。可见，有水汽凝结时，气块上升所引起的降温要慢些。

2. 湿绝热直减率 γ_s

饱和湿空气绝热上升的减温率，称为湿绝热直减率。

由式（3.12b），利用准静力条件：

$$dp' = -\rho' g\,dz = dp$$

$$dT = -\frac{RT}{c_p}\frac{\rho' g\,dz}{p} - \frac{L}{c_p}dq_s$$

将状态方程$\frac{1}{\rho}=\frac{RT}{p}$代入上式得

$$dT = -\frac{g}{c_p}\frac{\rho'}{\rho}dz - \frac{L}{c_p}dq_s$$

再代入状态方程：$\rho'=\frac{p'}{RT'}$，$\rho=\frac{p}{RT}$得

$$dT = -\frac{g}{c_p}\frac{T}{T'}dz - \frac{L}{c_p}dq_s \tag{3.13a}$$

因为

$$\frac{T}{T'} \approx 1$$

最后整理得

$$-\frac{dT}{dz} = \frac{g}{c_p} + \frac{L}{c_p}\frac{dq_s}{dz}$$

令 $\gamma_s = -\frac{dT}{dz}$为湿绝热直减率。

因为$\frac{g}{c_p}=\gamma_d$，所以

$$\gamma_s = -\frac{dT}{dz} = \gamma_d + \frac{L}{c_p}\frac{dq_s}{dz} \tag{3.13b}$$

当饱和湿空气上升时，$dz>0$，$dq_s<0$，则$\frac{dq_s}{dz}<0$；下降时，$dz<0$，$dq_s>0$，则

$\frac{dq_s}{dz}<0$，所以 γ_s 总小于 γ_d 的。

此外，由于 $q_s\approx0.622\frac{e_s}{P}$，而饱和水汽压 e_s 是温度的函数，所以 $\frac{dq_s}{dz}$ 是气压和温度的函数，这样 γ_s 就不是常数，而是气压和温度的函数。表3.1给出不同温度和气压下 γ_s 的值，可见，γ_s 不像 γ_d 那样近似为常数，而是随着气压 p 和温度 T 而变化的量。在温度较高，即比湿 q 和饱和水汽压 e_s 较大时，凝结量大，析出的潜热量大，γ_s 值最小。γ_s 随温度的降低而增大，即低温时，水分很少，γ_s 就接近 γ_d。图3.1为干、湿绝热线的比较，在干绝热过程中，上升（下沉）气块的温度随高度呈线性减小（增高），干绝热线直减率近于常数，故呈一直线；而湿绝热线，因 $\gamma_s<\gamma_d$，故在干绝热线的右方，并且下部因为温度高，γ_s 小，上部温度低，γ_s 大，这样形成上陡下缓的一条曲线。到高层水汽凝结越来越多，空气中水汽含量便越来越少，γ_s 越来越和 γ_d 值相接近，使干、湿绝热线近于平行。

表3.1　　湿绝热直减率　　单位：$K\cdot(100m)^{-1}$

p/hPa	t/℃										
	−60	−50	−40	−30	−20	−10	0	10	20	30	40
1000	1.00	0.99	0.98	0.94	0.88	0.78	0.66	0.54	0.44	0.37	0.31
800	1.00	0.99	0.97	0.93	0.85	0.74	0.62	0.50	0.40	0.34	0.29
600	1.00	0.99	0.96	0.91	0.82	0.69	0.55	0.44	0.36	0.30	0.27
400	0.99	0.98	0.94	0.87	0.75	0.60	0.47	0.38	0.31	0.27	0.24
200	0.98	0.96	0.89	0.76	0.61	0.46	0.35	0.29	0.25	0.22	0.20
100	0.97	0.91	0.80	0.63	0.46	0.34	0.27	0.23	0.20	0.18	0.16

3.4　假绝热过程和假相当位温

3.4.1　假绝热过程

潮湿空气块上升，饱和前温度按干绝热直减率减小，饱和以后按湿绝热直减率减小。当气块中水汽凝结，成为雨滴、雪花等部分或全部降落后，气块中水分含量减少，下降过程按干绝热递减率或介于干、湿绝热递减率之间的递减率（它大于上升过程中的湿绝热递减率）增温，气块回到原来高度上时，其温度就变成另一个较高的温度，这种过程是个不可逆过程。严格说是非绝热的，所以称为假绝热过程。

如在3.2节中所述，只要空气块是干绝热的，气块沿 γ_d 线做升降运动，位温 θ 保持不变。但在湿绝热和假绝热过程中，气块在升降运动中其状态已经脱离了原来的 γ_d 线，位温是要发生变化的。因此需要另找一个在干绝热、湿绝热和假绝热过程中具有保守性质的物理量，这就是假相当位温。

3.4.2　假相当位温

我们定义假相当位温为（图3.2）：未饱和湿空气从已知状态 A 点开始，沿干绝

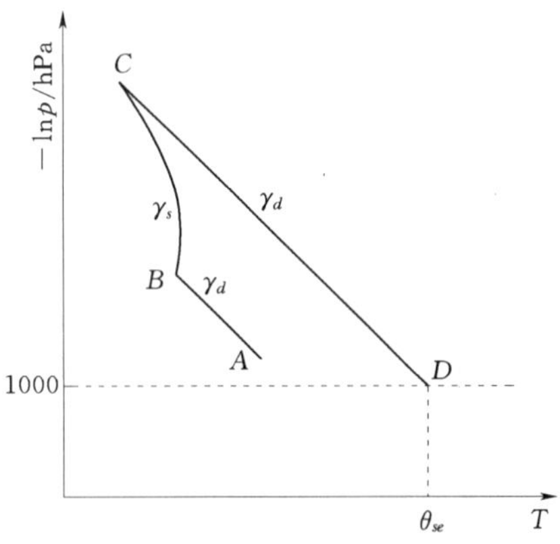

图 3.2　假相当位温示意图

热线 γ_d 上升到凝结高度 B 点，再沿与 B 点相应的湿绝热线 γ_s 继续上升到气块中的全部水汽凝结成水滴、冰晶，并全部脱离该气块，即成为干空气时，再按 γ_d 线下降到 1000hPa 处，此处（D 点）气块具有的温度称为假相当位温，用 θ_{se} 表示。即考虑了气块中原所有水汽全部凝结降落后，所释放的潜热保留在气块中，使气块的位温提高到了极值，这个数值就是假相当位温。

根据定义及图 3.2 可以看出，一气块的状态 p、T、q 一定时，不论干绝热、湿绝热和假绝热过程，其 θ_{se} 总是不变的，因为气块的状态变化不会脱离图 3.2 中的这些线，即 θ_{se} 对这些过程都具有保守性。正因 θ_{se} 具有这种性质，所以它在气象上得到广泛应用。因为 θ_{se} 中不仅考虑到水汽凝结时释放潜热对它的影响，而且考虑到气压变化对它的影响。因此，θ_{se} 是一个包括温度、湿度和气压影响的综合特征量，也是比位温 θ 更优越的一个物理量。

θ_{se} 可在热力图上求得（见 3.5 节），也可用公式计算，其公式为

$$\theta_{se}=\theta_A e^{\frac{Lq_A}{C_p T_B}} \tag{3.14}$$

式中：θ_A 为上升气块 A 的位温；q_A 为气块 A 的比湿；T_B 为 B 点（气块 A 的凝结高度）的温度。

由图 3.2 可见，γ_s 线（BC）到很高处与 γ_d 线（CD）平行，并沿 γ_d 线降到 1000hPa 决定 θ_{se} 值。因此，每一根 γ_s 线只有一个确定的 θ_{se} 值相对应，可以根据 γ_s 线来确定假相当位温 θ_{se} 值，就像 γ_d 线能确定位温 θ 一样。

3.4.3　假绝热过程的例子——焚风

焚风可以作为假绝热过程的例子（图 3.3）。气流遇山被迫抬升，在达到凝结高度 Z_c 以前，按干绝热递减率 γ_d 降温；达到 Z_c 高度以后，则按湿绝热递减率 γ_s 降温。其凝结物以降水的形式降落脱离气流，到山顶时空气的湿度已很小。气流在背风坡下沉时，因为没有凝结物的蒸发（即使有，其量也较小）空气呈未饱和状态，因此，按干绝热递减率 γ_d 增温，显然在山后与山前同一高度上，空气的温度和湿度就会有较大的差别。山后的温度较高，湿度较小，形成干而热的焚风。

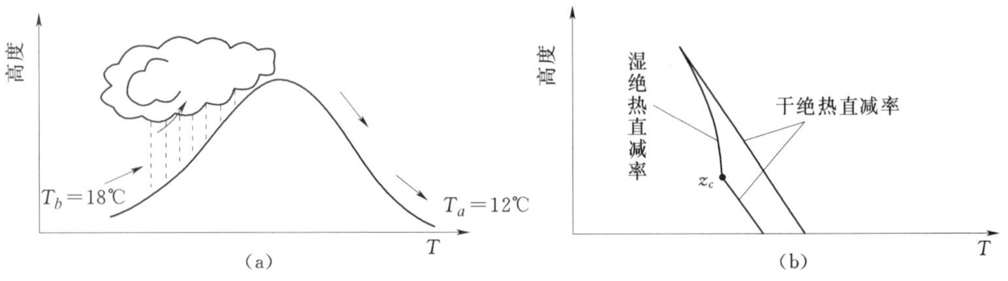

图 3.3　焚风成因示意图

3.5　热力图简介和部分应用

资源 3.3
热力图应用

3.5.1　$T-\ln p$ 图简介

空气块在上升和下降运动中的状态变化，可以用前面各节中所述公式进行计算，但相当费事费时。为了工作方便，气象工作者制作过很多种热力图表，以代替繁重的计算。目前，我国各气象部门用得最多的是温度-对数压力图（见书后附图），亦称埃玛图（Ema gram）或 $T-\ln p$ 图。

1. 坐标

温度-对数压力图的横坐标是温度，纵坐标是气压的对数值。

2. 线条

图中有五组线条：①平行于纵坐标的黄色实线为等温线；②平行于横坐标的黄色实线为等压线；③倾斜的黄色实线，为干绝热线（根据干绝热方程绘出），即 γ_d 线，也是等位温线；④倾斜的绿色断线，为湿绝热线（根据湿绝热方程绘出），即 γ_s 线，也是假相当位温线；⑤倾斜得较小的绿色实线，为等饱和比湿线（根据饱和比湿公式绘出）。

3.5.2　$T-\ln p$ 图的应用

现举例说明，用温度-对数压力图计算一些气象上常用的物理量。已知未饱和气块的状态为：气压 $p=930$hPa，温度 $T=14$℃或 287K，比湿 $q=8$g/kg，求这气块上升到某高度的温度，露点、凝结高度、位温和假相当位温等物理量。

1. 求该气块上升到 900hPa 高度时的温度

如图 3.4 所示，在温度-对数压力图上，根据已知状态 p 和 T，确定 A 点；再找到对应于 A 点干绝热直减率 γ_d 线，这条 γ_d 线与 900hPa 等压线相交于 B，对应于 B 点的温度（11.2℃）就是所要求的温度。

2. 求该湿气块（在该高度 930hPa）的露点

在温度-对数压力图上找到 930hPa 等压线与 $q=8$g/kg 的饱和比湿线相交于 F 点（图 3.5），F 点的温度就是所要求的露点（9.6℃）。

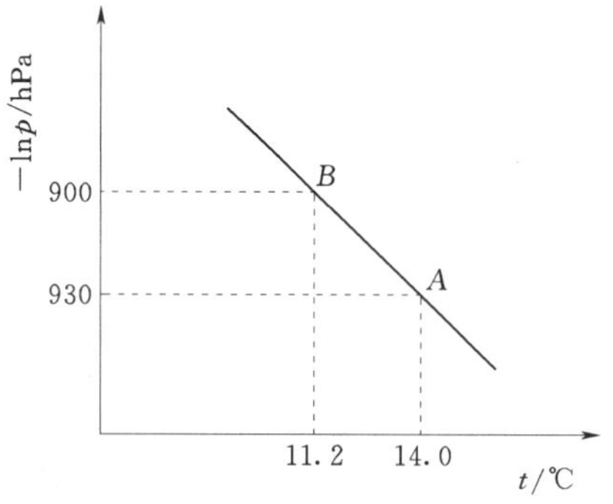

图 3.4　$T-\ln p$ 图上 900hPa 高度温度的求算

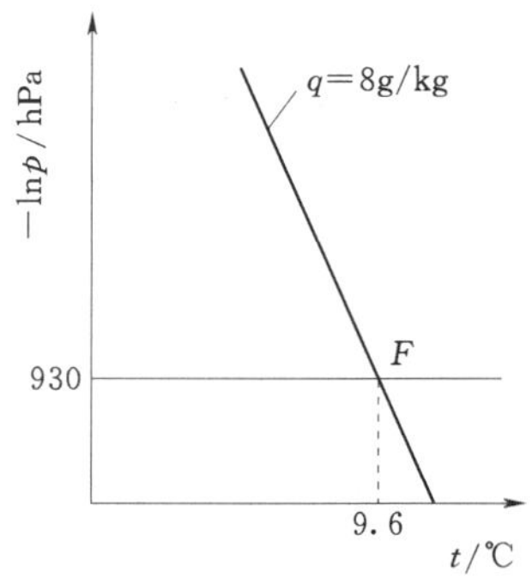

图 3.5　$T-\ln p$ 图上露点温度的求算

3. 求该湿空气块的凝结高度

首先确定通过已知状态 A 点的 γ_d 线，这条线与 8g/kg 的饱和等比湿线相交于抬升凝结高度 C 点（图 3.6），C 点的气压（870hPa）就是所要求的凝结高度。

4. 求该湿空气块上升到 500hPa 高度时的温度

由上述已知该湿空气块的凝结高度 C 的气压为 870hPa，在 C 点以上，它按湿绝热直减率线 γ_s 上升，直到它上升到 500hPa。500hPa 等压线与 γ_s 线相交于 E 点（图 3.7），E 点相应的温度（−17.7℃）就是所要求的温度。

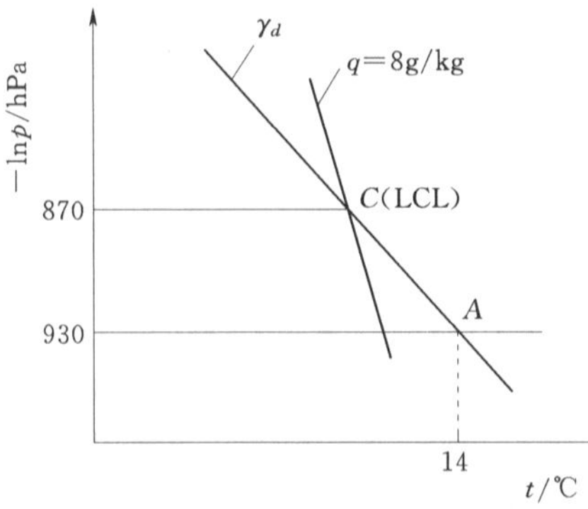

图 3.6　$T-\ln p$ 凝结高度的求算

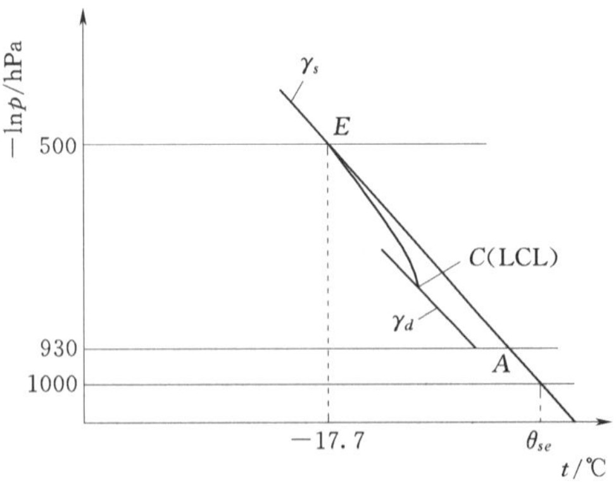

图 3.7　$T-\ln p$ 图上 500hPa 高度温度的求算

5. 求该湿空气块的位温和假相当位温

根据“1”中所述方法，找到该湿空气块的 γ_d，该 γ_d 线上所标位温 θ 值就是要求的位温值。同理，根据“4”中所述找到 γ_s，则 γ_s 线上所标假相当位温 θ_{se} 值就是所要求的值。

3.6 大气层结稳定度

3.6.1 基本概念

资源 3.4
大气层结稳定度

大气中发生垂直上升运动的原因很多，例如，一团空气比周围空气热或由于地表的高低不平等都能产生垂直运动。至于原已产生的上升运动能否继续发展下去，则决定于大气层结的状况。所谓大气层结，是指大气温度和湿度的垂直分布。大气层结特性对于对流和湍流的发展影响重大。假如由于地面增热不均、气流辐合等作用，一块空气产生了向上或向下的运动，待外力消失，气块逐渐减速，并有返回原来高度的趋势，这时的气层对于该空气块是稳定的，称之为稳定层结；如当气块离开原位就逐渐加速运动，并有远离起始高度的趋势，这时气层对于气块而言是不稳定的，称层结不稳定；如气块被推到某一高度后，加速度为零，气块随遇而安，这时的气层对该气块而言是中性的，称为中性层结。

必须注意，大气层结稳定度只能表示大气层结的状态，是用来描述大气层结对气团的垂直运动起什么影响（加速、减速或等速）的一个概念，这种影响只有当气块发生扰动以后才能表现出来，并不表示大气中已出现的对流运动。

大气层结稳定度与对流发展的强弱有关，用大气层结稳定性可解释许多天气现象。例如，在稳定大气层结下对流受到抑止，常出现层状云、连续性降水、雾、毛毛雨等天气现象。在不稳定大气层结时，对流发展旺盛，常出现积状云、阵性降水、雷暴及冰雹等天气现象。因此，分析大气层结稳定度，对于预报天气来说，颇为重要。

3.6.2　大气层结稳定度的判定法（气块法）

判断层结稳定度的方法有气块法和薄层法，气块法相对简单且定性结论与薄层法一致，限于篇幅，这里只介绍气块法。

垂直方向相对静止的气块满足大气静力学方程的

$$0=-\frac{1}{\rho}\frac{\partial p}{\partial z}-g$$

表示单位质量气块所受到的净压力$-\frac{1}{\rho}\frac{\partial p}{\partial z}$与重力 g 相平衡。当气块有加速度存在时，垂直方向就不满足静力平衡。根据牛顿第二定律，满足方程：

$$\frac{\mathrm{d}w}{\mathrm{d}t}=-\frac{1}{\rho}\frac{\partial p}{\partial z}-g$$

其中，$w=\frac{\mathrm{d}z}{\mathrm{d}t}$为垂直方向的速度。$w>0$，表示上升，$w<0$ 下沉。当$\frac{\mathrm{d}w}{\mathrm{d}t}=0$ 时，$\frac{\partial p}{\partial z}=-\rho g$ 即为大气静力学方程。从此意义上说，层结稳定度也称静力稳定度，表示了重力和垂直气压梯度力对空气垂直位移的影响程度。

设：p'、ρ'、T'为周围大气的要素，不带撇的为气块的要素。引入准静力条件：$p=p'$，$\frac{\partial p}{\partial z}=\frac{\partial p'}{\partial z}=-\rho' g$，代入垂直方向的运动方程：

$$\frac{\mathrm{d}w}{\mathrm{d}t}=-\frac{1}{\rho}\rho' g-g=\frac{g}{\rho}(\rho'-\rho) \tag{3.15}$$

分别代入状态方程：$\rho'=\frac{p}{RT'}$，$\rho=\frac{p}{RT}$得

$$\frac{\mathrm{d}w}{\mathrm{d}t}=g\ \frac{T-T'}{T'}=g\ \frac{\Delta T}{T'} \tag{3.16}$$

式（3.16）就是判定稳定度的基本公式。其中 $g\ \frac{\Delta T}{T'}$为气块在垂直方向受到的合外力，大小和方向取决于气块与周围大气的温差 ΔT 的大小与正负。当 $\rho<\rho'$或 $T>T'$，$\frac{\mathrm{d}w}{\mathrm{d}t}>0$ 气块有垂直向上的加速度，向上运动将要发展，气层层结（静力）不稳定；当 $\rho>\rho'$或 $T<T'$，$\frac{\mathrm{d}w}{\mathrm{d}t}<0$ 气块向上运动受到抑制，气层层结稳定；当 $\rho=\rho'$或 $T=T'$，$\frac{\mathrm{d}w}{\mathrm{d}t}=0$ 气层对垂直运动不起作用，气层层结为中性。

可见判断某一气层是否稳定，实际上就是判断某一运动的气块比周围空气是轻还

是重的问题。比周围空气重，倾向于下降；比周围空气轻，倾向于上升；和周围空气一样重，既不倾向于下降也不倾向于上升。空气的轻重，决定于气压和气温。在气压相同的情况下，两团空气的相对轻重问题，实际上就是气温的问题。在一般情形之下，在同一高度，一团空气和它周围的空气大体有相同的温度。如果这样一团空气上升时，变得比周围空气冷一些，它就重一些。那么，这一气层是稳定的。反之，这团空气变得比周围空气暖一些，因而轻一些，那么，这一气层是不稳定的。至于中性平衡的气层，是这团空气上升到任何高度和周围空气都具有相同的温度，因而有相同的轻重。

3.6.3 稳定度判据

1. 干空气与未饱和湿空气

设在起始高度，空气块和周围环境温度均为 T_0，空气块绝热上升 dz 高度时，按干绝热直减率 γ_d 降温，温度变为 T；周围环境空气按实测温度降温，即按 γ 降温，温度变为 T'，于是

$$T'=T_0-\gamma \mathrm{d}z$$

$$T=T_0-\gamma_d \mathrm{d}z$$

把上两式代入式（3.16），则得到

$$\frac{\mathrm{d}w}{\mathrm{d}t}=\frac{g}{T'}(\gamma-\gamma_d)\mathrm{d}z \tag{3.17}$$

由上式可得到的干空气和未饱和湿空气稳定度的判据为

$$\left.\begin{aligned} &\gamma>\gamma_d & & \frac{\mathrm{d}w}{\mathrm{d}t}>0\ \text{不稳定} \\ &\gamma=\gamma_d & \text{即} \quad & \frac{\mathrm{d}w}{\mathrm{d}t}=0\ \text{中性} \\ &\gamma<\gamma_d & & \frac{\mathrm{d}w}{\mathrm{d}t}<0\ \text{稳定} \end{aligned}\right\} \tag{3.18}$$

对于未饱和湿空气，稳定度的判据也可用位温来表示，把位温公式

$$\theta=T\left(\frac{1000}{p}\right)^{R/c_p}$$

和

$$\theta'=T'\left(\frac{1000}{p'}\right)^{R/c_p}$$

代入式（3.16），考虑到 $p=p'$，则得到

$$\frac{\mathrm{d}w}{\mathrm{d}t}=g\ \frac{\theta-\theta'}{\theta'} \tag{3.19}$$

因为在干绝热过程中，

$$\theta=\theta_0=\text{常数}$$

而

$$\theta'=\theta_0+\frac{\partial\theta'}{\partial z}\mathrm{d}z$$

上两式代入式（3.19），得到

$$\frac{\mathrm{d}w}{\mathrm{d}t}=-\frac{g}{\theta'}\frac{\partial\theta'}{\partial z}\mathrm{d}z \tag{3.20}$$

于是得到的稳定度的判据为

$$\left.\begin{array}{l}\dfrac{\partial\theta'}{\partial z}<0\ \text{不稳定}\\[2ex]\dfrac{\partial\theta'}{\partial z}=0\ \text{中性}\\[2ex]\dfrac{\partial\theta'}{\partial z}>0\ \text{稳定}\end{array}\right\} \tag{3.21}$$

2. 饱和湿空气

讨论饱和气块上升时大气层结稳定度的判据。只要用 γ_s 代替式（3.17）中的 γ_d，则稳定度的判据为

$$\left.\begin{array}{l}\gamma>\gamma_s\ \text{不稳定}\\ \gamma=\gamma_s\ \text{中性}\\ \gamma<\gamma_s\ \text{稳定}\end{array}\right\} \tag{3.22}$$

已知假相当位温 θ_{se} 在湿绝热过程是保守的，因此类似于干绝热过程，用 θ_{se} 代替式（3.20）中的 θ，则得到饱和湿空气的稳定度判据的另一种表示式

$$\left.\begin{array}{l}\dfrac{\partial\theta'_{se}}{\partial z}<0\ \text{不稳定}\\[2ex]\dfrac{\partial\theta'_{se}}{\partial z}=0\ \text{中性}\\[2ex]\dfrac{\partial\theta'_{se}}{\partial z}>0\ \text{稳定}\end{array}\right\} \tag{3.23}$$

稳定度可以直接在 $T-\ln p$ 图上进行判断，具体看状态曲线和层结曲线的位置。

若把某站探空观测资料点绘在温度对数压力图上，将各观测高度上的温度连接成折线，则称此线为层结曲线（γ 线）。而把气块本身温度随高度的变化曲线，称为该气块的状态曲线（如 γ_d、γ_s 线）。若以干空气为例：

（1）$\gamma>\gamma_d$ 层结曲线在状态曲线的左侧；

（2）$\gamma=\gamma_d$ 层结曲线与状态曲线重合；

（3）$\gamma<\gamma_d$ 层结曲线在状态曲线的右侧。

把上述结果表示在温度-对数压力图上（图3.8）。图中若温度层结曲线是①，状态曲线是②，层结曲线在状态曲线的右侧，大气层结是稳定的；若层结曲线是③，大气层结则是不稳定的；若层结曲线与状态曲线重合，大气层结是中性稳定。

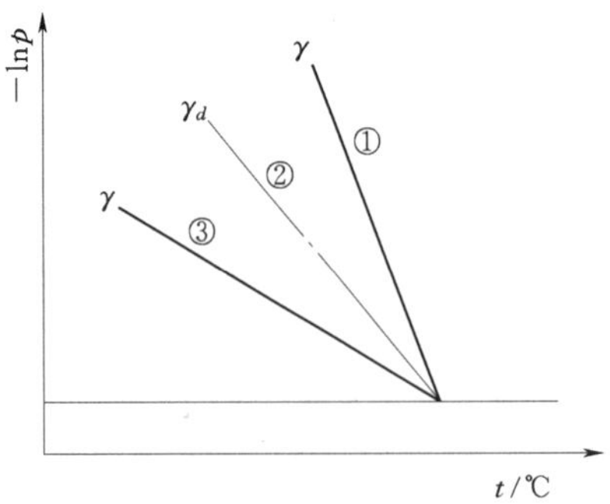

图 3.8　层结曲线和稳定度

综合式（3.18）和式（3.23），得出：

（1）$\gamma>\gamma_d$，对于未饱和及饱和大气，都为

不稳定，称绝对不稳定。

（2）$\gamma<\gamma_s$，对于未饱和及饱和大气，都为稳定，称绝对稳定。

（3）$\gamma_s<\gamma<\gamma_d$，对于未饱和空气为稳定，对于饱和空气为不稳定，称为条件性不稳定。

绝对不稳定的情形，多发生在夏季的局部地区，因强烈的太阳辐射，近地层空气急剧增温，使与上层空气间的温差加大，达到 $\gamma>\gamma_d$ 的程度，夏季午后的热雷雨，多因此产生。绝对稳定发生在气层上下温差极小的情况下，尤其是在等温层及逆温层附近。这时大气中的对流及垂直上升运动受到阻碍，云体将在稳定层的下方平衍、伸展为层状云。

条件性不稳定是自然环境中较常见的情况。

利用 γ 与 γ_d（或 γ_s）的比较来判断大气稳定度的方法，只适用于薄气层。当气层比较厚，或者要考虑自地面以上整层大气的稳定度时，由于大气温度的垂直分布随高度而变，γ 不是常数，使上述判据受到限制。为此，引入不稳定能量的概念来讨论较厚气层的稳定度判断。

3.6.4 不稳定能量

一定厚度的气层是否稳定，要根据大气内部的不稳定能量而定。不稳定能量是气层中可能供给单位质量气块上升运动的能量，可用单位质量上升气块受到的合外力所做的功来度量。就一单位质量空气块来说，使其向上位移 dz 距离，则合外力对它所做的功为：式（3.16）乘以 dz，即

$$\frac{\mathrm{d}w}{\mathrm{d}t}\mathrm{d}z=\frac{g(T-T')}{T'}\mathrm{d}z$$

所以

$$\frac{\mathrm{d}w}{\mathrm{d}t}w\,\mathrm{d}t=\frac{g(T-T')}{T'}\mathrm{d}z$$

当气块从高度 z_1 上升到 z_2 时，利用流体静力学方程，将上式积分，

$$\frac{1}{2}w_2^2-\frac{1}{2}w_1^2=R_d\int_{p_1}^{p_2}(T-T')\mathrm{d}(-\ln p) \tag{3.24}$$

方程左端为

$$\frac{1}{2}w_2^2-\frac{1}{2}w_1^2=\Delta E$$

表示合外力对气块做的功，等于气块动能的增加量 ΔE。方程右端为

$$W=R_d\int_{p_1}^{p_2}(T-T')\mathrm{d}(-\ln p) \tag{3.25}$$

表示合外力对气块所做的功。可见，合外力对气块做的功等于气块动能的增量 ΔE。当 $T>T'$时，$W>0$，$\Delta E>0$，气层对气块具有正的不稳定能量，有利于受扰动气块的加速运动，因而气层是不稳定的；当 $T<T'$时，$W<0$，$\Delta E<0$，气层对气块具有负的不稳定能量，对受扰动气块的垂直运动具有抑制作用，气层是稳定的；当 $T=T'$时，气层对气块的垂直运动既不有利也不抑制，气层属于中性层结。

不稳定能量在温度-对数压力图上很容易求得。在图 3.9 上，抬升 A 点的气块，

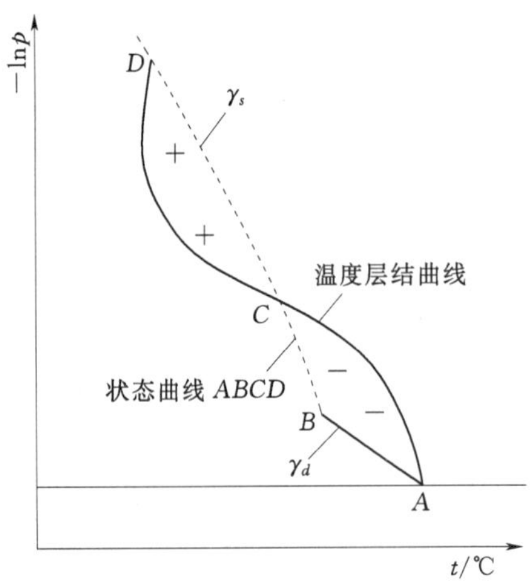

图 3.9　气块动能与状态、层结曲线的关系

未饱和时，沿干绝热线上升，到达凝结高度 B，空气饱和；再向上，气块沿湿绝热线上升。于是，由式（3.25），不稳定能量恰好等于状态曲线与温度层结曲线所包围的面积的 R_d 倍。在自由对流高度（C 点）以下，因为 $T<T'$，所以为负面积，对应于 $\Delta E<0$，为负不稳定能量；在 C 点以上、D 点以下，$T>T'$，为正面积，对应于 $\Delta E>0$，为正不稳定能量。由 p_1 到 p_2，即由 A 点到 D 点的总不稳定能量是正、负不稳定能量的代数和。

根据正负面积的大小，气层可分为下列三类：

（1）稳定型（图 3.10）。没有正面积，即地面以上状态曲线完全位于层结曲线的左方，两者不相交。这时大气中就是有较强的扰动，对流仍不会发展。

（2）真潜不稳定型（图 3.11）。正面积很大，负面积很小，这时大气中气块一受扰动容易上升，超过自由对流高度，而达到正面积区，由于正面积很大，释放出大量不稳定能量，对流大为发展。

（3）假潜不定型（图 3.12）。负面积很大，正面积很小，或者在正面积以上还有负面积。这时空气块受到的外界的抬升力不够大，就不易达到正面积区；即使能够达到正面积区，也没有足够的不稳定能量释放，对流仍不可能出现。

由以上所述可知，对流产生的有利条件是：正的不稳定能量面积要大；要有足够大的抬升力。

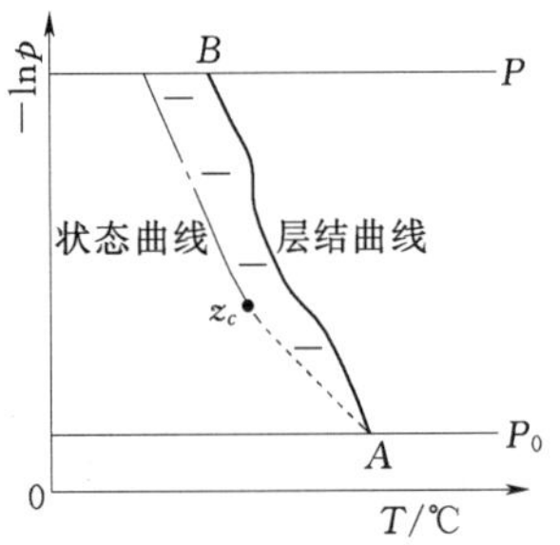

图 3.10　大气层结稳定

（Z_c 为抬升凝结高度）

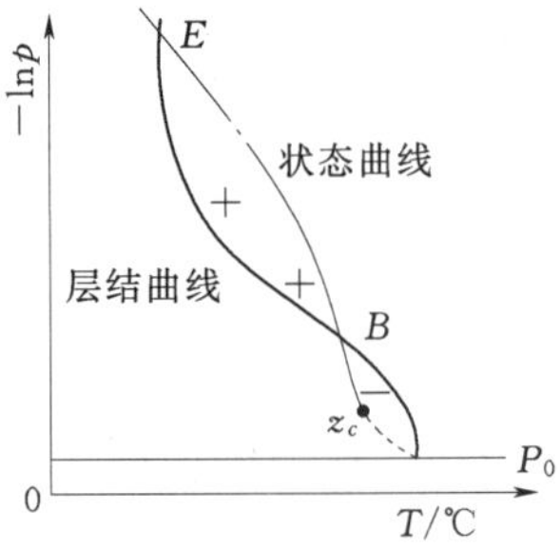

图 3.11　大气层结真潜不稳定

（Z_c 为抬升凝结高度）

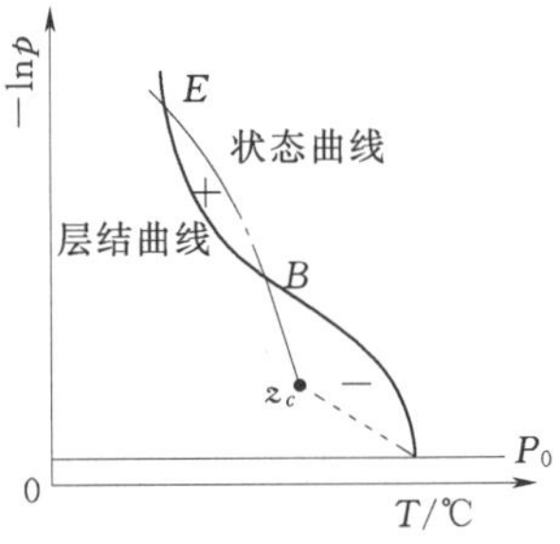

图 3.12　大气层结假潜不稳定

（Z_c 为抬升凝结高度）

3.6.5　对流不稳定

大气中除了个别气块发生升降运动外，也有发生整个气层（厚达几百米）的升降运动。例如，气流经过山坡时的抬升和下沉运动，暖湿空气在暖锋面上的滑升运动，等等。这时气层的稳定度也要发生变化。如果整层空气抬升以后，由原来的稳定层结

趋向于不稳定层结，则称为对流不稳定，亦称位势不稳定。在天气分析中，位势不稳定颇为重要，往往产生强对流、形成暴雨、雷暴或冰雹等灾害性天气。

设气层在抬升之前是稳定的，温度层结几乎接近于等温（即 $\gamma \approx 0$），而湿度层结可能有两种：一种是上干下湿［图 3.13（a）］，另一种为上湿下干［图 3.13（b）］。在图 3.13（a）中，AB 为气层抬升前的温度层结曲线。整层空气抬升中，在饱和前，整层空气按干绝热直减率降温。由于低层湿度较大，在较低高度上先达到饱和，此后便按湿绝热直减率降温，从 A 点上升到 A'点；再继续上升，发生凝结的气层也要逐渐变厚。当抬升到一定高度，上层也达到饱和，即 B 点上升到 B'点，这时整层空气的层结曲线从 AB 变为 $A'B'$。显然，这时 $\gamma > \gamma_s$，整层空气由原来的稳定层结变为不稳定层结。

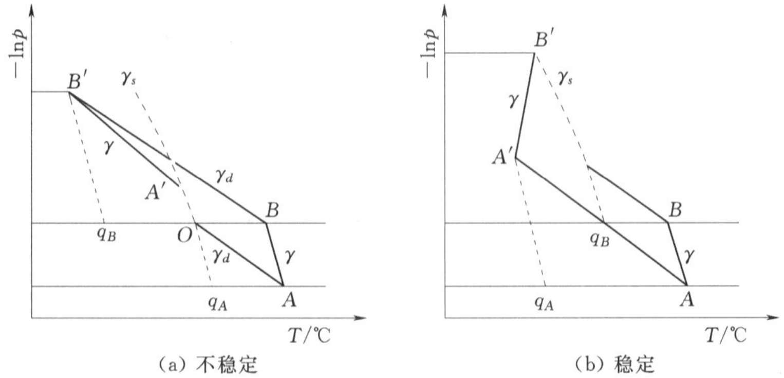

图 3.13 对流稳定性示意图

如果整层空气中的湿度分布与上述者相反，即低层湿度小，高层湿度大，由图 3.13（b），整层空气始升到饱和以后，变得更加稳定，称为位势稳定或对流稳定（对流性稳定）。

由以上讨论可知，位势稳定或位势不稳定的大气层结，不仅决定于温度层结，而且还必须考虑大气的湿度层结。对流不稳定是一种潜在的不稳定能量，只有满足一定的条件才能变成现实不稳定，这些条件是抬升前气层必须是上干、下湿；有足够的抬升力，使整层抬升达到饱和。

由 θ_{se} 定义可知，它是与温度、湿度有关的物理量，湿绝热线就是 θ_{se} 的等值线，可以利用 θ_{se} 判断位势稳定度。由以上分析可见，只要抬升后的气层满足 $\gamma > \gamma_s$ 的条件，对流不稳定就会出现。而要满足上述条件，气层在抬升前又必须是上干、下湿的特征即 $q_A > q_B$，必有 $\dfrac{\partial \theta'_{se}}{\partial z} < 0$。因为是抬升运动，$\partial z > 0$，位势不稳定的层结必然是 $(\theta'_{se})_A > (\theta'_{se})_B$。同理，位势稳定的层结必然是 $(\theta'_{se})_A < (\theta'_{se})_B$。于是，可得位势稳定度的判据为

$$\left.\begin{aligned} &\frac{\partial \theta'_{se}}{\partial z} < 0 \ \text{位势不稳定} \\ &\frac{\partial \theta'_{se}}{\partial z} = 0 \ \text{中性} \\ &\frac{\partial \theta'_{se}}{\partial z} > 0 \ \text{位势稳定} \end{aligned}\right\} \qquad (3.26)$$

3.7 局地温度变化的影响因素分析与判断

资源 3.5

局地温度变化与大气中的逆温

确定地点的温度变化是复杂的，除了有周期性变化（第 2 章介绍）外，还有其他因子影响下的变化，而且后者常常是短期气温预报的重点关注对象。

3.7.1 热流量方程

热力学第一定律（3.3）式两边除以 dt，便得

$$\frac{\mathrm{d}Q}{\mathrm{d}t}=c_p\frac{\mathrm{d}T}{\mathrm{d}t}-\frac{RT}{p}\frac{\mathrm{d}p}{\mathrm{d}t} \tag{3.27}$$

是常规的热流量方程。其中 $\mathrm{d}Q/\mathrm{d}t$ 为热流量，它表示单位质量空气在单位时间内所得或所失的热量。$\mathrm{d}T/\mathrm{d}t$、$\mathrm{d}p/\mathrm{d}t$ 分别表示单位时间内空气块的温度和气压的变化。

在笛卡尔坐标系中，气块的温度和气压的变化可写成

$$\frac{\mathrm{d}T}{\mathrm{d}t}=\frac{\partial T}{\partial t}+\mathbf{V}\ \nabla T+w\ \frac{\partial T}{\partial z}$$

$$\frac{\mathrm{d}p}{\mathrm{d}t}=\frac{\partial p}{\partial t}+\mathbf{V}\ \nabla p+w\ \frac{\partial p}{\partial z}$$

$$\approx-\rho g w=-\frac{gp}{RT}w$$

将上述两式代入式（3.27），整理后得到

$$\frac{\partial T}{\partial t}=-\mathbf{V}\ \nabla_2 T-(\gamma_d-\gamma)w+\frac{1}{c_p}\frac{\mathrm{d}Q}{\mathrm{d}t} \tag{3.28}$$

为热流量方程的另一种形式。

3.7.2 个别变化、局地变化和平流变化

因为个别变化、局地变化和平流变化在以后经常出现，所以这里有强调的必要。

空气块在运动中，其本身的要素随时间的变化，称该要素的个别变化，用全微分 $\frac{\mathrm{d}}{\mathrm{d}t}$ 表示。例如，温度的个别变化为 $\frac{\mathrm{d}T}{\mathrm{d}t}$。但因为运动空气（块）的位置随时改变，要素的个别变化无法直接观测而得。

由于大气运动或其他原因，使得某一固定地点的要素值发生变化，这种变化称为局地变化，常用 $\frac{\partial}{\partial t}$ 表示。例如，一个地方的温度变化可写成 $\frac{\partial T}{\partial t}$。

大气中的温度分布不均时，可画出数值不同的等温钱，与等温线相垂直的线上单位距离内温度值之差，称为温度的梯度，其方向自高值指向低值。当风向与等温线之间有一定夹角时，空气的水平运动就会引起某地温度随时间的变化，称之为温度平流变化，写成 $-\mathbf{V}\cdot\nabla_2 T$。

如何理解温度的个别变化、局地变化与平流变化呢？举例来说，当预报北京的温度时，发现在蒙古国地区近地层气温为－20℃，高空为西北气流，当时北京近地层气温为 0℃。根据空气的移动速度，预计 36h 后，蒙古国的冷空气将移到北京，即 36h

后，北京温度应下降 20℃。这种由于空气的移动所造成的某地温度的变化称为温度的平流变化。另一方面，当冷空气由蒙古国移到北京的过程中空气本身温度的变化。这部分变化实际上就是温度的个别变化。例如，当冷空气南下时南部地表面温度较高，下垫面将把热量传递给冷空气，这种作用将使气温升高。预计空气温度的这一个别变化将使其温度升高 10℃。如只考虑上述两方面因子的共同影响，就可以预报北京温度在 36h 后要降温 10℃。

3.7.3　影响气温局地变化的因素

由式（3.28）得到，一个地方的气温局地变化（$\partial T/\partial t$）与大气温度的平流变化（$-\mathbf{V}\,\nabla T$）、大气的稳定度（$\gamma_d-\gamma$），垂直运动（w）和热流量变化（$\mathrm{d}Q/\mathrm{d}t$，或称热量的非绝热吸收或损失）有关。

式（3.28）右边第二项，$-(\gamma_d-\gamma)w$，一般情况下，$\gamma<\gamma_d$，下沉（上升）运动引起局地增暖（冷却）。

式（3.28）末项说明，把外界的热量加给移动中的空气块，该气块增温；反之，若该气块损失热量，其温度降低。大气中造成热量交换的过程有辐射、湍流交换、水汽相变等。

短期天气过程：$\dfrac{\mathrm{d}Q}{\mathrm{d}t}\approx 0$

大尺度大气：w 较小，式（3.28）右边第二项作用比较小。

式（3.28）可简化成：

$$\frac{\partial T}{\partial t}\approx -\mathbf{V}\cdot\nabla_2 T \tag{3.29}$$

可见，气温的局地变化主要决定于温度的平流变化。因此，温度平流的判断就显得比较重要。

3.7.4　温度平流的判断

温度平流可以写成：

$$\mathbf{V}\cdot(-\nabla_2 T)=V|-\nabla_2 T|\cos\alpha$$

式中：α 为风 $\mathbf{V}$ 与水平温度梯度 $-\nabla_2 T$ 之间的夹角（不大于 180°）。

图 3.14 表示三种平流情况。注意到 $V\cos\alpha=V_k$ 为垂直于等温线的风矢分量，其方向指向 $-\nabla_2 T$。例如，$|-\nabla_2 T|=5℃/370\mathrm{km}$，$V=75\mathrm{km/h}$，$\alpha=60°$，则在图 3.14（a）情况下，温度的平流变化为 0.5℃/h，为暖平流；在图 3.14（c）情况下，为冷平流，−0.5℃/h。在图 3.14（b）情况下，因为 V_k 为 0，没有温度的平流变化。

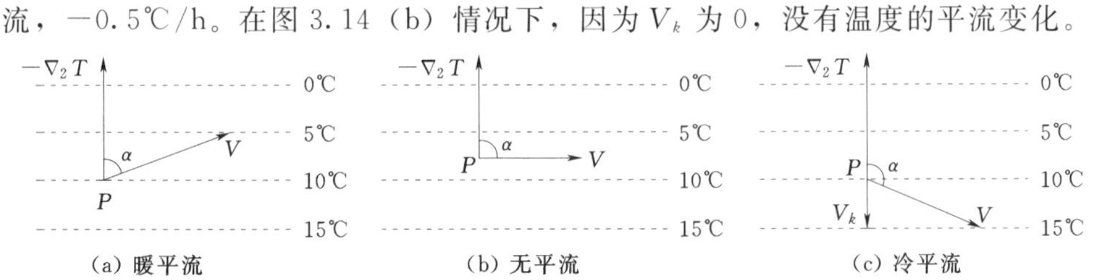

图 3.14　平流判断图

3.8 大气中的逆温

在对流层中，总的情况是气温随高度而降低，整个对流层的气温直减率平均为0.65℃/100m。实际上，在对流层内各高度的气温垂直变化是因时因地而不同的。在一定条件下，对流层中也会出现气温不随高度变化或随高度增加温度升高的现象，前者称为等温层，后者称为逆温层。从热力学的角度，无论是等温层还是逆温层都表示大气层结是稳定的。逆温层是一种强稳定的大气层结，它可以阻碍空气垂直运动的发展，使近地面大量的烟、尘、水汽凝结物聚集在它的下面，能见度因而变坏。所以，逆温层对云雾和垂直运动的发生发展影响较大。造成逆温的条件有地面辐射冷却、空气平流冷却、空气下沉增温、空气湍流混合等。

3.8.1 辐射逆温

由于地面强烈辐射冷却而形成的逆温，称为辐射逆温。在晴朗无云或少云的夜间，地面辐射冷却很快，贴近地面的气层也随之降温。由于越靠近地面，受地表的影响越大，所以离地面越近降温越多，离地面越远降温越少，因而形成了自地面开始的逆温，随着地面辐射冷却的加剧，逆温逐渐向上扩展，黎明时达到最强，日出后，太阳辐射逐渐增强，地面很快增温，逆温便逐渐自下而上的消失。

辐射逆温的厚度从数十米到数百米，在大陆上常年都可以出现，以冬季最强。夏季夜短，逆温层较薄，消失的也快。冬季夜长，逆温层较厚，消失较慢。在山谷盆地地区，由于冷却的空气还会沿斜坡流入低谷和盆地，因而常使低谷和盆地的辐射逆温得到加强，逆温往往持续数天而不会消失。

3.8.2 湍流逆温

由于低层空气的湍流混合而形成的逆温，称为湍流逆温。其形成过程可用图3.15来说明。图中 AB 为气层原来的气温分布，气温直减率（γ）比干绝热直减率（γ_d）小。经过湍流混合以后，气层的温度分布将逐渐接近于干绝热直减率。这是因为湍流运动中，上升空气的温度是按干绝热直减率变化的，空气上升到混合层上部时，它的温度比周围的空气温度低，混合的结果，使上层空气降温。空气下沉时，情况相反，会使下层空气增温。所以，空气经过充分的湍流混合，气层的温度直减率就逐渐趋近干绝热直减率。图中 CD 是经过湍流混合后的气温分布。这样，在湍流减弱层（湍流混合层与未发生湍流的上层空气之间的过渡层）就出现了逆温层 DE。

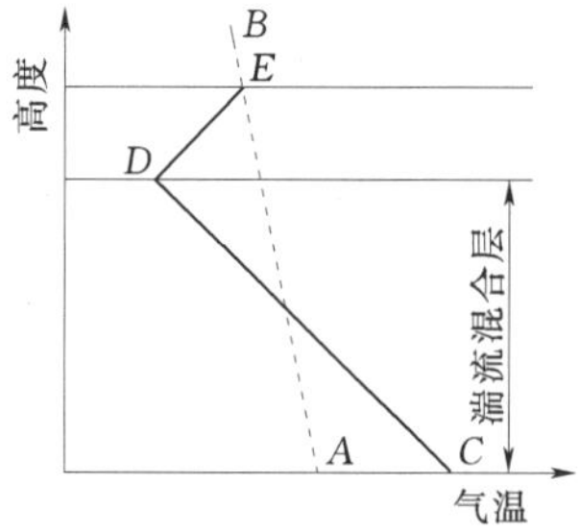

图3.15　湍流逆温的形成

3.8.3 平流逆温

暖空气平流到冷的地面或冷的水面上，会发生接触冷却作用，越近地表的空气降温越多，而上层空气受冷地表面的影响小，降温较少，于是产生逆温现象。这种因空气平流产生的逆温，称平流逆温。但是平流逆温的形成仍和湍流及辐射作用分不开。因为既是平流，就具有一定的风速，这就产生了空气的湍流，较强的湍流作用常使平流逆温的近地面部分遭到破坏，使逆温层不能与地面相连，而且湍流的垂直混合作用使逆温层底部气温降得更低，逆温也越加明显。另外，夜间地面辐射冷却作用，可使平流逆温加强，而白天地面辐射增温作用，则使平流逆温减弱，从而使平流逆温的强度变化。

3.8.4　下沉逆温

如图 3.16 所示，当某一层空气发生下沉运动时，因气压逐渐增大以及因空气向水平方向的辐散，使其厚度减小（$h'<h$）。如果气层下沉过程是绝热的，而且气层内各部分空气的相对位置不发生改变，这样空气层顶部下沉的距离要比底部下沉的距离大，其顶部空气的绝热增温要比底部多。于是可能出现这样的情况：当气层下沉到某一高度时，空气层顶部的温度高于底部的温度而形成逆温。例如，设某气层从空中下沉，起始时顶部为 3500m，底部为 3000m（厚度 500m），它们的温度分别为－12℃和－10℃，下沉后顶部和底部的高度分别为 1700m 和 1500m（厚度 200m）。假定下沉是按干绝热变化的，则它们的温度分别增高到 6℃和 5℃，这样逆温就形成了。这种因整层空气下沉而造成的逆温，称为下沉逆温。下沉逆温多出现在高气压区内，范围很广，厚度也较大，在离地数百米或数千米的高空都可能出现。冬季下沉逆温常与辐射逆温结合在一起，形成一个从地面开始有着数百米深厚的逆温层。由于下沉的空气层常来自高空，水汽含量本来就不多，加上在下沉以后温度升高，相对湿度显著减小，空气显得很干燥，不利于云的形成，原来有云也会趋于消散，因此在有下沉逆温的时候，天气总是晴好的。

3.8.5　锋面逆温

锋面是冷暖空气的交界面，暖空气因其相对密度小而位于冷空气之上，受地球自转作用的结果，使锋面在空间平衡时的几何形状呈一斜面，如图 3.17 所示。在这种情况下，同一数值的等温线的位置在暖空气中要比在冷空气中高，当它穿过锋面时，便发生转折，当冷暖空气的温度差别很大时，就可以出现逆温。

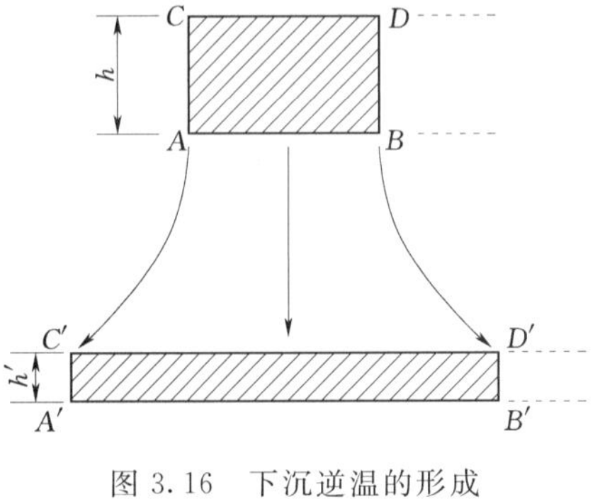

图 3.16　下沉逆温的形成

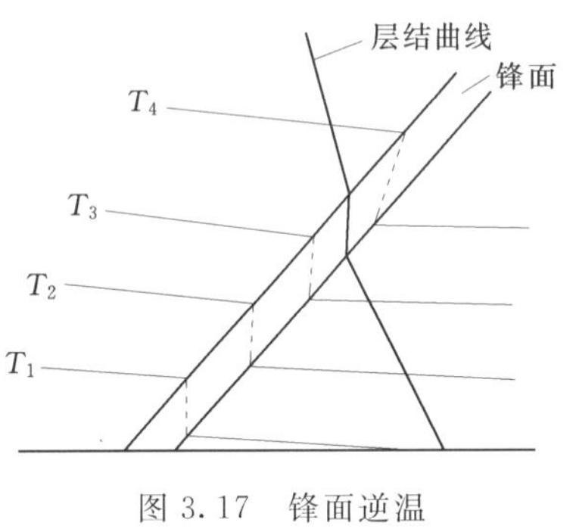

图 3.17　锋面逆温

除以上几种逆温外，冰雪覆盖的地表面，在回暖的季节由于冰雪融化，需从低层大气中吸收大量热量，也可形成逆温，这种逆温叫融雪逆温。在山谷及洼地，夜间由于临近的山坡、高地或平地的冷空气沿坡下滑、沉向山谷及洼地的底部，而把原来较暖的空气向上抬升，也可形成逆温，这种逆温叫洼地逆温。

上面分别讨论了各种逆温的形成过程。实际上，大气中出现的逆温常常是由几种原因共同形成的。因此，在分析逆温的成因时，必须注意到当时的具体条件。

思考题与练习题

1. 大气热力学第一定律的表示形式有几种？表示的意义是什么？

2. 什么是干绝热过程，什么是湿绝热过程，什么是假绝热过程？

3. 什么叫凝结高度？在什么情况下凝结高度较高或较低？

4. 为什么湿绝热直减率小于干绝热直减率，湿绝热直减率大小与什么有关？

5. 什么是位温，什么是假相当位温？假相当位温在什么情况下等于位温？

6. 为什么暖湿气流越过高的山脉后，某一高度上温度要比山前同一高度上温度高？θ_{se}在山前和山后是否相等？

7. 气块法大气层结稳定度的判据？如何利用 $T-\ln p$ 图上判断大气的稳定度？

8. 什么叫不稳定能量？讨论不稳定能量，正面积区与负面积区表示什么意义？

9. 温度层结曲线与气块状态曲线有何异同？

10. 气象要素的个别变化、局地变化和平流变化的意义是什么？

11. 设山高为1000m，$\gamma_s=0.65$℃/100m，一团未饱和湿空气在迎风坡山脚时的温度为20℃，露点为16.5℃，当它上升到山顶时，水汽已全部凝结并离开气块。求该团空气上升到山顶时的温度是多少？越过山顶后到达背风坡山脚时气温为多少？

第 4 章

大气的运动

地球上的空气时时刻刻处于不断运动之中。它的运动形式多种多样，既有水平运动，又有垂直运动，既有平移又有转动，既有有规则（宏观）的平均运动，又有无规则的湍流运动。空气运动在大气中是最重要的物理过程。由于空气运动，不同地区、不同高度之间的热量、动量、水分和尘埃等物质得以输送和交换，不同性质的空气得以交流，因而产生了各种各样的天气现象和天气变化。本章将对大气的水平运动的形成及基本规律做一介绍。

任何物体的运动都是在力的作用下产生的，大气的运动也是一样。当大气受到不同性质的力的作用时，就会出现不同的运动状态。因此，我们首先要讨论作用于空气上的力。

空气微团的运动是相对于某一个坐标系而言的，在观察空气运动时，坐标系选在地球以外的空间固定位置上时，则称此坐标系为静止坐标系（绝对坐标系或惯性坐标系）。而选在转动的地球上的坐标系，则称为运动坐标系（相对坐标系或非惯性坐标系）。在运动坐标系中所看到的静止的空气，在静止坐标系中则看到此空气是随着地球一起转动的。因此，将在绝对坐标系里观测到大气受到的力，称为真实力；将在相对坐标系中为应用牛顿运动定律而引进的假想力，称之为“虚力”或者“视示力”。在地球这个相对坐标系里观测到的运动大气，除了受到重力以外，还受到气压梯度力、地转偏向力、摩擦力、惯性离心力的作用。正是由于这些力的不同组合，产生了大气运动的不同形式。

4.1 作用在气块上的力

资源 4.1 大气受力分析

4.1.1 气压梯度力

气压梯度力是周围空气介质作用在空气块表面上压力的合力 $\boldsymbol{G}$。表达式为

$$\begin{aligned}\boldsymbol{G} &= -\frac{1}{\rho}\nabla p \\ &= -\frac{1}{\rho}\left(\frac{\partial p}{\partial x}\boldsymbol{i}+\frac{\partial p}{\partial y}\boldsymbol{j}+\frac{\partial p}{\partial z}\boldsymbol{k}\right)\end{aligned} \tag{4.1}$$

对于单位体积的空气块，气压梯度力恰好等于气压梯度 $-\nabla p$，这里的负号表示气压梯度力的方向是由高压指向低压。显然，只有在非均匀气压场中存在气压梯度力。

气压梯度力是向量，其大小决定于气压梯度和空气的密度，方向垂直于等压面并

从高压指向低压方向。其三度空间的分布形式，如图 4.1 所示。

气压梯度力在水平面上的分量称水平气压梯度力，用（4.1）式右边第一、第二两项表示，即

$$-\frac{1}{\rho}\nabla_h p = -\frac{1}{\rho}\left(\frac{\partial p}{\partial x}\boldsymbol{i} + \frac{\partial p}{\partial y}\boldsymbol{j}\right) \tag{4.2}$$

$$\text{或} = -\frac{1}{\rho}\frac{\partial p}{\partial n} \approx -\frac{1}{\rho}\frac{\Delta p}{\Delta n}$$

Δp 为水平方向上相隔距离为 Δn 的两点的气压差，地面天气图的每两条等压线的气压差值相等，而两条等压线之间的垂直距离有长有短，所以气压梯度力有小有大。即等压线越密，气压梯度越大，气压梯度力就越大。

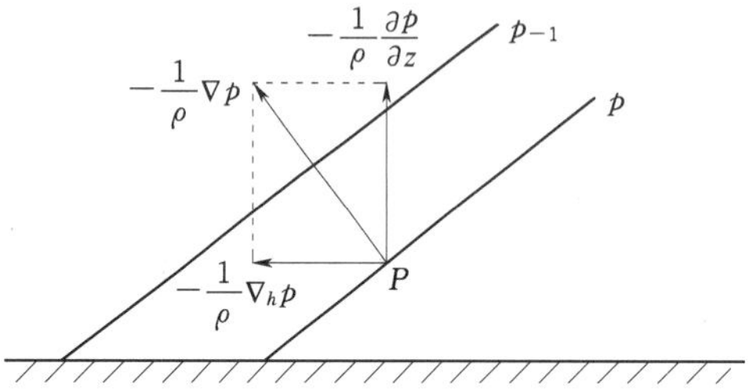

图 4.1　气压梯度力及其分量

气压梯度力在垂直方向上的分量，称垂直气压梯度力 $\left(-\frac{1}{\rho}\frac{\partial p}{\partial z}\right)$。实际大气中，水平气压梯度值很小，约为 1hPa/100km。垂直气压梯度值则要大得多，约为水平气压梯度值的 10^4 倍。垂直气压梯度值虽大，但由于有重力与它平衡，所以空气所受的总的垂直分力并不大。水平气压梯度力虽小，但它是大气水平运动的起动力，其作用力是非常可观的。

4.1.2　地转偏向力

当空气只受气压梯度力的作用时，则应沿气压梯度的方向做加速度运动。事实并非如此，因为地球自转的缘故，当运动的空气质点依其惯性沿着水平气压梯度力方向运动时，对于站在地球表面的观察者看来，空气质点却是偏离气压梯度力方向。为了说明其原因，假设有一物体相对于绝对坐标系（O，x'，y'）做匀速直线运动，如图 4.2 所示，如果从转动轴垂直于运动平面的转动坐标系（O，x，y）中来观察这个匀速运动，则物体的路径出现弯曲。这是因为相对坐标系自转而使空气质点运动方向发生了改变，设想它是受到了一个力的作用，这个力就是一个假想力。类似地，因地球自转而使空气质点运动方向发生改变的现象，设想它是受到一个力的作用，这种力就称为地转偏向力或科里奥利力。在大尺度的空气运动中，地转偏向力是一个非常重要的力。

任何纬度上作用于单位质量运动空气上的地转偏向力为

$$\mathbf{A} = -2\boldsymbol{\Omega}\times\mathbf{V}$$

式中：$\boldsymbol{\Omega}$ 为地球自转角速度。为了应用方便，可将它分解为笛卡儿坐标的三个分量。气象

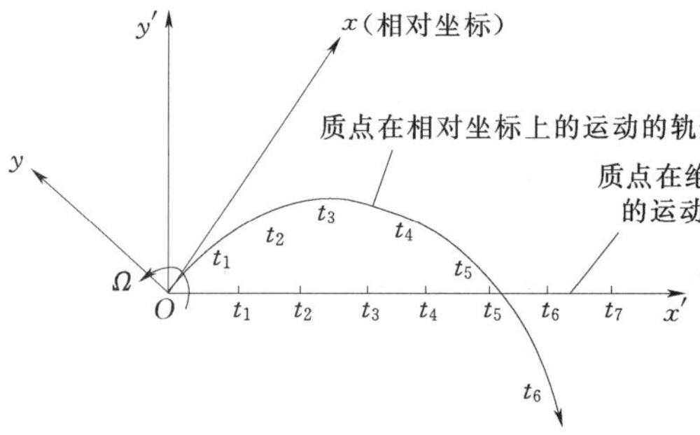

图 4.2　从绝对坐标和相对坐标系观测到的惯性运动

上常选用标准坐标系：原点 O 放在所研究地点的海平面上，x 轴指向东，y 轴指向北，z 轴垂直向上。按照图 4.3，将 $\boldsymbol{\Omega}$ 平移到坐标原点 O，并将它投影到标准坐标系各轴上，得到

$$\Omega_x=0,\Omega_y=\boldsymbol{\Omega}\cos\varphi,\Omega_z=\boldsymbol{\Omega}\sin\varphi$$

另外，将速度 $\mathbf{V}$ 分解为

$$\mathbf{V}=u\boldsymbol{i}+v\boldsymbol{j}+w\boldsymbol{k} \tag{4.3}$$

式中：u，v 和 w 分别为 $\mathbf{V}$ 在 x，y，z 轴上的分量，及

$$\boldsymbol{\Omega}=\Omega_x\boldsymbol{i}+\Omega_y\boldsymbol{j}+\Omega_z\boldsymbol{k} \tag{4.4}$$

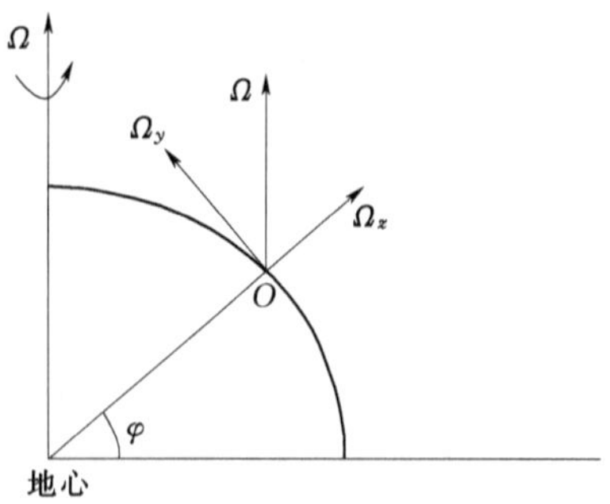

图 4.3 $\boldsymbol{\Omega}$ 的分解

由此将地转偏向力展开成标准坐标上的三个分量为

$$\begin{aligned}\mathbf{A}&=-2\boldsymbol{\Omega}\times\mathbf{V}\\&=-2\Omega\begin{vmatrix}\boldsymbol{i}&\boldsymbol{j}&\boldsymbol{k}\\0&\cos\varphi&\sin\varphi\\u&v&w\end{vmatrix}\\&=-(2\Omega w\cos\varphi-2\Omega v\sin\varphi)\boldsymbol{i}-2\Omega u\sin\varphi\boldsymbol{j}+2\Omega u\cos\varphi\boldsymbol{k}\end{aligned} \tag{4.5a}$$

考虑到大范围空气运动的垂直速度 w 远比水平风速 V_h 小得多，可不计小项 $-2\Omega w\cos\varphi$，于是地转偏向力的水平分量一般表示为

$$\begin{aligned}A_h&=2\Omega v\sin\varphi\boldsymbol{i}-2\Omega u\sin\varphi\boldsymbol{j}\\&=2\Omega\sin\varphi(v\boldsymbol{i}-u\boldsymbol{j})\\&=-f\boldsymbol{k}\times\mathbf{V}_h\end{aligned} \tag{4.5b}$$

大小：

$$|A_h|=2\Omega V_h\sin\varphi=fV_h \tag{4.6}$$

式中：$f=2\Omega\sin\varphi$，称为地转参数，或科里奥利参数，是地转角速的垂直分量的 2 倍；$\mathbf{V}_h$ 为水平风速。

由式（4.5b）、式（4.6）可知，水平地转偏向力 A_h 具有的重要性质为：

（1）偏向力只能产生于空气运动之后，而不能使静止空气产生运动。

（2）纬度一定时，风速越大，A_h 越大。当 $\mathbf{V}_h=0$，$A_h=0$。风速一定时，水平科里奥利力与纬度的正弦成正比，在极地 A_h 最大；在赤道上 $A_h=0$。

（3）地转偏向力垂直于物体运动方向，在北半球上（$\varphi>0$），地转偏向力总是指向风的右边，并垂直于风，在南半球上（$\varphi<0$），则相反，科里奥利力总是指向风的左边，也垂直于风。不论在北、南半球上，科里奥利力的作用只能改变空气运动的方向，不能改变它的速度大小。

4.1.3 摩擦力

摩擦力是两个相互接触的物体做相对运动时，接触面之间所产生的一种阻碍物体运动的力。空气和地面之间，以及运动状态不同的空气层之间都会相互发生作用。摩擦力一般分为内摩擦力和外摩擦力。

内摩擦力是在速度不同或方向不同的相互接触的两个气层之间产生的一种相互牵

制力。它主要通过湍流交换作用使上下层空气得以交换，上层较快的运动速度减小，而下层空气速度获得增大。因此，内摩擦力也称湍流摩擦力。其大小取决于上下层风的矢量差和湍流强度。湍流强度一定时，上下层风的矢量差越大，同一时间内交换的动量越多，湍流摩擦力越大；上下层风的矢量一定时，湍流越强，上下层的动量交换越强，湍流摩擦力也越大。

外摩擦力是空气贴近下垫面运动时，下垫面对空气运动的阻力。它的方向与空气运动方向相反，大小与空气运动的速度和摩擦系数成正比，其公式为

$$\boldsymbol{R}=-k\boldsymbol{V} \tag{4.7}$$

式中：$\boldsymbol{R}$ 为外摩擦力；k 为摩擦系数；$\boldsymbol{V}$ 为空气运动速度。

内摩擦力与外摩擦力的矢量和称摩擦力。摩擦力的大小在大气中的不同高度上是不同的，以近地面层（地面至 30～50m）最为显著，随着高度的增加而减小，在 1～2km 以上，摩擦力的影响可以忽略不计。所以，把此高度以下的气层称为摩擦层（行星边界层），此层以上称为自由大气层，而 1～2km 的气层称为摩擦层顶。

4.1.4　惯性离心力

惯性离心力是物体在做曲线运动时产生的，是物体做曲线运动时惯性的一种表现。其方向与空气运动方向相垂直，自曲率中心指向外（图 4.4）。惯性离心力的大小与空气运动的线速度（V）成正比，与曲线的曲率半径（r）成反比，即惯性离心力（C）为

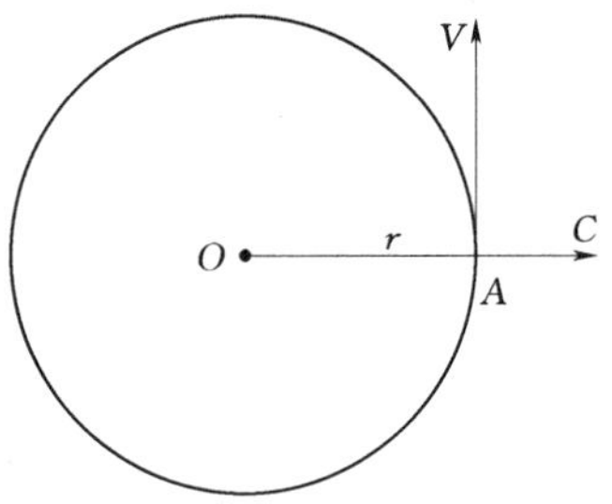

图 4.4　惯性离心力

$$C=\frac{V^2}{r} \tag{4.8}$$

当空气运动曲率半径 r 较大，从几千米到上千千米时，该力较小，C 往往小于地转偏向力 A。但在运动速度 V 很大而曲率半径 r 很小时，惯性离心力的数值就比较大，可以超过地转偏向力。特别在低纬度地区，由于地转偏向力较小，惯性离心力有可能大于地转偏向力。

惯性离心力和地转偏向力一样，都不是一个实际存在的力，是在相对坐标系中为应用牛顿运动定律而引进的假想力，都只改变运动的方向，不改变运动速度的大小。

4.2　大气运动方程及其简化

资源 4.2　大气运动方程

4.2.1　运动方程

大气运动方程是表示作用于空气微团上的力与其所产生的加速度之间的关系式。根据牛顿第二定律，物体所受的力是质量与加速度的乘积，即 $\boldsymbol{F}=m\boldsymbol{a}$。$m$ 为物体的质量，$\boldsymbol{F}$ 为所受的所有力的合力。单位质量空气运动方程的一般形式为

$$\frac{\mathrm{d}\boldsymbol{V}}{\mathrm{d}t}=-\frac{1}{\rho}\nabla p-2\boldsymbol{\Omega}\times\boldsymbol{V}+\boldsymbol{g}+\boldsymbol{F}_r \tag{4.9a}$$

式中：$\frac{\mathrm{d}\boldsymbol{V}}{\mathrm{d}t}$为加速度；$-\frac{1}{\rho}\nabla p$ 为气压梯度力；$-2\boldsymbol{\Omega}\times\boldsymbol{V}$ 为地转偏向力；$\boldsymbol{g}$ 为重力；$\boldsymbol{F}_r$

为摩擦力（标准坐标系中的三个分量为 F_{rx}、F_{ry}、F_{rz}）。

在标准坐标系中，重力 $\boldsymbol{g}$ 与 z 轴重合，但方向相反，所以

$$g_x=0, g_y=0, g_z=-g,$$

又因为 $\boldsymbol{\Omega}$ 垂直于 x 轴，所以如前所述 $\Omega_x=0$，$\Omega_y=\Omega\cos\varphi$，$\Omega_z=\Omega\sin\varphi$。$\varphi$ 为空气质点所在纬度（图 4.3）。因此，式（4.9）可改写成：

$$\left.\begin{aligned}\frac{\mathrm{d}u}{\mathrm{d}t}&=-\frac{1}{\rho}\frac{\partial p}{\partial x}+2\Omega v\sin\varphi-2\Omega w\cos\varphi+F_{rx}\\\frac{\mathrm{d}v}{\mathrm{d}t}&=-\frac{1}{\rho}\frac{\partial p}{\partial y}-2\Omega u\sin\varphi+F_{ry}\\\frac{\mathrm{d}w}{\mathrm{d}t}&=-\frac{1}{\rho}\frac{\partial p}{\partial z}+2\Omega u\cos\varphi-g+F_{rz}\end{aligned}\right\}\tag{4.9b}$$

这就是标准坐标系的大气运动方程。标准坐标系与一般直角坐标系有所不同，由于它的坐标原点放在观测者所在的位置，地球上不同地点的 x、y、z 方向是不同的，这与地球上观测者观测大气运动所定的基准方向与观测者位置的变化是相同的。因此，用标准坐标系来描述大气运动颇为方便。

4.2.2 大气运动的尺度及分类

上面推导得到的大气运动方程，比较全面地考虑了影响大气运动的各种因素，相当完整，但十分复杂。大气运动具有不同的类型，对于不同类型大气运动其方程中各项大小并不相同。因此，研究大气运动时，需要将方程加以简化。就是针对所研究运动型式的特点，正确地区分影响运动过程的主要和次要因素，略去方程中的次要项，保留其中的主要项。使得简化后的运动方程，不仅数学形式变得简单，便于数学处理；而且因为突出了某种运动的型式的特征，其最后结果不仅在物理上便于解释，而且便于实际应用。

天气分析实践证明，运动方程各项的量级，随天气系统的不同而相差很大。例如，空气的垂直速度，对大型天气系统如长波、气旋、反气旋来说，一般只有几厘米每秒到十几厘米每秒；而就龙卷风、强烈发展的雷暴来说，可达几米每秒到几十米每秒。而且，不同天气系统从发生、发展到消亡的时间也很不同。如龙卷、雷暴，一般只有几十分钟到几小时、甚至更短，而长波、气旋、反气旋则一般可维持数天到一周，或更长。根据实际分析和理论研究指出，各类大气运动的主要特征与水平尺度的大小关系密切。根据运动系统的水平范围（水平尺度），将大气运动分为三类：大尺度、中尺度、小尺度（表 4.1）。不同的书刊还有另外一些分类，还未完全统一。

表 4.1　大气运动尺度分类表

类别	L/m	H/m	V/(m/s)	W/(m/s)	τ/s
大尺度	$10^5\sim10^6$	10^4	10^1	10^{-2}	$>10^5$
中尺度	$10^4\sim10^5$	$10^3\sim10^4$	10^1	10^0	$10^4\sim10^5$
小尺度	$<10^4$	$10^3\sim10^4$	$10^0\sim10^1$	$10^0\sim10^1$	$<10^4$

大尺度运动如气旋、反气旋、台风、大气长波等。这类天气系统是目前天气分析，特别是天气图方法研究的主要对象。

中尺度运动如飑线、小低涡等。小尺度运动如龙卷、雷暴等。中小尺度天气系统生消十分迅速，垂直运动十分强烈，在小范围内造成严重灾害，可借助于雷达进行观测，但目前研究还很不充分。

4.2.3　尺度分析及运动方程简化

对某一特定类型的运动系统，估计运动方程中各项量级的大小，这就叫做尺度分析。

首先讨论中纬度自由大气大尺度运动的水平运动方程。把运动方程各项的数量级（采用 s·m·kg 制）写在其下方，以便进行比较。

$$\left.\begin{aligned}&\frac{\partial u}{\partial t}+u\frac{\partial u}{\partial x}+v\frac{\partial u}{\partial y}+w\frac{\partial u}{\partial z}=-\frac{1}{\rho}\frac{\partial p}{\partial x}+2\Omega v\sin\varphi-2\Omega w\cos\varphi\\&\frac{\partial v}{\partial t}+u\frac{\partial v}{\partial x}+v\frac{\partial v}{\partial y}+w\frac{\partial v}{\partial z}=-\frac{1}{\rho}\frac{\partial p}{\partial y}-2\Omega u\sin\varphi\\&10^{-4}\quad 10^{-4}\quad 10^{-4}\quad 10^{-5}\qquad 10^{-3}\qquad 10^{-3}\qquad 10^{-6}\end{aligned}\right\}\tag{4.10}$$

可见，水平运动方程中数量级最大的有两项：水平气压梯度力$\left(-\frac{1}{\rho}\frac{\partial p}{\partial x},-\frac{1}{\rho}\frac{\partial p}{\partial y}\right)$，及地转偏向力（$2\Omega v\sin\varphi$，$-2\Omega u\sin\varphi$），其数量级约为 10^{-3}。其余各项的数量级都比这两项要小一个数量级以上。若保留方程中的最大数量级项，则由式（4.10）得到

$$0=-\frac{1}{\rho}\frac{\partial p}{\partial x}+2\Omega v\sin\varphi$$

$$0=-\frac{1}{\rho}\frac{\partial p}{\partial y}-2\Omega u\sin\varphi$$

引进 $f=2\Omega\sin\varphi$，则上式可写成

$$\left.\begin{aligned}&0=-\frac{1}{\rho}\frac{\partial p}{\partial x}+fv\\&0=-\frac{1}{\rho}\frac{\partial p}{\partial y}-fu\end{aligned}\right\}\tag{4.11}$$

式（4.11）称为地转近似公式，即表示空气在气压梯度力和地转偏向力平衡条件下的运动，故称地转平衡。用此公式计算得的风与自由大气中实际风相近，这说明自由大气中大尺度运动具有准地转平衡的性质。在低纬度地区，由于 $\sin\varphi$ 很小，fv 和 $-fu$ 不能与$-\frac{1}{\rho}\frac{\partial p}{\partial x}$和$-\frac{1}{\rho}\frac{\partial p}{\partial y}$平衡，所以地转平衡条件不成立。由于式（4.11）描述的是一种平衡运动，不包含速度场随时间的变化，不能用它来做天气预报。

如果保留水平运动方程中比最大项小一个数量级的各项，则由式（4.10）得到

$$\left.\begin{aligned}&\frac{\partial u}{\partial t}+u\frac{\partial u}{\partial x}+v\frac{\partial u}{\partial y}=-\frac{1}{\rho}\frac{\partial p}{\partial x}+fv\\&\frac{\partial v}{\partial t}+u\frac{\partial v}{\partial x}+v\frac{\partial v}{\partial y}=-\frac{1}{\rho}\frac{\partial p}{\partial y}-fu\end{aligned}\right\}\tag{4.12}$$

上式包含速度分量对时间的微商，可用来讨论速度场随时间的变化，并且要比地转公式有较高的精确度，能够较好地反映大尺度运动的特征。

现在讨论垂直运动方程。大尺度天气系统垂直运动方程各项的数量级为

$$\begin{array}{cccccccc}\dfrac{\partial w}{\partial t} & +u\dfrac{\partial w}{\partial x} & +v\dfrac{\partial w}{\partial y} & +w\dfrac{\partial w}{\partial z} & =-\dfrac{1}{\rho}\dfrac{\partial p}{\partial z} & -g & +2\Omega u\cos\varphi \\ 10^{-7} & 10^{-7} & 10^{-7} & 10^{-8} & 10^{1} & 10^{1} & 10^{-3}\end{array}$$

上式中垂直气压梯度力$\left(-\dfrac{1}{\rho}\dfrac{\partial p}{\partial z}\right)$和重力（$g$）的数量级均为 10^1，其余各项只有它们的万分之一或更小，略去小项后，得到

$$0=-\frac{1}{\rho}\frac{\partial p}{\partial z}-g \tag{4.13}$$

简化后的垂直运动方程（4.13）与流体静力学方程的形式完全相同。这说明大尺度运动在垂直方向上是满足静力平衡的。式（4.12）和式（4.13）都不包含垂直速度项，说明垂直运动对大尺度系统的影响较小，大尺度运动基本上是水平的，或者说是准水平的。

对中尺度运动来说，水平运动方程中的$\dfrac{\partial u}{\partial t}$，$u\dfrac{\partial u}{\partial x}$，$v\dfrac{\partial u}{\partial y}$，$w\dfrac{\partial u}{\partial z}$具有相同的数量级，并且也与气压梯度力和地转偏向力的数量级相同，因此，地转公式不适合于中尺度运动。方程中可略去的只有 $2\Omega w\cos\varphi$。对中尺度运动来说，水平运动方程可简化为

$$\left.\begin{aligned}\frac{\partial u}{\partial t}+u\frac{\partial u}{\partial x}+v\frac{\partial u}{\partial y}+w\frac{\partial u}{\partial z}&=-\frac{1}{\rho}\frac{\partial p}{\partial x}+fv\\ \frac{\partial v}{\partial t}+u\frac{\partial v}{\partial x}+v\frac{\partial v}{\partial y}+w\frac{\partial v}{\partial z}&=-\frac{1}{\rho}\frac{\partial p}{\partial y}-fu\end{aligned}\right\} \tag{4.14}$$

或

$$\left.\begin{aligned}\frac{\mathrm{d}u}{\mathrm{d}t}&=-\frac{1}{\rho}\frac{\partial p}{\partial x}+fv\\ \frac{\mathrm{d}v}{\mathrm{d}t}&=-\frac{1}{\rho}\frac{\partial p}{\partial y}-fu\end{aligned}\right\} \tag{4.15}$$

中尺度垂直运动方程仍为

$$0=-\frac{1}{\rho}\frac{\partial p}{\partial z}-g$$

对于小尺度运动，水平运动方程中的加速度$\dfrac{\mathrm{d}u}{\mathrm{d}t}$和$\dfrac{\mathrm{d}v}{\mathrm{d}t}$与气压梯度力$\left(-\dfrac{1}{\rho}\dfrac{\partial p}{\partial x},\ -\dfrac{1}{\rho}\dfrac{\partial p}{\partial y}\right)$具有同一数量级，而地转偏向力 fv 和 $-fu$ 比上述几项小一两个数量级。因此，小尺度运动的水平运动方程可简化为

$$\left.\begin{aligned}\frac{\mathrm{d}u}{\mathrm{d}t}&=-\frac{1}{\rho}\frac{\partial p}{\partial x}\\ \frac{\mathrm{d}v}{\mathrm{d}t}&=-\frac{1}{\rho}\frac{\partial p}{\partial y}\end{aligned}\right\} \tag{4.16}$$

小尺度运动的垂直运动方程中，最大项仍为垂直气压梯度力和重力，加速度$\frac{\mathrm{d}w}{\mathrm{d}t}$一般要比这两项小一两个数量级，其余各项就更小。静力平衡关系式（4.13）还可适用于一般的小尺度运动。但对于较强的小尺度运动，就不可忽视$\frac{\mathrm{d}w}{\mathrm{d}t}$，此时流体静力学方程不能很好反映运动的特征。垂直运动方程简化后变为

$$\frac{\mathrm{d}w}{\mathrm{d}t}=-\frac{1}{\rho}\frac{\partial p}{\partial z}-g \tag{4.17}$$

以上有关大、中、小尺度运动的分析表明，对于相当广泛的大气运动（包括大、中尺度和发展不太强烈的小尺度运动），大气运动的方程可采用下列一般简化形式

$$\left.\begin{aligned}&\frac{\mathrm{d}u}{\mathrm{d}t}=-\frac{1}{\rho}\frac{\partial p}{\partial x}+fv\\&\frac{\mathrm{d}v}{\mathrm{d}t}=-\frac{1}{\rho}\frac{\partial p}{\partial y}-fu\\&0=-\frac{1}{\rho}\frac{\partial p}{\partial z}-g\end{aligned}\right\} \tag{4.18}$$

式（4.18）是今后经常要用到的基本方程。当然，对于有些问题，式（4.18）还不能适应。对强烈的小尺度运动，如强对流，就要考虑垂直加速度$\frac{\mathrm{d}w}{\mathrm{d}t}$；对于边界层中的空气运动，要考虑摩擦力 F_r。但对于相当广泛的一般大气运动，方程（4.18）能很好地反映其主要特点和基本规律。应用式（4.18）时，还要针对所研究的具体问题，做一些简化。

4.3 “p”坐标系中的运动方程

在4.2节导出控制大气运动的基本方程时，都是采用的（x，y，z，t）坐标系。在这种坐标系中，空气质点的空间位置用 x，y，z 坐标来表示，其中的垂直坐标以几何高度表示，这种坐标系简称“z”坐标系。若用该坐标系中的方程分析和研究实际大气运动，可通过分析等高面图上的等压线、等温线以及其他气象要素的等值线来揭示和了解气压场、温度场等气象要素的空间分布及其随时间的变化。但是，实际工作中所分析的天气图，除地面图是等高面图外，其他层次都采用等压面图。当用等压面图分析大气运动时，空气质点的空间位置应改用 x，y，p 坐标来表示比较方便。

4.3.1 “p”坐标系

广泛以 x，y，p，t 作为自变量，称为 x，y，p，t 坐标系，简称 p 坐标。为了将“z”坐标系的方程应用于等压面图上，必须建立“z”坐标系与“p”坐标系的转换关系。由于静力平衡方程建立了 p 和 z 之间一一对应的函数关系，所以这两种坐标系可以互相转换。

4.3.2 “p”坐标系与“z”坐标系关系

两个坐标系中，x，y 和 t 是相同的。在 z 坐标系中，气压 p 是 x，y，z，t 的

函数，即

$$p=p(x,y,z,t)$$

在 p 坐标中，z 不是自变量，而是 x，y，p，t 的函数，即 $z=z(x, y, p, t)$。

1. 空间导数的转换关系

设 F 表示任何一个要素；$\left(\frac{\partial F}{\partial}\right)_z$ 表示在对 F 求偏导时 z 不变。$\left(\frac{\partial F}{\partial}\right)_p$ 表示在对 F 求偏导时 p 不变。例如，$\left(\frac{\partial F}{\partial x}\right)_z$ 表示在 z 坐标中，保持 z 不变时 F 对 x 的偏导数。可以推出两坐标间要素空间导数满足下列关系：

$$\left(\frac{\partial F}{\partial x}\right)_z=\left(\frac{\partial F}{\partial x}\right)_p+\frac{\partial F}{\partial p}\left(\frac{\partial p}{\partial x}\right)_z \tag{4.19}$$

$$\left(\frac{\partial F}{\partial y}\right)_z=\left(\frac{\partial F}{\partial y}\right)_p+\frac{\partial F}{\partial p}\left(\frac{\partial p}{\partial y}\right)_z \tag{4.20}$$

$$\frac{\partial F}{\partial z}=\frac{\partial F}{\partial p}\frac{\partial p}{\partial z} \tag{4.21}$$

2. 时间变化的转换关系

同样可推出，两坐标系时间导数间满足关系为

$$\left(\frac{\partial F}{\partial t}\right)_z=\left(\frac{\partial F}{\partial t}\right)_p+\frac{\partial F}{\partial p}\left(\frac{\partial p}{\partial t}\right)_z \tag{4.22}$$

3. 个别变化的转换关系

因固定质点要素变化值不随坐标的变化而变，因此有

$$\left(\frac{\mathrm{d}F}{\mathrm{d}t}\right)_z=\left(\frac{\mathrm{d}F}{\mathrm{d}t}\right)_p \tag{4.23}$$

4.3.3 “p”坐标系中的运动方程

把式（4.19）～式(4.22）应用于简化后的运动方程式（4.18)，即将 z 代入 F，就得到 p 坐标系的运动方程：

$$\left.\begin{aligned}\left(\frac{\mathrm{d}u}{\mathrm{d}t}\right)_p&=-g\left(\frac{\partial z}{\partial x}\right)_p+fv\\\left(\frac{\mathrm{d}v}{\mathrm{d}t}\right)_p&=-g\left(\frac{\partial z}{\partial y}\right)_p-fu\\0&=-g\frac{\partial z}{\partial p}-\frac{1}{\rho}\end{aligned}\right\} \tag{4.24}$$

式中 $\left(\frac{\mathrm{d}}{\mathrm{d}t}\right)_p=\left(\frac{\partial}{\partial t}\right)_p+u\left(\frac{\partial}{\partial x}\right)_p+v\left(\frac{\partial}{\partial y}\right)_p+\omega\frac{\partial}{\partial p}$

引用等压面的位势高度变化

$$\delta\Phi=g\delta z$$

$$\left(\frac{\partial\Phi}{\partial x}\right)_p=g\left(\frac{\partial z}{\partial x}\right)_p,\left(\frac{\partial\Phi}{\partial y}\right)_p=g\left(\frac{\partial z}{\partial y}\right)_p,\frac{\partial\Phi}{\partial p}=g\frac{\partial z}{\partial p}$$

式（4.24）变为

$$\left.\begin{aligned}\left(\frac{\mathrm{d}u}{\mathrm{d}t}\right)_p&=-\left(\frac{\partial \Phi}{\partial x}\right)_p+fv\\\left(\frac{\mathrm{d}v}{\mathrm{d}t}\right)_p&=-\left(\frac{\partial \Phi}{\partial y}\right)_p-fu\\0&=-\frac{\partial \Phi}{\partial p}-\frac{1}{\rho}\end{aligned}\right\}\tag{4.25}$$

或按位势米计算，则得到

$$\left.\begin{aligned}\left(\frac{\mathrm{d}u}{\mathrm{d}t}\right)_p&=-9.8\left(\frac{\partial H}{\partial x}\right)_p+fv\\\left(\frac{\mathrm{d}v}{\mathrm{d}t}\right)_p&=-9.8\left(\frac{\partial H}{\partial y}\right)_p-fu\\0&=-9.8\frac{\partial H}{\partial p}-\frac{1}{\rho}\end{aligned}\right\}\tag{4.26}$$

为了书写方便，以后应用 p 坐标运动方程时，略去式（4.24）～式（4.26）中的下标 p。因为 z 坐标和 p 坐标的运动方程右端不相同，这样做完全可以。

4.4　自由大气中的风

资源 4.3　自由大气中的风

自由大气中大规模的水平运动基本是在各种力平衡下，运动速度保持不变（加速度为零）的运动，称之为平衡运动。

4.4.1　地转风

地转风是水平气压梯度力与水平地转偏向力达到平衡时，空气的等速直线水平运动。通常用 $\boldsymbol{V}_g$ 表示。

地转风力的平衡关系为：$G=A$。

如图 4.5 所示，在平直等压线的气压场中，由于气压梯度力的作用，空气开始沿气压梯度力的方向运动，但只要空气一开始运动，就会受到地转偏向力的作用，在北半球使之向右偏离。随着气压梯度力的作用，风速不断增大，地转偏向力也不断增大，风就越来越偏离气压梯度力的方向。当最后气压梯度力与地转偏向力达到大小相等、方向相反时，则进入相对平衡状态，此时的风即为地转风。

地转风的公式可直接由式（4.11）得出

$$u_g=-\frac{1}{\rho f}\frac{\partial p}{\partial y}\tag{4.27}$$

$$v_g=\frac{1}{\rho f}\frac{\partial p}{\partial x}\tag{4.28}$$

矢量形式为

$$\boldsymbol{V}_g=-\frac{1}{f\rho}\nabla_h p\times\boldsymbol{k}\tag{4.29}$$

可见，$\boldsymbol{V}_g$ 与水平气压梯度力相垂直，即 $\boldsymbol{V}_g$ 与等压线平行（图 4.6）。由式（4.29）可得地转风的大小为

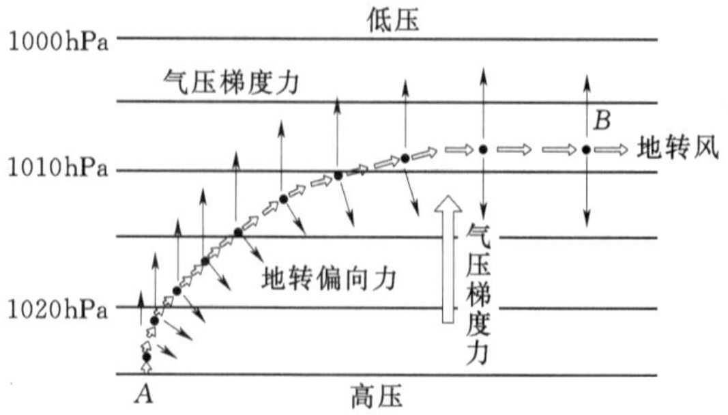

图 4.5 地转风形成示意图（北半球）

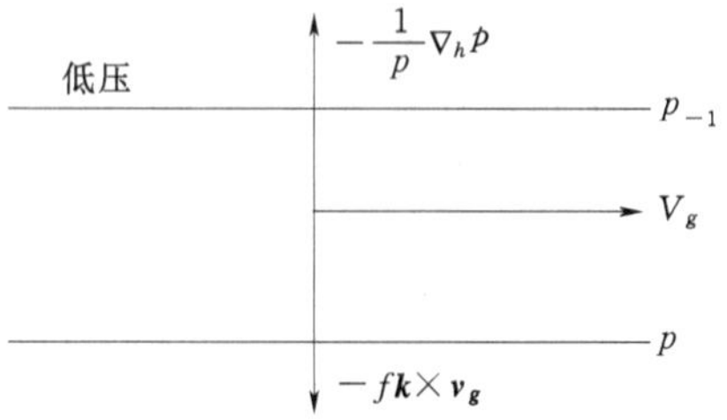

图 4.6 地转风的方向（北半球）

$$|\boldsymbol{V}_g|=-\frac{1}{\rho}\left|\frac{1}{f}\nabla_h p\right|=-\frac{1}{\rho f}\frac{\Delta p}{\Delta n} \tag{4.30}$$

式中：$-\dfrac{\Delta p}{\Delta n}$为气压梯度的大小；$\Delta n$ 为垂直于等压线由高压指向低压的水平距离。

所以，地转风的大小是与气压梯度力成正比，与空气密度及纬度的正弦成反比的。气压梯度越大（小），地转风越大（小）。气压梯度的大小可由天气图上等压线的疏密程度来表示，当等压线越密集，地转风越大，等压线稀疏时，地转风就小。地转风速与纬度的关系非常密切，在同样的气压梯度下，纬度越低，地转风越大。当 $\varphi\to 0$，$\boldsymbol{V}_g\to\infty$；实际上在大气中不可能出现这种情况，因为在赤道地区地转角速度 Ω 在垂直方向的分量为零，所以根本不存在水平地转偏向力，不会有地转风。因此，在很低的纬度地区地转风关系不成立。

地转风的方向，在北半球上，偏在气压梯度力的右方（图 4.6），在南半球上，地转风偏向气压梯度力的左方。即人们背风而立，北半球上，低压区在左，高压区在右；南半球上则相反，高压区在左，低压区在右。这就是著名的白贝罗风压定律。

式（4.27）、式（4.28）是“z”坐标中的形式，适用于地面图（等高面图）。由于 ρ 随高度有很大变化，因而在比较某地不同高度上的地转风时，不仅要比较上、下层气压梯度的大小，同时还要知道 ρ 值随高度的变化。而且在实际工作中所用的高空图是等压面图，“z”坐标中地转风公式应用不方便。

利用式（4.24）～式(4.26）可得到“p”坐标系中的地转风公式

$$u_g=-\frac{g}{f}\left(\frac{\partial z}{\partial y}\right)_p=-\frac{1}{f}\left(\frac{\partial \varphi}{\partial y}\right)_p=-\frac{9.8}{f}\left(\frac{\partial H}{\partial y}\right)_p \tag{4.31}$$

$$v_g=\frac{g}{f}\left(\frac{\partial z}{\partial x}\right)_p=\frac{1}{f}\left(\frac{\partial \varphi}{\partial x}\right)_p=\frac{9.8}{f}\left(\frac{\partial H}{\partial x}\right)_p \tag{4.32}$$

$$\boldsymbol{V}_g=-\frac{g}{f}\nabla z\times\boldsymbol{k}=-\frac{1}{f}\nabla\varphi\times\boldsymbol{k}=-\frac{9.8}{f}\nabla_p H\times\boldsymbol{k} \tag{4.33}$$

由上式可得地转风与高度场的关系（类似风压定律）：地转风与等位势高度线（等高线）平行，在北半球上，背地转风而立，低值位势区在左，高值位势区在右。地转风的大小则为

$$|\boldsymbol{V}_g|=-\frac{9.8}{2\Omega\sin\varphi}\frac{\Delta H}{\Delta n} \tag{4.34}$$

式中：$-\frac{\Delta H}{\Delta n}$为位势梯度的大小；$\Delta n$ 为垂直于等位势高度线由高值指向低值的水平距离。

必须指出，在式（4.31）和式（4.32）中，没有出现密度 ρ。因此，在同一纬度，只要根据各层等压面图上的位势梯度的比较，就可确定各等压面上地转风风速的大小。式（4.31）、式（4.32）适用于等压面图。

地转风概念的重要性在于揭示了风场与气压（位势高度）场之间最简单最基本的关系。在自由大气中，特别是在中纬度地区，实际风与由气压（位势高度）场决定的地转风十分接近，因此通过地转风可由气压（位势高度）场确定风场；反之，也可由风场确定气压场。所以地转风概念在天气分析、理论研究中都具有重要意义。

4.4.2　梯度风

地转风是平直等压线条件下空气的平衡运动，而实际天气图上的等压线或等高线，多数是弯曲的，因此还须研究等压（高）线呈曲线情况下的空气运动。此外，人们早就发现，北半球上，大尺度高压区的风按顺时针方向流动，大尺度低压区的风按逆时针方向流动。为了便于说明高压区和低压区风场的分布的特性，首先讨论圆形等压（高）线区的空气运动。

定义梯度风是沿（圆形）等压线吹的无摩擦的水平气流。可见，梯度风也是一种平衡运动。在讨论梯度风时，用自然坐标最为方便。

1. 自然坐标系中的运动方程

水平自然坐标的原点取在运动空气质点上，s 轴与该点的水平速度 V 的方向一致，即同该点的风向一致；n 轴垂直于 s 轴，并指向运动方向的左边（图 4.7）。显然，从空间的一点到另一点，s 和 n 的方向都在不断地变化。设 s 和 n 方向的单位向量分别为 $\boldsymbol{\tau}$ 和 $\boldsymbol{n}$。z 轴垂直向上，单位向量为 $\boldsymbol{k}$。

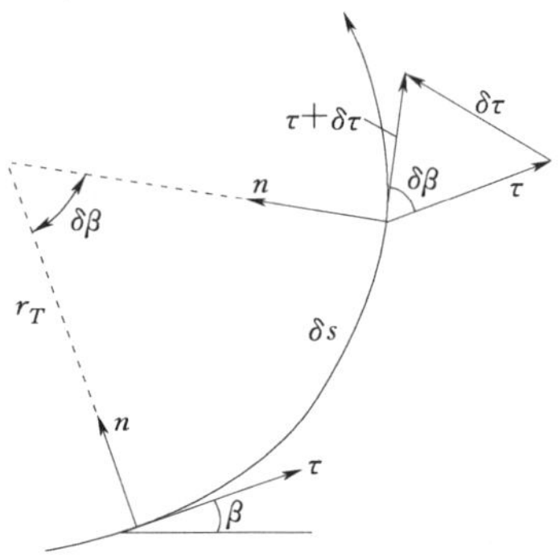

图 4.7　水平自然坐标系

在自然坐标中，空气质点的水平速度 $\boldsymbol{V_h}$ 在 n 方向的分量总是零，所以

$$\boldsymbol{V_h}=V_h\boldsymbol{\tau} \tag{4.35}$$

式中：V_h 为空气质点运动的水平速率，规定为一个正的标量。

水平加速度为

$$\frac{\mathrm{d}\boldsymbol{V_h}}{\mathrm{d}t}=\frac{\mathrm{d}V_h}{\mathrm{d}t}\boldsymbol{\tau}+V_h\frac{\mathrm{d}\boldsymbol{\tau}}{\mathrm{d}t} \tag{4.36}$$

如果空气质点在 δt 时间内沿轨迹移动了距离 δs（图 4.7）则：$\delta\beta=\frac{\delta s}{r_T}$，及

$$\delta\beta=\frac{|\delta\tau|}{|\tau|}=|\delta\tau|$$

所以

$$|\delta\tau|=\frac{\delta s}{r_T}\text{或}\frac{|\delta\tau|}{\delta s}=\frac{1}{r_T}$$

式中：r_T 为曲率半径。

当 $\delta s\rightarrow 0$ 时，$\delta\boldsymbol{\tau}$ 方向是与 n 的方向平行，这时：

$$\frac{\mathrm{d}\tau}{\mathrm{d}s}==\frac{1}{r_t}\boldsymbol{n}$$

于是

$$\frac{\mathrm{d}\boldsymbol{\tau}}{\mathrm{d}t}=\frac{\mathrm{d}\boldsymbol{\tau}}{\mathrm{d}s}\frac{\mathrm{d}s}{\mathrm{d}t}=\frac{\boldsymbol{n}}{r_T}V_h=k_T V_h\boldsymbol{n} \tag{4.37}$$

式中：$k_T=\dfrac{1}{r_T}$为空气质点轨迹的曲率；r_T 为其对应的曲率半径。

规定：当轨迹呈反时针方向（气旋式弯曲）时，$k_T>0$，$r_T>0$；呈顺时针方向（反气旋式弯曲）时，$k_T<0$，$r_T<0$。将式（4.37）代入式（4.36），则得到

$$\frac{\mathrm{d}\boldsymbol{V_h}}{\mathrm{d}t}=\frac{\mathrm{d}V_h}{\mathrm{d}t}\boldsymbol{\tau}+\frac{V_h^2}{r_T}\boldsymbol{n} \tag{4.38}$$

式中：右第一项为切向加速度；第二项为法向加速度，或称向心加速度，其负值称为惯性离心力，亦简称离心力。

在自然坐标中，水平气压梯度力为

$$-\frac{1}{\rho}\nabla_h p=-\frac{1}{\rho}\frac{\partial p}{\partial s}\boldsymbol{\tau}-\frac{1}{\rho}\frac{\partial p}{\partial n}\boldsymbol{n} \tag{4.39}$$

水平地转偏向力为

$$-f\boldsymbol{k}\times\boldsymbol{V_h}=-fV_h\boldsymbol{n} \tag{4.40}$$

所以，得到自然坐标系的水平运动方程分量形式：

$\boldsymbol{\tau}$ 方向

$$\frac{\mathrm{d}V_h}{\mathrm{d}t}=-\frac{1}{\rho}\frac{\partial p}{\partial s} \tag{4.41}$$

$\boldsymbol{n}$ 方向

$$\frac{V_h^2}{r_T}=-fV_h-\frac{1}{\rho}\frac{\partial p}{\partial n} \tag{4.42}$$

方程（4.41）和方程（4.42）分别表示与气流平行和垂直方向上各作用力平衡下的方程。对于平行于等压线的运动，$\dfrac{\partial p}{\partial s}=0$，气流为匀速运动。

2. 梯度风方程

根据梯度风定义，由自然坐标系的水平运动方程式（4.41）和式（4.42），得到

$$\frac{\mathrm{d}V}{\mathrm{d}t}=-\frac{1}{\rho}\frac{\partial p}{\partial s}=0 \tag{4.43}$$

$$\frac{V_G^2}{r_T}=-fV_G-\frac{1}{\rho}\frac{\partial p}{\partial n} \tag{4.44}$$

式中：V_G 为梯度风，式（4.44）就是梯度风方程。

因此，从力的平衡角度定义，梯度风就是水平气压梯度力、水平地转偏向力和离心力三个力平衡下的水平运动。地转风为梯度风的特殊情形，即当 $r_T \to \infty$ 时的梯度风。

3. 梯度风的性质

（1）梯度风的风压场关系。

梯度风的风压场关系有两种情况：

1）梯度风轨迹曲率为气旋式，空气呈逆时针向旋转。从力的平衡观点看，离心力总是指向外，而这时地转偏向力也指向圆外，所以气压梯度力必须指向圆心，即气压系统中心为低压。这样才能达到三力平衡［图 4.8（a）］。

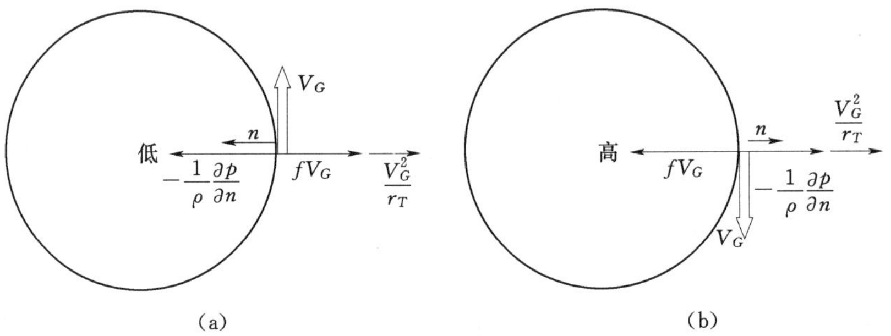

图 4.8　大尺度高低压的力的平衡示意图

2）轨迹曲率为反气旋式，空气呈顺时针向旋转。离心力总是指向外，而这时地转偏向力指向圆内，三力平衡有两种可能：

一种为 G 指向外（n）方向［图 4.8（b）］：G 由高指向低，即反气旋中心为高压中心。满足 $A=C+G$，即地转偏向力与惯性离心力、气压梯度力平衡。$|A|>|C|$ 即 $fV_G>\frac{V_G^2}{r_T}$，对于大尺度系统 r_T 大，C 较小，关系成立。小尺度不成立。

另一种为 G 指向内（$-n$）方向：反气旋中心为低压中心。满足 $A+G=C$，惯性离心力与地转偏向力、气压梯度力平衡，即 $|A|<|C|$。大尺度系统不成立；小尺度系统 r_T 小 C 较大，关系成立。实际观测到的小尺度的龙卷风和尘卷风，中心为低压，但风向可以是顺时针也可以是逆时针向的，小尺度系统不满足地转风关系。

由以上讨论可知，大尺度系统，气旋（反气旋）中心为低压（高压）中心。梯度风与气压场的关系满足于风压定律，即北半球背风而立，高压在右，低压在左。南半球相反，气旋（反气旋）中心为高压（低压）中心。

这是从力的平衡角度来理解这种风压关系，由式（4.44）也可以得到相同的结论。

（2）梯度风的风速。

将式（4.44）改写成

$$V_G^2+fr_TV_G+\frac{r_T}{\rho}\frac{\partial p}{\partial n}=0 \tag{4.45}$$

解出 V_G，则得到

$$V_G=-\frac{fr_T}{2}\pm\sqrt{\frac{f^2r_T^2}{4}-\frac{r_T}{\rho}\frac{\partial p}{\partial n}} \tag{4.46}$$

上式中根号前的正负号怎样选取，要分两种情况进行分析。

1）轨迹为气旋式的情况。因为 $r_T>0$，$\frac{\partial p}{\partial n}<0$，所以根号内的数值大于零，而且开方后的数值大于$\frac{fr_T}{2}$，又因为 $V_G>0$，$-\frac{fr_T}{2}<0$，所以式（4.46）根号前需取正号，即

$$V_{G气旋}=-\frac{fr_T}{2}+\sqrt{\frac{f^2r_T^2}{4}-\frac{r_T}{\rho}\frac{\partial p}{\partial n}} \tag{4.47}$$

2）轨迹为反气旋式的情况。因为 $r_T<0$，所以式（4.46）中$-\frac{fr_T}{2}>0$。这时，当 $r_T\to\infty$时，根号内第一项和第二项都趋于无穷大，而且前者比后者要大一个数量级。若根号前取正号，则 $V_{G反气旋}\to\infty$，而这时按理说应该是地转风 V_g，因为有限值，所以不能取正号。又因为式（4.46）第二项之值小于$\frac{fr_T}{2}$，所以根号前应取负号，即

$$V_{G反气旋}=-\frac{fr_T}{2}-\sqrt{\frac{f^2r_T^2}{4}-\frac{r_T}{\rho}\frac{\partial p}{\partial n}} \tag{4.48}$$

由式（4.47）计算气旋内的风速时发现，该式右边根号内的数值总是正值，所以气旋中$\frac{\partial p}{\partial n}$的大小不受限制。但式（4.48）中，根号内的两项正负号却相反，因此在反气旋中$\frac{\partial p}{\partial n}$不能超过某一临界值，否则根号内会出现负值，使得算出的 V_G 变成没有实际意义。于是，在反气旋内，$\frac{\partial p}{\partial n}$的最大值由下式决定：

$$\frac{f^2r_T^2}{4}-\frac{|r_T|}{\rho}\left|\frac{\partial p}{\partial n}\right|_{\max}=0$$

所以

$$\left|\frac{\partial p}{\partial n}\right|_{\max}=\frac{f^2|r_T|\rho}{4}=\Omega^2\sin^2\varphi|r_T|\rho \tag{4.49}$$

为了醒目起见，上式中用了绝对值符号。

若把流线近似地看做迹线，则式（4.49）的实际意义有：①在反气旋中心因为 $|r_T|$很小，所以气压梯度最大可能值也较小。因此在反气旋中心等压线不会很密，这就解释了反气旋中心附近风速总是很小这个事实。②纬度越高，等压线可能越密，而在赤道附近却不能有反气旋。从力的平衡关系看，这是因为在赤道附近地转偏向力趋近于零，而气压梯度力和离心力都由系统中心向外，所以不能维持平衡。③ρ 越大，最大可能的气压梯度值也会大一些，因此，冬季大陆上的反气旋内等压线要密一些。④对于等压线曲率不均匀的气压场，$\left|\frac{\partial p}{\partial n}\right|_{\max}$与$|r_T|$成正比，因此$|r_T|$较大处的等压线也较密集，而在平直等压线处尤为密集。这种情形下的气压场可能如图 4.9 所示。

4. 梯度风风速与地转风风速的比较

把决定地转风风速的式（4.30）代入式（4.44），则得到

$$\frac{V_G^2}{r_T}=-fV_G+fV_g$$

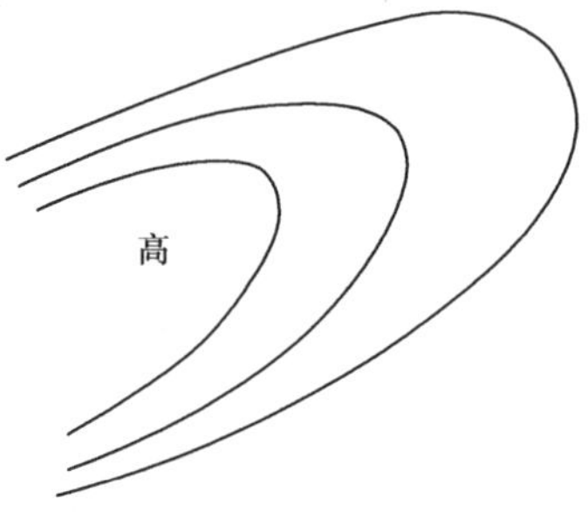

图 4.9　曲率与气压梯度的关系

因而地转风与梯度风之比为

$$\frac{V_g}{V_G}=1+\frac{V_G}{fr_T} \tag{4.50}$$

上式表明，对于气旋式运动来说，$V_g>V_G$；对于反气旋式运动，$V_g<V_G$。因此，当气压梯度和等压线曲率半径 r_T 相同时，反气旋中的梯度风大于气旋中的梯度风；反之，当梯度风和曲率半径 r_T 相同时，气旋中的气压梯度值大于反气旋中的气压梯度值。

由以上讨论可见，梯度风与地转风从理论上证明了大尺度大气运动时风场与气压场的关系，是天气分析的重要依据。在研究自由大气中大尺度空气运动时，地转风或梯度风这两种平衡关系基本上是适应的，尤其在中高纬度。但实际自由大气中的空气运动并不完全与地转风或梯度风相吻合，各个作用力的平衡关系也只是相对的、暂时的，平衡关系经常会遭到破坏。

4.5　地转风随高度的变化——热成风

资源 4.4

热成风

梯度风与地转风都可以作为某一高度上实际风的近似。实际风是随高度变化的，而且其变化是很复杂的。我们先讨论地转风随高度的变化，并将其作为实际风随高度变化的近似，借此了解实际风随高度的变化特征。并在此基础上，讨论不同温度场配置下系统的空间结构。

4.5.1　定义

地转风随高度的变化，或上下两层等压面地转风之差，称为该两等面间气层的热成风。

4.5.2　表达式

1. 矢量式

设 $\boldsymbol{V}_{g_0}$ 和 $\boldsymbol{V}_g$ 分别表示下层和上层等压面上的地转风，则热成风为

$$\boldsymbol{V}_T=\Delta\boldsymbol{V}_g=\boldsymbol{V}_g-\boldsymbol{V}_{g_0} \tag{4.51a}$$

上下层地转风的关系，如图 4.10 所示。

2. “p” 坐标形式

由式（4.33）、式（4.51），可推得

$$\boldsymbol{V}_T=\Delta\boldsymbol{V}_g=-\frac{g}{f}\nabla_p(\Delta z)\times\boldsymbol{k} \tag{4.51b}$$

式中：$\Delta z=z-z_0$，为上下两层等压面的高度差，也称两等压面之间的厚度（图 4.11）。

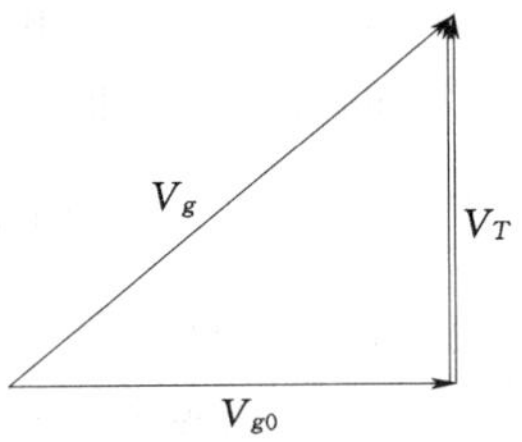

图 4.10　热成风矢量合成图

将状态方程代入静力学方程，积分：

$$\int_{z_0}^{z} \mathrm{d}z = -\int_{p_0}^{p} \frac{RT}{g} \frac{\mathrm{d}p}{p}$$

以 $\overline{T}$ 表示两等压面间的平均温度，得到

$$\Delta z = \frac{R}{g} \overline{T} \ln \frac{p_0}{p}$$

$$g\Delta z = g(z - z_0) = R\,\overline{T} \ln \frac{p_0}{p} \tag{4.52}$$

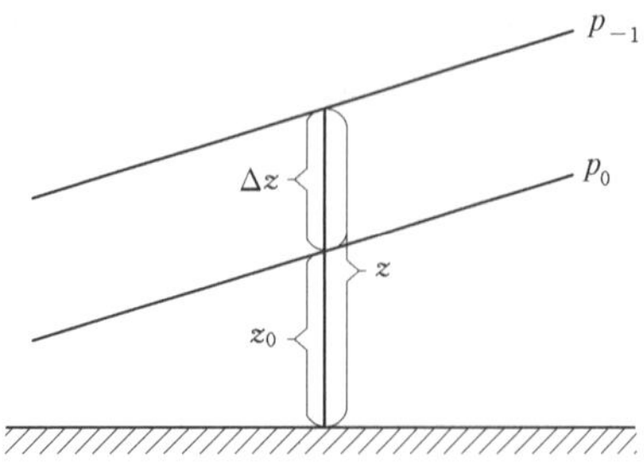

图 4.11 等压面厚度示意图

由上式可看出，$g\Delta z$ 是与上下层等压面之间空气的平均温度成正比。把式（4.52）代入式（4.51b）

$$\boldsymbol{V}_T = \Delta \boldsymbol{V}_g = -\frac{R}{f} \ln \frac{p_0}{p} \nabla_p \overline{T} \times \boldsymbol{k}$$

$$= -\frac{g}{f} \frac{\Delta z}{\overline{T}} \nabla_p \overline{T} \times \boldsymbol{k} \tag{4.53}$$

4.5.3 热成风与平均温度场的关系

把式（4.53）与式（4.33）比较，可以发现，热成风与空气柱的平均温度场的关系类似于地转风与位势高度场的关系。从式（4.53）可看出，热成风与气层的平均等温度线相平行，在北半球上，背热成风而立，低温区在左，高温区在右。

由式（4.53）可得热成风的大小为

$$|\boldsymbol{V}_T| = |\Delta \boldsymbol{V}_g| = -\frac{g}{2\Omega \sin\varphi \overline{T}} \frac{\partial \overline{T}}{\partial n} (z - z_0) \tag{4.54}$$

式中：$-\dfrac{\partial \overline{T}}{\partial n}$为平均温度梯度的大小，所以热成风的大小与气层的厚度、平均温度的梯度（即等平均温度线的疏密程度）成正比，与所在地纬度的正弦和气层的平均温度成反比。

当两个等压面之间气层的平均温度分布不均，即有平均温度梯度时，等压面的坡度就会随高度发生变化，或越向上等压面坡度越陡（当然也可以有相反的情形，等压面坡度随高度减小或变成水平面、甚至向相反方向倾斜），从而有热成风。

从式（4.54）还可看出，在同样的水平温度梯度下，高纬地区的热成风比低纬地区的小。因为气层的平均温度的相对变化不大，可把 $\overline{T}$ 近似作为常数，所以热成风与气层的平均温度的依从关系并不重要。

在赤道上，没有热成风，这与在赤道上地转风为零的理由相同。

总之，地转风随高度的变化——热成风，实质上是等压面坡度随高度变化的反映，而等压面坡度随高度的变化是由于气层内水平方向温度分布不均匀（即密度分布不均匀——斜压大气）所造成的。

4.5.4 热成风原理的应用

热成风理论在天气分析上有很多用处。

（1）应用单站测风记录，判断高空冷暖平流。

图 4.12（a）所示为地转风随高度作逆时针折转（逆转），伴随有冷平流。反之，如图 4.12（b）所示，地转风随高度作顺时针折转（顺转）时，意味着该气层中为暖平流。所以，只根据单站探空资料给出的风矢垂直分布图，就可以判断高空各气层的温度平流性质。

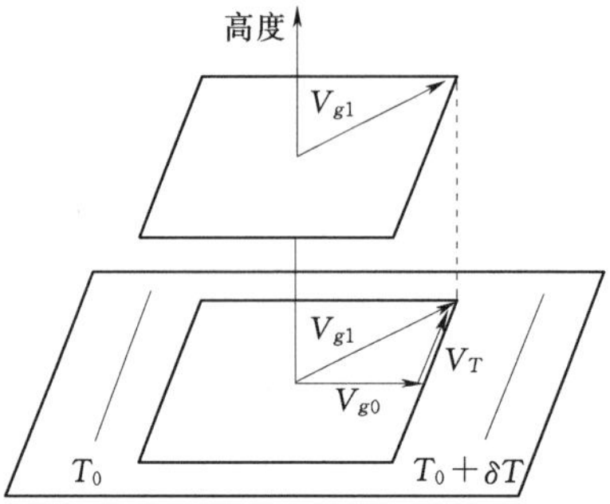

(a) 气层中有冷平流　　(b) 气层中有暖平流

图 4.12　两种不同平流情况下风随高度的变化

（2）根据热成风与气层平均温度的梯度之间的关系，已知某一高度上的地转风，利用平均温度场，估算另一高度上的地转风。

例如，已知 850hPa 上的地转风，及 850～500hPa 气层中的水平平均温度梯度，就可利用式（4.54）计算热成风，并可用式（4.51）求得 500hPa 上的地转风。

（3）利用地转风随高度变化的特点，还可以判断气压场和温度场的空间结构。

例如，当发现风向没有变化（为简单起见设 $V_g \approx V_G$），而风速随高度增大时，可以确定等压线和等温线基本上重合，这种天气系统比较深厚，其暖中心和高压中心重合，冷中心基本上和低压中心重合［图 4.13（a）］，等压线越来越密，天气系统也越明显。当发现风向不变，风速随高度减小，到某一高度为零，以后风向倒转 180°，再向上风速又继续增加时，表明这个天气系统浅薄，在低层是冷高压或暖低压，而在高空相应成为低压或高压［图 4.13（b）］。当发现，风向随高度有明显改变时，则表明

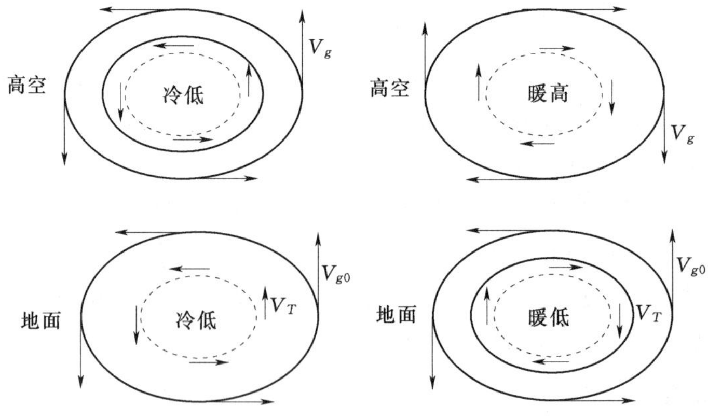

(a) V_{g0} 与 V_T 方向相同　　(b) V_{g0} 与 V_T 方向相反

图 4.13　系统的空间结构

等压线和等温线之间的夹角较大，温度平流也较大。

4.6 摩擦层中的风

资源 4.5 摩擦层中的风

在摩擦层中，空气的水平运动因受摩擦力的影响，破坏了地转风和梯度风中的诸力的平衡关系，出现了风速减小，方向偏离等压线的现象。

4.6.1 摩擦造成的地转偏差

为简单起见，先讨论摩擦力对地转风的影响。令 $\boldsymbol{D}$ 为摩擦造成的地转偏差，则有

$$\boldsymbol{D}=\boldsymbol{V}-\boldsymbol{V}_g$$

摩擦层中大气是在气压梯度力和地转偏向力及摩擦力平衡下的运动，其水平运动方程：

$$0=-\frac{1}{\rho}\nabla p+f\boldsymbol{V}\times\boldsymbol{k}+\boldsymbol{F}_r$$

两端 $\times\boldsymbol{k}$，并代入地转风公式

$$\boldsymbol{V}_g=-\frac{1}{f\rho}\nabla p\times\boldsymbol{k}$$

$$f\boldsymbol{V}_g=-\frac{1}{\rho}\nabla p\times\boldsymbol{k}$$

$$f\boldsymbol{V}\times\boldsymbol{k}\times\boldsymbol{k}=-f\boldsymbol{V}$$

$$\boldsymbol{D}=\frac{1}{f}\boldsymbol{F}_r\times\boldsymbol{k} \tag{4.55}$$

由上式可见，在北半球，$\boldsymbol{D}$ 垂直于摩擦力且指向它的右侧。$\boldsymbol{D}$ 与摩擦力大小成正比，与纬度成反比。

4.6.2 摩擦力对大气运动的影响

在摩擦层内，风力因受摩擦而减小，其减小的程度与摩擦力的大小成正比。一般说，风受到的摩擦力在陆面上的比海面上的大，陆地摩擦力大：等压线（表示地转风方向）与风的夹角 35°～45°，个别地形复杂的地区可达 60°。海洋摩擦力小：等压线与风的夹角 15°～20°。高山地区的摩擦力比平原地区的大，在森林地区的比草原上的大。摩擦力不仅使得风速减小，而且还会改变风向，使得低层空气中的风出现穿越等压线的运动。为了说明这种情况，先讲平行直等压线时的情形。设气压场不随高度变化，并且空气做等速运动。

因为这是等速运动，所以作用于空气质点上的气压梯度力 $\boldsymbol{G}$、地转偏向力 $\boldsymbol{A}$ 及摩擦力 $\boldsymbol{F}_r$，三者相平衡，即

$$\boldsymbol{G}+\boldsymbol{A}+\boldsymbol{F}_r=0$$

图 4.14 表示了这三个力的平衡情形。图中，为简单起见，取摩擦力作用于风速 $\boldsymbol{V}$ 的相反方向，即只考虑了外摩擦力 $\boldsymbol{F}$ 的作用（实际摩擦力由内外两部分组成，其合力 $\boldsymbol{F}_r$ 的方向比 $\boldsymbol{F}$ 稍偏左，用 $\boldsymbol{F}$ 代替 $\boldsymbol{F}_r$ 不影响其定性结论）。可见，与气压梯度力相

平衡的不是地转偏向力而是地转偏向力与摩擦力的合力。摩擦层中的风向与水平气压梯度的方向的关系是：在北半球上，背风而立，高压在右后方，低压在左前方。摩擦力使得实际风偏离了地转风（即等压线方向）指向低压一侧。

当等压线呈曲线而且平行时，在摩擦力作用下，应用上述原理，也可说明在北半球，空气从高压区向外流动，呈螺旋状向外辐散；空气流入低压区时，呈螺旋状向内辐合。如图 4.15 所示。

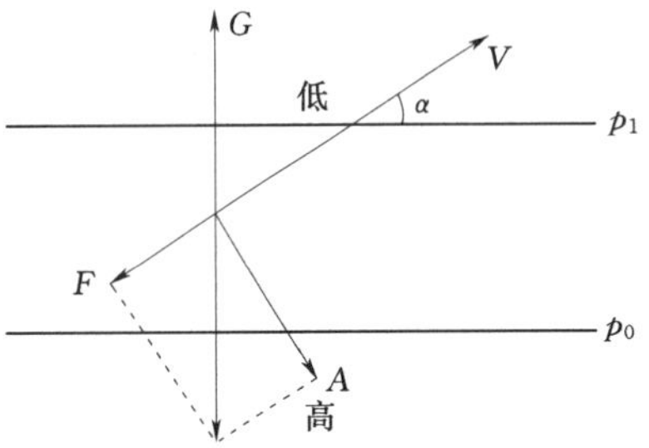

图 4.14　三力平衡时的风

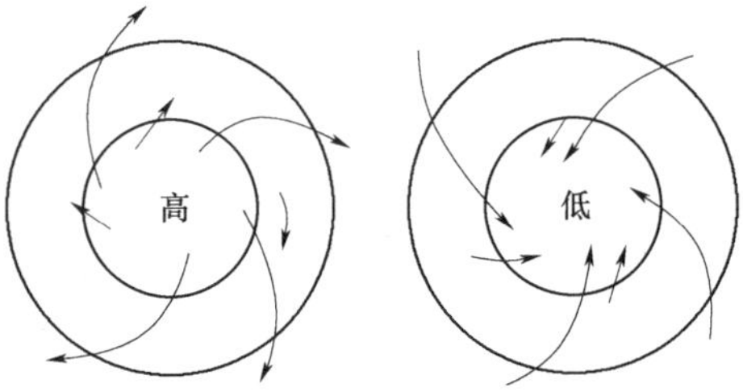

图 4.15　地面高压和低压区的实际风

4.6.3　摩擦层中风随高度的变化

观测资料证明，在摩擦层中风随高度增加而向右偏，这是大气湍流运动所反映的特征之一。在理论计算和实测风资料，得到的风随高度变化的图像如图 4.16 所示。由地面向上，将各高度上的风向风速做相应的向量，并将各个风的向量终点用平滑曲线连接起来，便成为风速矢端迹图。这条曲线也称埃克曼螺线。在海洋中，海流流速随深度的变化出现类似情况。

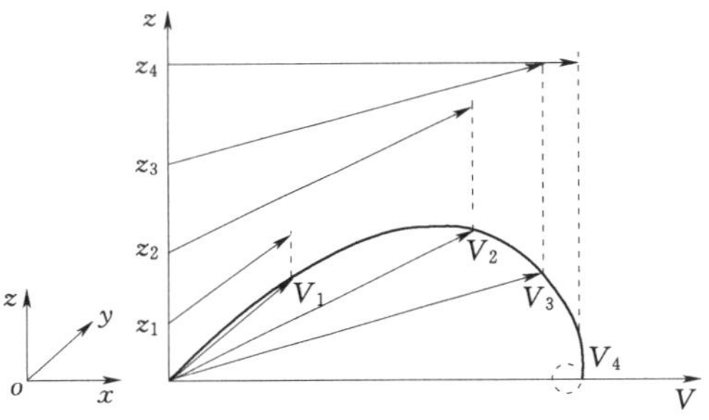

图 4.16　风速矢量迹图

从图 4.16 可见，自地面向上风速不断增加，并且不断向右偏转（北半球），直到某一高度达最大值（即地转风速），而风向与地转风风向重合的高度，就是摩擦层的上界。

4.6.4　近地面风的季节性变化和日变化

地面风的风向和风速的大小决定于水平气压梯度的方向和大小，并且风向偏在气压梯度方向的右边，同时又有摩擦作用的影响，使得风向发生复杂的变化。

在我国，夏季平均气压梯度由海洋指向内陆，多偏南风；冬季气压梯度由大陆指向海洋，多偏北风。冬夏风向的变化以东南半壁最为明显。西北内陆，因为夏季风很难达到，冬季又接近高压源地，风微弱，风向变化不定。青藏高原与云南北部，海拔很高，风的季节变化也不显著。

冬季，自北向南的水平气压梯度要比夏季自南向北的水平气压梯度大，所以风速一般是冬季的大于夏季的，沿海的风大于内陆的风。各地平均风速的分布，大致说来，北方的风速大于南方的风速，沿海风速大于内陆的风速。春冬两季，气压梯度大，风速最大；夏秋气压梯度较小，风速亦小，尤以夏季更加明显。东北和华北地区，春秋多气旋，平均风速较大，华南秋季多台风，平均风速也较大。西北高原和新疆北部，夏季对流强，平均风速反比冬季的大，特别是新疆，因冬季位于高压中心附近、风速微弱。

在同一气团下，就风速的日变化来说，一般以夜间最小，早晨渐渐增强起来；约在下午 2—3 时，风速达到一天中的最大；此后，风速又减小，在半夜前后出现平静无风的稳定现象。所以出现风速的日变化是由于：早晨日出后，地面温度逐渐增高，空气中对流现象加强，上空动量较大的空气由于对流而下传所致。下午 2—3 时，一般为对流最强的时候，动量下传最强，所以地面风速达到最大。此后，地面温度渐渐下降，空气层结越来越稳定，对流极微，空气平静少动，风速减小到最小。

至于风向的日变化，由于受到地理环境的影响和海陆风、山谷风的影响，一般不易看到明显的规律。

4.7 水平运动与垂直运动的关系

资源 4.6
大气的垂直运动

由于摩擦力的影响，在地面高压中有气流辐散，低压中有气流辐合，在垂直方向上有何反映，即与垂直速度有何联系？为此，我们将讨论大气连续方程。

4.7.1 连续方程

连续方程是质量守恒定律在大气中的应用。通过连续方程，可把大气中的水平运动与垂直运动联系起来。

1. “z” 坐标系的方程

取一个固定的小六面体，其体积为 $\delta x\delta y\delta z$，如图 4.17 所示。我们先考虑通过六面体各个面流入的流体质量有多少，再考虑六面体内的质量变化情况，而后再对两者做一比较。

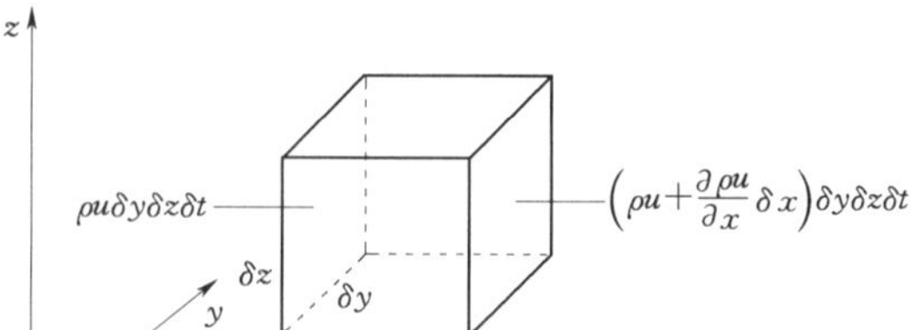

图 4.17 小六面体内流体净流入量

在 δt 时间内通过左边 $\delta y\delta z$ 面流入的流体质量为 $\rho u\delta y\delta z\delta t$，向右边 $\delta y\delta z$ 面流出的流体质量则为 $\left(\rho u+\frac{\partial\rho u}{\partial x}\delta x\right)\delta y\delta z\delta t$，则在 x 方向流体的净流入量为二者之差：

$$\rho u\delta y\delta z\delta t-\left(\rho u+\frac{\partial\rho u}{\partial x}\delta x\right)\delta y\delta z\delta t=-\frac{\partial\rho u}{\partial x}\delta x\delta y\delta z\delta t$$

同理，在 y 方向流体的净流入量为

$$-\frac{\partial\rho v}{\partial y}\delta x\delta y\delta z\delta t$$

在 z 方向流体的净流入量为

$$-\frac{\partial \rho w}{\partial y} z\delta x\delta y\delta z\delta t$$

流入六面体内的流体总净流入量为三者之和：

$$-\left(\frac{\partial \rho u}{\partial x}+\frac{\partial \rho v}{\partial y}+\frac{\partial \rho w}{\partial z}\right)\delta x\delta y\delta z\delta t$$

总净流入量应等于在 δt 时间内六面体中流体质量的变化。因六面体总的流体质量为 $\rho\delta x\delta y\delta z$，$\delta t$ 时间内的质量变化为

$$\frac{\partial \rho}{\partial t}\delta x\delta y\delta z\delta t$$

因此

$$\frac{\partial \rho}{\partial t}\delta x\delta y\delta z\delta t=-\left(\frac{\partial \rho u}{\partial x}+\frac{\partial \rho v}{\partial y}+\frac{\partial \rho w}{\partial z}\right)\delta x\delta y\delta z\delta t$$

即

$$\frac{\partial \rho}{\partial t}+\frac{\partial \rho u}{\partial x}+\frac{\partial \rho v}{\partial y}+\frac{\partial \rho w}{\partial z}=0$$

或

$$\frac{\partial \rho}{\partial t}+\nabla\cdot(\rho \mathbf{V})=0 \tag{4.56}$$

这就是连续方程。式中 $\nabla\cdot(\rho\mathbf{V})$ 称为质量散度，即单位体积内流体的净流入（出）量。净流出时散度为正，净流入时为负。将（4.56）式写成：

$$\nabla\cdot(\rho \mathbf{V})=-\frac{\partial \rho}{\partial t} \tag{4.57}$$

则可清楚地看出，固定在空间的单位体积内流体的净流出量，等于该单位体积流体质量的减小。

式（4.56）也可以改写为

$$\frac{\partial \rho}{\partial t}+u\frac{\partial \rho}{\partial x}+v\frac{\partial \rho}{\partial y}+w\frac{\partial \rho}{\partial z}+\rho\left(\frac{\partial u}{\partial x}+\frac{\partial v}{\partial y}+\frac{\partial w}{\partial z}\right)=0 \tag{4.58}$$

即

$$\frac{\mathrm{d}\rho}{\mathrm{d}t}+\rho\nabla\cdot\mathbf{V}=0 \tag{4.59}$$

式中：$\nabla\cdot\mathbf{V}$ 称为速度散度。

如果流体为不可压缩时，即流体在运动过程中其密度不变 $\left(\frac{\mathrm{d}\rho}{\mathrm{d}t}=0\right)$，则

$$\nabla\cdot\mathbf{V}=0$$

或

$$\frac{\partial u}{\partial x}+\frac{\partial v}{\partial y}+\frac{\partial w}{\partial z}=0 \tag{4.60}$$

即不可压缩流体的速度散度为零。

$\left(\frac{\partial u}{\partial x}+\frac{\partial v}{\partial y}\right)$项在气象上称为水平散度，它表示流体在单位时间内水平面积的相对膨胀率。大范围的大气运动，可近似地看成是不可压缩的。故式（4.60）是以后经常要用到的。式（4.60）将水平风场与垂直运动联系了起来。因为在大气中进行垂直运动的观测是困难的，于是可以通过式（4.60），可用水平风速分布来推断垂直运动。

2. “p”坐标系的方程

将$\frac{\partial p}{\partial z}=-\rho g$带入$z$坐标系中的连续方程（4.58），引用式（4.21），再引用式（4.19）、式（4.20）、式（4.22），便得到“p”坐标系的连续性方程：

$$\frac{\partial \omega}{\partial p}=-\left(\frac{\partial u}{\partial x}+\frac{\partial v}{\partial y}\right)_p \tag{4.61}$$

式中$\omega=\frac{\mathrm{d}p}{\mathrm{d}t}$，为“$p$”坐标中的垂直速度。

4.7.2 w 与 ω 的关系

“p”坐标中的垂直速度$\omega=\frac{\mathrm{d}p}{\mathrm{d}t}$和$z$坐标中的垂直速度$w=\frac{\mathrm{d}z}{\mathrm{d}t}$的关系为

$$\omega=\left(\frac{\partial p}{\partial t}\right)_z+u\left(\frac{\partial p}{\partial x}\right)_z+v\left(\frac{\partial p}{\partial y}\right)_z+w\frac{\partial p}{\partial z}$$

由大尺度运动系统的尺度分析可知右端前三项的尺度较最后一项小一个量级，故前三项可以略去，得

$$\omega=w\frac{\partial p}{\partial z}$$

或

$$\omega=-\rho g w$$

因为气压是随高度降低的，所以在上升运动时$w>0$，而$\omega<0$；下沉运动时$w<0$，$\omega>0$。

4.7.3 水平速度散度与垂直速度

如果把大气近似看作不可压缩的流体，则$\frac{\mathrm{d}\rho}{\mathrm{d}t}=0$。所以，由式（4.60）

$$\frac{\partial w}{\partial z}=-\left(\frac{\partial u}{\partial x}+\frac{\partial v}{\partial y}\right) \tag{4.62a}$$

从地面$z=0$到$z=h$积分上式，得到

$$w(h)=w(0)-\int_0^h\left(\frac{\partial u}{\partial x}+\frac{\partial v}{\partial y}\right)\mathrm{d}z \tag{4.62b}$$

如果地面空气的垂直运动为零，即$w(0)=0$，则上式可写成

$$w(h)=-\int_0^h\left(\frac{\partial u}{\partial x}+\frac{\partial v}{\partial y}\right)\mathrm{d}z \tag{4.62c}$$

对于可压缩的大气，使用p坐标系的连续方程（4.61）式来计算垂直速度最为简便，为此

$$\frac{\partial \omega}{\partial p}=-\left(\frac{\partial u}{\partial x}+\frac{\partial v}{\partial y}\right)_p \tag{4.63a}$$

从地面气压 p_0 到某一高度气压 p 积分上式，就可求得这高度上的 p 垂直速度

$$\omega(p)=\omega(p_0)-\int_{p_0}^{p}\left(\frac{\partial u}{\partial x}+\frac{\partial v}{\partial y}\right)_p \mathrm{d}p \tag{4.63b}$$

式（4.62）右边不计负号，称水平速度散度，可用 $\nabla_h \cdot \boldsymbol{V}$ 表示，而式（4.63）右边不计负号，则称等压水平速度散度，可用 $\nabla_p \cdot \boldsymbol{V}$ 表示。

气象上，当 $\nabla_h \cdot \boldsymbol{V}$（或 $\nabla_p \cdot \boldsymbol{V}$）$>0$ 时，称相应的流场为辐散；当 $\nabla_h \cdot \boldsymbol{V}$（或 $\nabla_p \cdot \boldsymbol{V}$）$<0$ 时，称相应的流场为辐合。由式（4.62a）和式（4.63a）可知，空气的垂直运动与气流的辐合、辐散密切有关。在低层大气中，气流辐合伴随有上升运动；气流辐散伴随着下沉运动。因此，根据低层气流的性质可判断低层大气垂直运动的性质。

4.8　大气的垂直运动

大气的运动可以分成水平和垂直运动。大尺度大气运动主要是准水平的，其垂直速度很小（10^{-2}m/s），一般仅为水平风速的百分之一，甚至千分之一或更小。中尺度特别是小尺度系统中的垂直速度却很大，而且垂直运动与云雨的形成及天气的发生发展关系十分密切。按垂直运动的尺度和成因，通常分为系统性垂直运动和对流性垂直运动。

4.8.1　系统性垂直运动

系统性垂直运动通常指由于水平气流的辐合、辐散，锋面和地形的强迫抬升作用引起的大范围的上升和下沉运动。它的特点是垂直速度小、持续时间长，能造成大面积的层云和连续性降水，对天气的形成和演变有重要作用。与系统性上升运动相联系的有低压、低压槽、切变线、锋面等天气系统和山脉的迎风坡；与系统性下沉运动相联系的有高压、高压脊等天气系统和山脉的背风坡。

4.8.2　对流运动

对流运动简称对流，通常是指由热力作用引起的垂直运动。当气团的温度高于四周空气温度时，气团获得向上的浮力而产生上升运动，上升气流到高层向外辐散，低层空气随之辐合以补充上升气流，形成了空气对流运动。在中、低纬度地区和夏季经常会出现对流运动的现象。它的特点是范围小，发生、发展时间短，垂直速度较大，常能引起阵性降水、雷暴、冰雹和龙卷等强对流性天气。

思考题与练习题

1. 什么是气压梯度？气压梯度力？其大小、方向？
2. 水平地转偏向力具有哪些性质？
3. 真正使空气质点运动的力有哪些？哪些力可使得已经运动的空气质点的运动

状况发生变化？

4. 由大中小尺度运动简化方程说明各尺度运动的基本特征。

5. 什么是地转风？梯度风？风场与气压场关系如何？梯度风什么情况下等于地转风？

6. 从力的平衡说明，为什么北半球大尺度气旋和反气旋对应低压和高压？

7. 为什么高压中心的风不可能很大？

8. 如果用 $\mathbf{V}$ 表示梯度风风速，$\mathbf{V}_g$ 表示地转风风速，试证：(1) 在高压区 $\mathbf{V}>\mathbf{V}_g$；(2) 在低压区 $\mathbf{V}<\mathbf{V}_g$。

9. 热成风的成因是什么？热成风与平均等温线有何关系？热成风在风随高度变化中有些什么作用？

10. 为什么地转风随高度逆时针旋转有冷平流？顺时针旋转有暖平流？

11. 地面冷高压随高度将会发生什么变化？高空会是什么系统对应？

12. 由连续方程说明水平速度散度与垂直速度的关系？

13. 说明 p 坐标系垂直速度和 z 坐标系垂直速度的意义，ω 与 w 的联系为什么符号相反？

14. 700hPa 面和 500hPa 面之间气层的平均温度梯度值为每 100km 降低 3℃，梯度方向指东方，设 $f=10^{-4}\mathrm{s}^{-1}$。如果 700hPa 上为东南风 20m/s，试问在 500hPa 上的地转风风速是多少，风来自何方？

15. 地面摩擦力对风的影响？（包括风向、风速）

第 5 章

大气中的水分

5.1 水 循 环

资源 5.1

大气中的水及水循环

5.1.1 水循环的概念

地球上各种形态的水总是处于不断地变化之中，这种变化可能是热力条件下的相态转换，也可能是在重力作用下的斜面运动，或是沿压力梯度、密度梯度的垂直、水平输送。通过蒸发、水汽输送、降水、地表和地下径流、下渗和径流等过程，分布在地球系统各个层次的水被连接起来，进行着周而复始的、跨越四大圈层的水分循环，称为水循环（图 5.1）。地球上各类水体，就是通过水循环形成了一个连续而统一的整体——水圈。

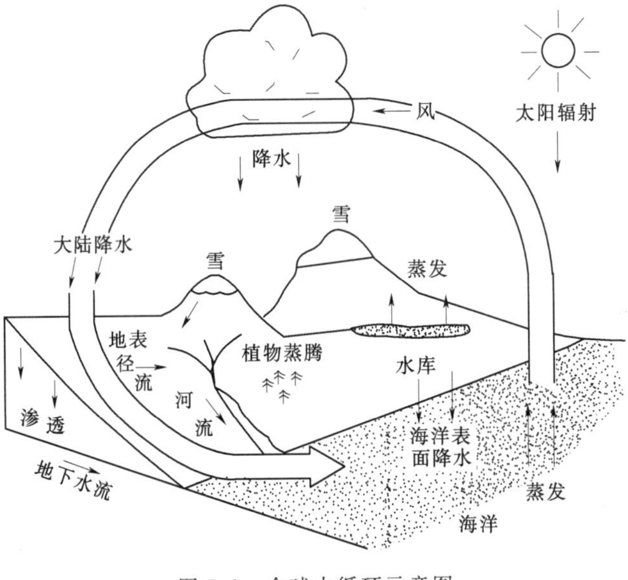

图 5.1　全球水循环示意图

水循环是无始无终的，而且包括许多过程。关于水循环描述，可以从地表面的蒸发开始。在海洋上和陆地上，水蒸发时，水汽逸入大气成为空气的一部分（蒸发过程）。蒸发逸入大气中的水汽，在一定的条件下（主要通过气流的辐合）被抬升到一定高度，成云致雨（包括雪、雹等固态水），降落在海陆上（降水过程）。降水可能由植物截获或由植物根系吸收土壤中水、经其杆枝到叶面，再次蒸发，变成水汽逸入大气（截留过程和蒸腾过程）。降水可以在地面上流动（地表径流过程）、或在土层内沿着坡地向下流动（壤中流过程）及流入河流内（径流过程），或可能渗入地下（下渗过程）；地面上的降水注满低洼的地方，水留蓄下来，以后又蒸发，水汽返回大气；下渗的水渗入较深的地层（渗漏过程），作为地下水储藏，后来也许成为泉水流出，流入河流，最后流到海洋，也蒸发成水汽逸入大气中。这样就完成了水分循环过程。所以水循环过程是一复杂的自然水的运动过程。

水循环是由海陆间、地区间和局地间的许多循环所组成。虽然全球水循环内，总水量基本为常量，但它落在大陆上、一个地区上及一个局部流域上的水量却不断变化，从而引起水量的多寡以致旱涝现象，这就与一个地区的天气、气候有紧密关系。

要正确计算世界各地的水量尚有困难，现将估算得到的世界水资源列于表5.1中。

表 5.1　　世界水资源估算值①

类　别	面积/km^2	体积/km^3	占总水量的百分数/%
淡水	147900000	37300000	2.70
极地冰和冰川	15100000	28200000	2.04
地下水（800～4000m深）	130900000	4710000	0.34
地下水（<800m深）	130900000	3740000	0.27
湖泊	830000	125000	0.009
土壤水	130900000	69000	0.005
大气水汽	510100000②	13500	0.001
河流		1500	0.0001
咸水		1348000000	97.3
海洋	362200000	1348000000	97.3
咸湖和内陆海	700000	105000	0.008
总水资源		1385000000	100.00

① 根据 The New Encyclopeadia Britannice，in 30 Volumes，Vol. 9，102-116。

② 地面的面积。

表5.1表明，世界上所有的水中，海洋内约有97%，若地球为均一的球面，则这么多的水覆盖着地球，水深约为2650m。淡水总量为3730万 m^3，两极地区的冰和冰川占其中的76%，在800～4000m深度的地下水占13%，在小于800m的深度内地下水占10%；湖泊中的淡水占0.33%；土壤水占0.18%；在大气中有0.036%的水汽；在河流中的水量小得只有0.004%。

上述资料估算值都是从静止观点出发进行估算的，但一年中有大量的水经过大气和在河流中流动，这是由于水以不同位相周而复始的循环不已造成的。在任何时候，全球年平均降水量约为整个大气中所含水汽量的39倍，而在陆地上年平均降水量约为陆地上空空气中水汽含量的27倍。在全球水循环中，大气水分循环一次的时间约为9天，而在陆地上则约为13.5天。此外，还计算得地球每年的年平均降水量约为104cm，而且在稳定条件下，这样多的降水量与等同的蒸发量相平衡。因此，全球的平均蒸发量等于每天 2.84cm 厚的水。

水循环的过程实际上就是物质与能量的传输、储存和转化过程，服从质量守恒规律，其基本动力是太阳辐射和重力作用。大气环流、海陆分布、地形地势、地表状态等外部环境制约着水循环的路线、规模与强度。在水循环的过程中还携带有其他物质，成为地球生物化学输送的一种载体。

水循环是地球上最重要的物质循环之一，它实现了地球系统水量、能量和地球生物化学物质的迁移与转换，构成了全球性的连续有序的动态大系统。水循环联系着海陆两大系统，塑造着地表形态，制约着地球生态环境的平衡和协调，不断提供再生的淡水资源。因此，水循环对于地球表层结构的演化和人类可持续发展都意义重大。

5.1.2　水分大循环和小循环

水循环按不同途径和规模，分为大循环和小循环，其差别在于水汽输送是否跨越了海陆的界线。大循环又称外循环或海陆循环，它是发生在海洋与陆地之间的水交换过程。海洋（或陆地）表面蒸发的水汽，随着气流运动被输送到陆地（或海洋）上空成云致雨，降落到陆地（或海洋）表面。陆地表面的部分降水流回海洋，维持着海陆间水量的相对平衡。小循环又称内部循环，是发生在海洋与大气（或陆地与大气）之间的水交换过程。海洋表面蒸发的水汽，在海洋上空成云致雨，直接降落到海洋表面，即为海洋小循环。陆地表面蒸发的水汽全部返回陆地，即陆地小循环。大循环产生的降水称为外雨，小循环产生的降水称为内雨，一个地区总降水量是外雨和内雨之和。

资料显示，全球海洋每年蒸发 43.4 万 km^3 的水进入大气，其中 91.7%在海洋上空形成降水，8.3%随气流进入陆地上空。进入陆地上空的水汽形成降水，其中 66%通过蒸发、蒸腾重返大气，34%以径流形式汇入海洋（其中的数据与联合国教科文组织 1978 年公布的数据不同）。这表明，海洋蒸发的绝大部分水参与了过程相对简单的海洋小循环，仅有一小部分水进入了海陆间的水分交换过程。

发生在全球海洋和全球陆地之间的大循环具有全球尺度的概念，其下又包含了许多彼此耦合的次级循环，具有不同的时间和空间尺度，较大尺度如海洋-大气、陆地-大气、冰雪-海洋、冰雪-大气，较小如大气-土壤-植被、地表水-土壤水-地下水等，这些次级水循环多属于小循环，其总和构成了全球水循环系统。全球尺度的水循环是一个闭合的系统，而局限于某个区域或次一级的水循环却是开放的。

5.2　水相变化和饱和水汽压

资源 5.2
水的相变

发生在大气中或近地面的一些重要的天气现象，如云、雨、雪、雾、露、霜等，都是由存在大气中的水汽经过凝结也就是进行形态上的转变造成的。因此，从物理观点上讨论水分三态存在的条件是必要的。

5.2.1　水相变化

任何物质，都可以有气态、液态和固态三种形态，但是其转化必须满足一定的条件，例如，要使气态转变为液态和固态，就必定要在温度低于临界温度才能实现，否则压力再大也不能到达液态或固态。不同的物质，其临界温度不同。由表 1.1 知道，大气中各种气体成分的临界温度大都低于大气所能观测到的温度，这样的气体成分不能自然地转变成液体。

在大气中只有水汽和二氧化碳具有相当高的临界温度，二氧化碳的临界温度为 31℃，但是为了使它转变成液体需要比大气压强大得多的压强才行。实际大气中，二氧化碳部分的气压很小，只相当于大气压的 0.02%～0.03%，在这样低的压强下，二氧化碳要液化，就要低于－100℃的温度，但是在低层大气中，从来没有观测到这样低的温度，因此在自然情况下，二氧化碳不可能液化。

水汽的情况则完全不同。它的临界温度很高（365℃），气温不仅永远低于临界温度，而且也常低于冰的融解温度（0℃）。如距离地面 6km 以上几乎全年温度都在 0℃以下。地面有不少地方在冬季或极地附近，一年中多数时期，温度也在 0℃以下，而且大气中水汽的含量比二氧化碳多，分压力也较大。在自然情况下，只有水汽可以进行由一种状态到另一种状态的转变。水汽、水和冰即为它的三种状态。在热力学和物理化学中，常把系统中性质相同而均匀的部分，叫做位相，因此出现在大气中的水的三态，也叫做水的三位相。

图 5.2 是水的位相平衡图，是根据试验数据点绘面成。由图 5.2 可见，水的三种状态分别存在于不同的温度和压强条件下。水只存在于 0℃以上的区域，冰只存在于 0℃以下的区域，水汽虽然可以存在于 0℃以上及以下的区域，但其压强却被限制在一定值域下。图 5.2 中 OA 线和 OB 线是水与水汽、冰与水汽两相共存时的状态曲线。显然这两条曲线上各点的压强就是在相应的温度下的饱和水汽压，因为只有水汽达到饱和时，两相才能共存。所以 OA 线又称蒸发线，表示与水汽处于动态平衡时水面上饱和水汽压与温度的关系。线上 K 点所对应的温度和水汽压是水汽的临界温度 t_k 和临界压力 e_k（$e_k=2.2\times 10^5$hPa）。高于临界温度时就只能有气态存在，因此蒸发线在 K 点中断。OB 称升华线，它表示冰与水汽平衡时冰面上饱和水汽压与温度的关系。OB'是过冷却水面饱和水汽压与温度的关系。OC 是融解线，表示冰与水达到平衡时压力与温度的关系。O 点为三相共存点：$t_0=0.0076$℃，$e_0=6.1$hPa。上述三线划分了冰、水、水汽的三个区域，在各个区域内不存在两相间的稳定平衡。例如，图中的点 1、点 2、点 3，点 1 位于 OA 线之下，$e_1<e$，这时水要蒸发；点 2 处，$e_2>e$，此时多余的水汽要凝结；点 3 恰好位于 OA 线上，$e_3=e$，只有这时水和水汽才能处于平衡稳定状态。

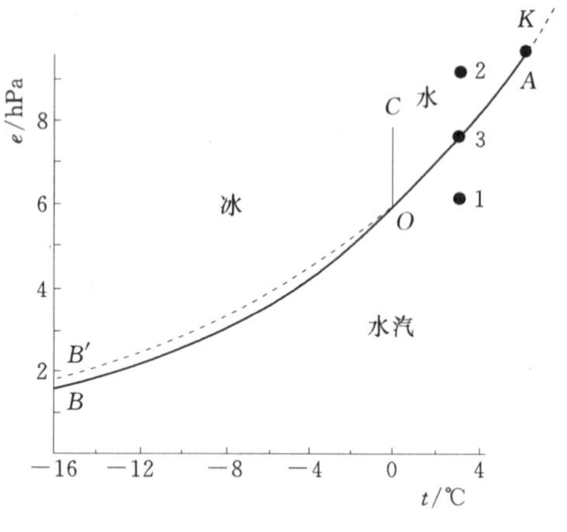

图 5.2 纯水（平水面）的位相平衡

在水相变化过程中，还伴随着能量的转换。蒸发潜热 L 与温度有如下关系：

$$L=(2500-2.4t)\times10^{3}(\mathrm{J/kg}) \tag{5.1}$$

根据上式，当 $t=0℃$ 时，有 $L=2.5\times10^{6}\mathrm{J/kg}$，而且 L 是随温度的升高而减小的。不过在温度变化不大时，L 的变化是很小的，所以一般取 L 为 $2.5\times10^{6}\mathrm{J/kg}$。当水汽发生凝结时，这部分潜热又会全部释放出来，这就是凝结潜热。在相同温度下，凝结潜热与蒸发潜热相等。

同样，在冰升华为水汽的过程中也要消耗热量，这热量包含两部分，即由冰化为水所需消耗的融解潜热和由水变为水汽所需消耗的蒸发潜热。融解潜热为 $3.34\times10^{5}\mathrm{J/kg}$。所以，若以 L_s 表示升华潜热，则有

$$L_s=(2.5\times10^{6}+3.34\times10^{5})\mathrm{J/kg}=2.8\times10^{6}\mathrm{J/kg} \tag{5.2}$$

5.2.2 饱和水汽压

大气中的云，就组成来说，有水成云、冰晶构成的云和混合云，在中纬度地区，凡能产生大雨到暴雨程度的云，均系混合云。混合云之所以会产生较大的雨，与混合云中微水滴的增长有关，而云中微水滴的增长过程与饱和水气压的大小有关。为此有必要对饱和水气压进一步加以讨论。

饱和水汽压是在一定温度下，从空气中进入水面或冰面的水汽量与从水面或冰面逸散入空气中的水汽量达到平衡时，水汽施加于水面或冰面上的可能最大水汽压强，其大小与温度、水的相位、水面曲率、水内杂质及带电量有关系。现将分别叙述如下。

1. 饱和水汽压与温度的关系

饱和水汽压是随温度的升高而显著增大的，这在图5.2中，曲线 OA、OB 和 OB' 已经反映出来，现在的问题是如何以数学方程的形式将它表达出来，这就用到克拉珀龙·克劳修司（Clapeyron - Clausius）方程，这是他们于19世纪分别用热力学的理论推导得出，即

$$\frac{\mathrm{d}e_s}{\mathrm{d}t}=\frac{Le_s}{AR_wT^2} \tag{5.3}$$

式中：e_s 为饱和水汽压；T 为绝对温度；A 为热功当量；L 为凝结潜热；R_w 为水汽的比气体常数。

并将 $L=2499.5\mathrm{J/g}$，$R_w=0.4615\mathrm{J/(g\cdot K)}$，$T_0=273.2\mathrm{K}$，$T=273.2+t$，$e_{s0}=6.11\mathrm{hPa}$（为 T_0 时饱和水汽压）代入，则

$$e_w=e_{s0}\cdot10^{\frac{8.62t}{273.2+t}} \tag{5.4}$$

e_w 为水面上的饱和水汽压。然而 L 是温度的函数，把式（5.1）代入式（5.2）再积分，则得

$$\lg e_s=23.5518-\frac{2937.4}{T}-4.9283\lg T \tag{5.5}$$

根据式（5.4）和式（5.5）计算的结果列入表5.2中，为了比较起见，表中还列有试验资料。从表5.2可以看出，计算值和实验值是比较一致的。

表 5.2 各种温度下的饱和水汽压 单位：hPa

t/℃	−30	−20	−10	0	10	20	30
根据式（5.3）计算值	0.527	1.273	2.873	6.11	12.32	23.70	43.60
根据式（5.4）计算值	0.509	1.254	2.862	6.11	12.28	23.39	42.47
试验值	—	—	2.865	6.11	12.28	23.38	42.43

表 5.2 表明，随着温度升高，饱和水汽压按指数规律而迅速增大，如图 5.2 中 OA 线所示。由此，可得出重要结论：

空气温度的变化，对蒸发和凝结有重要的影响。高温时饱和水汽压大，空气中能够容纳的水汽量多，因而能使原来已经处于饱和状态的蒸发面变为未饱和状态，重新出现蒸发；相反，如果降低饱和空气的温度，饱和水汽压减小，原来空气中水汽容纳不下，多余的水汽就会凝结出来。

饱和水汽压随温度改变的量，在高温时比在低温时要大。例如，温度由 30℃降低到 25℃，饱和水汽压减少了 10.76hPa，而从 15℃降到 10℃，饱和水汽压只减少 4.77hPa。所以降低同样的温度，在高温饱和空气中形成的云雾要浓一些，由此也可以解释为什么暴雨总是发生在暖季。

2. 饱和水汽压与蒸发面性质的关系

自然界中的蒸发面很多，由于它们的性质不同，即使在同一温度下，其饱和水汽压并不完全相同。

（1）冰面和过冷却水面的饱和水汽压。

通常，水温在 0℃时开始结冰。但是通过试验和对云雾的直接观测，发现有时水的温度在 0℃以下，甚至在−30～−20℃以下仍不结冰，处于这种情况下的水，称为过冷却水。过冷却水面与同一温度下的冰面相比较，饱和水汽压是不一样的。

为了决定冰面上的饱和水汽压，只要将式（5.3）中蒸发热 L 换为升华热（$L_s = L + L_d$，此处 $L_d = 334.9\text{J/g}$，为融解热），经过类似的推导，可以得到

$$e_{si} = e_0 10^{\frac{9.77t}{273.2+t}}$$

式中：e_{si} 为冰面上的饱和水汽压，$e_0 = 6.11\text{hPa}$。

实际上为了决定饱和水汽压与温度的关系，常常采用经验公式，其中比较准确而最常用的是马格努斯（Magnus）经验公式：

$$e_s = e_0 10^{\frac{\alpha t}{\beta + t}}$$

式中：α、β 为经验常数，它与理论值稍有不同，对水面而言 α、β 分别为 7.63 和 241.9；对冰面而言，α、β 分别为 9.5 和 265.5。

对于冰面来说，饱和水汽压仍然是随温度按指数规律变化的，这就是图 5.2 中 OB、OB'线代表的情况，所不同的是冰是固体，冰分子的运动不像水分子那样自由，要摆脱其他冰分子的吸引力从冰面跑出来，比水分子要困难一些。因此，当冰面上的水汽密度比较小时，落回的分子数就与跑出的分子数相等，达到饱和状态。所以，与同温度的过冷却水相比，冰面的饱和水汽压要小一些，只有当温度刚好为 0℃，冰和

水处于过渡状态时，它们的饱和水汽压才相等。

在云中，冰晶和过冷却水并存的情况是很多的，如果当时的实际水汽压介于两者的饱和水汽压之间，就会产生冰水之间水汽的转移现象。水滴会因不断蒸发而减小，冰晶会因不断凝华而扩大。这种冰水之间水汽的转移现象，对于降水的形成有重要意义。

（2）溶液面的饱和水汽压。

不少物质都可以溶解于水中，所以，天然水通常是含有杂质的溶液。溶液中溶质的存在，影响了溶液内水分子的运动，使溶液内分子间的作用力大于纯水内分子间的作用力，水分子脱离溶液面比脱离纯水面要困难些。因此，在同一温度下，溶液面的饱和水汽压比纯水面的要小一些，而且溶液的浓度越大，饱和水汽压越小。

这种作用对于可溶性凝结核上形成云或雾的最初胚滴是很重要的。而且以溶液滴刚形成时较为显著，随着溶液滴的增大，浓度逐渐减小，溶液的影响就不明显了。

此外，水滴上的电荷对水滴表面上的饱和水汽压也有一定的影响，它也是使饱和水汽压减小的一个因素。

3. 饱和水汽压与蒸发面形状的关系

在不同形状的蒸发面上，水分子受到的分子引力也是不同的。如图 5.3 所示，三个圆圈分别表示凸水面、平水面、凹水面对于 A、B、C 三点分子引力起作用的范围。

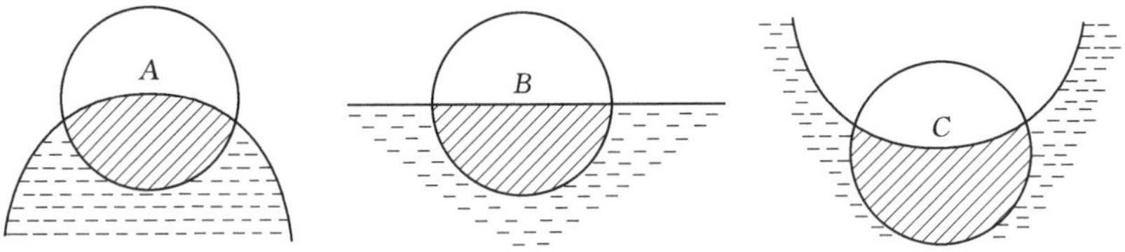

图 5.3　三种不同形状水面上的饱和水汽压

由图可见，吸引 A 分子的水分子最少，因而 A 分子受到的引力最小，最容易脱离水面；吸引 C 分子的水分子最多，因而 C 分子受到的引力最大，最难脱离水面；吸引 B 分子的情况属于两者之间。因此，温度相同时，凸面的饱和水汽压最大，平面次之，凹面最小。而且凸面的曲率越大，饱和水汽压越大；凹面的曲率越大，饱和水汽压越小。

云雾中的水滴有大有小，大的曲率小，小的曲率大。如果实际水汽压介于两者的饱和水汽压之间，也会出现水汽的转移现象。小水滴因蒸发而逐渐变小，大水滴因凝结而不断增大。不过，当水滴增长到半径大于 1μm 时，曲率的影响就很小了，所以它只在云雾刚形成时起作用。

总之，影响饱和水汽压的各个因素中，以温度最为重要。其他各因素的影响视具体情况而定。例如，在溶液滴上，通常当胚滴刚形成时，溶液浓度起着重要作用，随着溶液滴的增大而浓度变小，曲率影响逐渐变为起主要作用。微滴的半径 $r>10^{-4}$cm 以后，曲率影响也可不予考虑。

5.3 蒸　　发

5.3.1　蒸发过程

资源 5.3

蒸发及大气可降水量

地球表面的水分，如海洋、河川、湖泊、沼泽中的水，植被叶面、枝干截留的水，浸入土壤表层的水，在受热后都会向空中蒸发。水循环的蒸发过程，也应包括植被呼吸时的蒸腾，冰雪表面的升华。蒸发量的大小与近地面层大气的温、湿、风关系密切，下垫面的千差万别则使蒸发问题更为复杂。海洋因其巨大的蒸发量而被视为地球的水源。联合国教科文组织 1978 年公布的数据显示，全球海洋平均每年蒸发了 50.5 万 km^3 的水分，陆地面积为海洋面积的 1/2.4，但蒸发量仅为海洋的 1/7。图 5.4 是全球蒸发量分布，在热带纬度以外的地区，蒸发量呈随纬度增高而递减的趋势。由于陆地影响较小，南半球高纬地区的等值线基本与纬圈平行。在大陆边缘，等值线平行于海岸线，而且变化很快。全球最大蒸发量集中在热带、副热带洋面及副热带高压控制区。在沙漠和半沙漠地区，全年蒸发量往往接近于本地区的降水量，地面水量收入几乎为零，水资源十分贫乏。

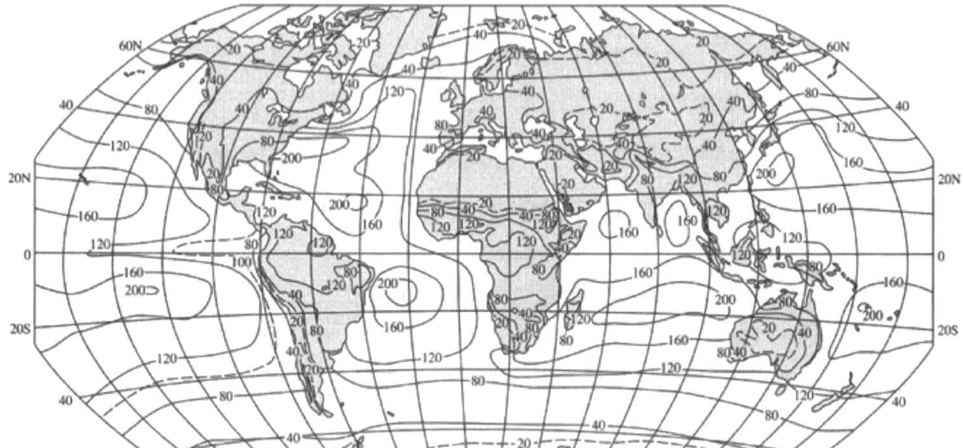

图 5.4　全球蒸发量（cm/a）

（引自 Peixoto and Oort《Physics of Climate》）

5.3.2　影响蒸发的因素

自然界中蒸发现象颇为复杂，不仅受制于气象条件而且还受制于地理环境的影响。

在静止大气中，蒸发速度仅依赖于分子扩散，此时的水分蒸发速度 W 可由下述方程描述：

$$W=A\frac{e_s-e}{p} \tag{5.6}$$

上式称为道尔顿定律，它表明蒸发速度与饱和差（e_s-e）及分子扩散系数（A）成正比，而与气压 p 成反比。但是在自然条件下，蒸发是发生于湍流大气之中的，影响蒸发速度的主要原因是湍流交换，并非分子扩散。考虑到自然蒸发的实际情况，影响蒸发速度的主要因子有四个：水源、热源、饱和差、风速与湍流扩散强度。

1. 水源

没有水源就不可能有蒸发，因此开阔水域、雪面、冰面或潮湿土壤、植被是蒸发产生的基本条件。在沙漠中，几乎没有蒸发。

2. 热源

蒸发必须消耗热量，在蒸发过程中，如果没有热量供给，蒸发面就会逐渐冷却，从而蒸发面上的水汽压降低，于是蒸发减缓或逐渐停止。因此蒸发速度在很大程度上取决于热量的供给。实际上常以蒸发耗热多少直接表示某地的蒸发速度。以上海为例，如图 5.5 所示，上海夏季和秋季蒸发耗热比较多，亦即蒸发速度比较大，这是因为夏季和秋季上海地区土壤和水的温度比较高，因而有足够多的热源供给蒸发。

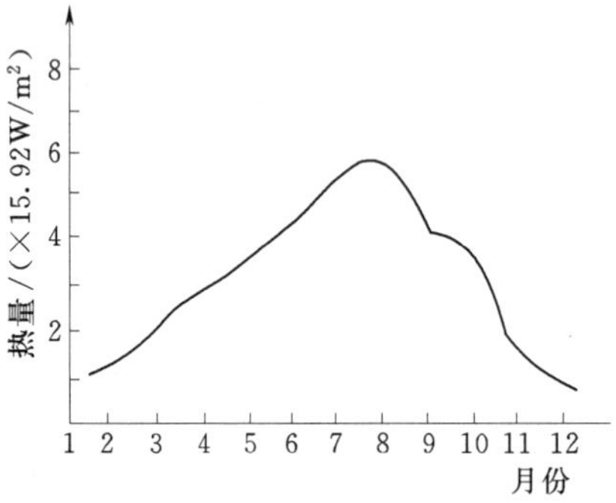

图 5.5　上海蒸发耗热的年变化

3. 饱和差（e_s-e）

蒸发速度与饱和差成正比，严格说，此处的 e_s 就由蒸发面的温度算出，但通常以一定气温下的饱和水汽压代替。饱和差越大，蒸发速度也越快。

4. 风速与湍流扩散

大气中的水汽垂直输送和水平扩散能加快蒸发速度。无风时，蒸发面上的水汽单靠分子扩散，水汽压减小得慢，饱和差小，因而蒸发缓慢。有风时，湍流加强，蒸发面上的水汽随风和湍流迅速散布到广大的空间，蒸发面上的水汽压减小，饱和差增大，蒸发加快。

除上述基本因子外，大陆上的蒸发还应考虑到土壤的结构、湿度、植被的特性等。海洋上的蒸发还应考虑水中的盐分。

在影响蒸发的因子中，蒸发面的温度通常是起决定作用的因子。由于蒸发面（陆面及水面）的温度有年、日变化，所以蒸发速度也有年、日变化。

5.3.3　蒸发量的确定

1. 水量平衡法

水量平衡法是基于水量平衡原理的基本思想提出的，即先明确均衡体及各水均衡要素，然后测定或估算各计算时段内除蒸散发外的其他水均衡要素，最后求出水均衡余项蒸散发，该方法也称水均衡法。

$$ET \cdot A = P \cdot A + I - R - D - \Delta S \tag{5.7}$$

式中：ET 为蒸散发，mm；A 为区域面积，m^2；P 为降水，mm；I 为区域外调水，

m^3；R 为流出区域的地表地下径流，m^3；D 为深层渗漏，m^3；ΔS 为土壤储水变化量，m^3。

2. 蒸渗仪法

蒸渗仪是一种装有土壤和植被的容器，同时测定蒸发和蒸腾。其原理是将蒸渗仪埋设于自然土壤中，并对其土壤水分进行调控来有效地模拟实际的蒸散过程，再通过对蒸渗仪的称重，就可得到蒸散量。这种方法在农田蒸散研究中是最为有效和经济的实测方法。

3. 涡度相关法

涡度相关方法首次由斯温班克在 1951 年提出，1961 年代尔做了第一台涡动通量仪。后来经过一系列改进，形成了现在的涡度相关仪。这是一种用特制的涡动通量仪直接测算下垫面显热和潜热的湍流脉动值，而求得蒸散发量的方法。其计算公式为

$$E=-\rho\,\overline{w}q \tag{5.8}$$

式中：E 为瞬时蒸发值；ρ 为空气密度；$\overline{w}$ 为垂直风速脉冲值；q 为湿度的瞬时脉冲值。

4. 红外遥感法

红外遥感法就是利用多时相、多光谱及倾斜角度的遥感资料综合反映出下垫面的几何结构和湿热状况，特别是表面红外温度与其他资料结合起来能够客观地反映出近地层湍流通量大小和下垫面干湿差异，使得遥感方法比常规微气象方法精度高，尤其在区域蒸发计算方面具有明显的优越性。遥感中可见光、近红外光和热红外波段的数据反映了植被覆盖与地表温度的时空分布特征，可用于能量平衡中净辐射、土壤热通量、感热通量组分的计算，1973 年布朗和罗森博格根据热量平衡原理提出了遥感蒸散模式。

5. 波文比-能量平衡法

波文比 β 是显热通量 P 与潜热通量 LE 之比，可表示为

$$\beta=\frac{P}{LE}=\frac{C_p pK_h\dfrac{\Delta T}{\Delta Z}}{0.622LK_v\dfrac{\Delta e}{\Delta Z}}=\gamma\frac{K_h}{K_v}\frac{\Delta T}{\Delta e} \tag{5.9}$$

式中：$P=C_p pK_h\dfrac{\Delta T}{\Delta Z}$；$LE=0.622LK_v\dfrac{\Delta e}{\Delta Z}$；$K_h$ 和 K_v 分别为显热和潜热的涡流传递系数；L 为蒸发潜热；C_p 为等压比热；p 为大气压；Δz 为高度差；ΔT 和 Δe 分别为同一高度差的温度差和饱和水汽压差；γ 为指通风干湿表用的湿度常数。

用波文比表示的能量方程可写为

$$LE=\frac{R-B}{1+\beta} \tag{5.10}$$

式中：E 为蒸发量；R 为净辐射，MJ/(m^2 · d)；B 为土壤热通量，MJ/(m^2 · d)，视显热和潜热的涡流传递系数 K_h 和 K_v 近似相等，则 $\beta=\gamma\dfrac{\Delta T}{\Delta e}$，将其代入式(5.10)，推导后得到

$$E=\frac{(R-B)}{L(1+\gamma\Delta T/\Delta e)} \tag{5.11}$$

6. 空气动力学方法

空气动力学法是桑斯威特和霍尔茨曼于1939年利用近地边界层相似理论首次提出的，它通过测定作物冠层上方的水汽运动速率以测定蒸发蒸腾量。在一个均匀的植物冠层上方，从几个不同水平上分别测定空气的水汽压和流动速度，然后将有关测定值联合起来可确定瞬时蒸发蒸腾速率，将这些频繁的瞬时数值累加起来，可以计算出一天的蒸发蒸腾量。

7. 能量平衡-空气动力学综合法

彭曼于1948年将能量平衡原理和空气动力学原理结合起来，首次提出了著名的彭曼公式，尔后于1953年又提出了植物单叶气孔的蒸腾计算模式。康威于1959年将气孔阻抗的概念推广到整个植被冠层表面。蒙泰斯于1965年在彭曼和康威工作的基础上，提出了冠层蒸散计算模式，即著名的彭曼-蒙泰斯模式，其计算公式为

$$LET_0=\frac{\Delta(R-B)+\rho C_p(e_s-e)/r_a}{\Delta+\gamma(1+r_s/r_a)} \tag{5.12}$$

式中：Δ 为空气平均温度下的饱和水汽压随温度变化的斜率，kPa/℃；e_s 为平均温度下的饱和水汽压，kPa；e 为实际水汽压，kPa；r_a 为空气动力学阻力系数，s/m；r_s 为冠层阻力系数，s/m；其他符号含义同前。

对于参考作物牧草而言，对参数简化后能得到世界粮农组织（FAO）推荐的PM公式：

$$ET_0=\frac{0.408\Delta(R-B)+\gamma\dfrac{900}{T+273}u_2(e_s-e)}{\Delta+\gamma(1+0.34u_2)} \tag{5.13}$$

式中：u_2 为2m高处的风速，m/s；T 为气温/℃；其他符号含义同上式。

8. SPAC水分传输综合模拟法

菲利普于1966年提出了比较完整的“土壤-植物-大气连续体”的概念。菲利普认为，SPAC系统尽管界面介质不同、界面不一，但在物理上却是一个统一的连续体，水在该系统中运动的各种流动过程，就像链一样互相衔接，而且完全可以应用统一的能量指标——水势，来定量研究整个系统中各个环节的能量水平的变化，并计算出水分运动的能量。SPAC理论的意义在于从理论上提出了水在土壤-植物-大气系统转化运移的一般规律。由于SPAC系统侧重于水分和能量垂直传输的研究，因此它的研究比较适合于水分以垂直传输为主的干旱区域或田间小尺度范围。在SPAC中，由于统一了能量关系，为分析和研究水分运移、能量转换的动态过程提供了方便，对蒸散的物理与生物机制、农林生产、水资源利用和节水农业都有很大的作用。

9. 互补相关法

布切特于1963年提出了实际蒸发与可能蒸发之间的互补相关原理，他认为，当区域全部湿润时，实际蒸散发和可能蒸散发均等于湿润条件下的陆面蒸散发量，当实际蒸散发小于陆面蒸散发时，可能蒸散发就有相应的增加，而且还认为增加量等于减

少量。因为实际蒸散发降低时会释放一些热量，它影响地面上的空气状态，主要在空气温度、湿度和湍流特征方面，这些状态的改变导致可能蒸散发有等量的增加。如果释放的热量不能改变可利用能量（净辐射与地面热通量之差）且没有其他热量余项时，将有两个关系，合并后即得互补关系：

$$E_T + E_{TP} = 2E_{TW} \tag{5.14}$$

式中：E_T 为陆面蒸散发，mm/d；E_{TP} 为蒸散发能力，mm/d；E_{TW} 为充分供水条件下的蒸散发量，mm/d。

5.4 水分方程和可降水量

空气中水汽随着气流不断输送，在水汽输送过程中还伴随有水的相位变化。本节略述与水文有关的水分方程。

5.4.1 水汽平衡方衡（法）

对于一个空气块（微团）来说，水汽平衡方程（每单位质量）可写成：

$$\frac{dq}{dt} = e - c + g\frac{\partial D_q}{\partial p} \tag{5.15a}$$

式中：q 为比湿；e 为空气块（每单位质量）的蒸发率；c 为其凝结率；D_q 为大气内，单位面积水汽的垂直扩散率；其他符号含义同前。

上式表示，空气块的比湿的变化决定于蒸发（水汽源）、凝结（水汽汇）、水汽的垂直扩散（源或汇）。在大尺度运动下不计水平方向水汽扩散的作用。此外，在行星边界层内，下垫面直接给大气补给水汽，垂直扩散过程颇为重要。

现将式（5.15a）展开并讨论如下：

$$\begin{aligned}\frac{dq}{dt} &= \frac{\partial q}{\partial t} + \mathbf{V}\cdot\nabla q + \omega\frac{\partial q}{\partial p} \\ &= \frac{\partial p}{\partial t} + \nabla\cdot q\mathbf{V} + \frac{\partial(q\omega)}{\partial p} - q\left(\nabla\cdot\mathbf{V} + \frac{\partial\omega}{\partial p}\right)\end{aligned} \tag{5.15b}$$

利用连续方程

$$\nabla\cdot\mathbf{V} + \frac{\partial\omega}{\partial p} = 0$$

上式右方最后一项为零，并将它代入式（5.15），得到

$$\frac{\partial q}{\partial t} + \nabla\cdot q\mathbf{V} + \frac{\partial(q\omega)}{\partial p} = e - c + g\frac{\partial D_q}{\partial p} \tag{5.16}$$

将式（5.16）改成垂直积分的形式，考虑从地面处的气压 p_s 到一个高度 z_T，其处气压为 p_T 的一个空气柱，对式（5.16）积分得到可降水——单位截面上气柱（或某段气柱）的汽态水总量，以 g/cm^2 或折合为液态水深 mm 计为

$$\int_{p_T}^{p_S} q\frac{dp}{g} = W \tag{5.17}$$

及整层气柱中水汽通量散度——单位时间里，在单位体积（它的底面积为 1cm^2、高

度 1hPa）内汇合进来或辐射出去的水汽克数，以 g/(s・cm^2・hPa）计为

$$\int_{p_T}^{p_S} \nabla\cdot q\boldsymbol{V}\frac{\mathrm{d}p}{g}=\nabla\cdot\boldsymbol{Q} \tag{5.18}$$

于是式（5.16）变为

$$\frac{\partial W}{\partial t}+\nabla\cdot\boldsymbol{Q}-\left[\frac{(q\omega)_T}{g}-\frac{(q\omega)_S}{g}\right]=\int_{p_T}^{p_S}(e-c)\frac{\mathrm{d}p}{g}-[(D_q)_T-(D_q)_S] \tag{5.19}$$

就平均情况来说，q 随着高度减小得很快，因此，在 q 以极小的高度上，$q_T=0$，$(q\omega)_T=0$，$(D_q)_T=0$。由于局地地面气压变化一般极小，$\omega_S=0$，所以 $(q\omega)_S=0$。

还可注意到：

$$\lim_{p\to p_S} D_q=E$$

式中：E 为地面单位面积的蒸发率。
$E<0$ 表示凝结。所以式（5.19）可写成：

$$\frac{\partial W}{\partial t}+\nabla\cdot\boldsymbol{Q}-E=\int_{p_T}^{p_S}(e-c)\frac{\mathrm{d}p}{g} \tag{5.20}$$

上式右边这一个项不能直接观测和计算。然而通常假定它为

$$\int_{p_T}^{p_S}(e-c)\frac{\mathrm{d}p}{g}=-P \tag{5.21}$$

式中，P 实际上代表气柱中水汽的凝结率，在凝结率等降水率的前提下，可把 P 看作降水率。当气柱中所凝结水汽物不降落或形成了的云被吹走，或气柱中的云雨微滴均蒸发掉，这个假定就无多大意义。然而，就一个较大区域面积上的平均情况来说，在云中所储藏的凝结物的水量与输入（出）云中的液态水同大气中的水汽含量相比，要小得多，可忽略不计，所以这个假定不会引起多大的误差。

于是式（5.20）可写成

$$\frac{\partial W}{\partial t}+\nabla\boldsymbol{Q}=E-P$$

在所考虑的区域面积 A 上取平均，就得到

$$\frac{\partial\langle W\rangle}{\partial t}+\frac{1}{A}\iint_{\Delta}\nabla\boldsymbol{Q}\,\mathrm{d}A=\langle E-p\rangle \tag{5.22}$$

不论就概念还是就计算目的来说，可把上式左边第二项看作穿越区域边界的净水汽通量。应用高斯定理，把它变换成沿着区域边界 l 上的线积分：

$$\frac{1}{A}\iint_{\Delta}\nabla\boldsymbol{Q}\,\mathrm{d}A=\frac{1}{A}\oint_{l}\boldsymbol{Qn}\,\mathrm{d}l \tag{5.23}$$

其中

$$\oint_{l}\boldsymbol{Qn}\,\mathrm{d}l=\int_{P_T}^{p_S}\left\{\oint_{l}qV_n\,\mathrm{d}l\right\}\frac{\mathrm{d}p}{g} \tag{5.24}$$

把式（5.23）代入式（5.22），求时段 $T=t_2-t_1$ 内的平均值，得到

$$\frac{\langle W_2 - W_1 \rangle}{T} + \frac{1}{A}\oint_l \overline{Qn}\,\mathrm{d}l = \overline{\langle E - P \rangle} \tag{5.25}$$

可见，地面上平均蒸发率和平均降水率之差，等于所讨论的气柱内水汽含量的平均变化率与穿过气柱竖直侧面面积平均水汽输送率之和。后者是用比湿和垂直于气柱侧面的风速分量之乘积的平均值来计算，这就是用水汽通量散度平均值来计算的。

式（5.25）就是常用的水汽平衡方程。若已知道一个区域一定时段积的平均降水量、水汽通量散度和时段始末的气柱内可降水之差，就可求得该面积的蒸发量，即

$$\overline{E} = \overline{P} + \frac{1}{A}\oint_l \overline{Qn}\,\mathrm{d}l + \frac{\langle W_2 - W_1 \rangle}{T} \tag{5.26}$$

5.4.2 大气可降水量

1. 定义

把单位面积整个大气柱中的水汽全部凝结并降至地面的水量称为可降水量。

2. 大气可降水量的计算

设有一单位横截面积（$1\mathrm{cm}^2$）、厚度为 $\mathrm{d}z$ 的湿空气块，其所有的水汽量为

$$\mathrm{d}W = \rho_v \mathrm{d}z \tag{5.27}$$

式中：ρ_v 为水汽的密度，$\mathrm{g/cm^3}$；W 为大气可降水量，mm。

利用流体静力学方程，并从地面（$z=0$，$p=p_s$）到高度 $z(p=p_T)$ 对式（5.27）积分，便得到从地面到高度 z 气柱内的水汽量，即可降水量：

$$W = \int_0^z \rho_v \mathrm{d}z = -\int_{p_s}^{p_T} \frac{\rho_v}{\rho}\frac{1}{g}\mathrm{d}p = \frac{1}{g}\int_{p_T}^{p_s} q\,\mathrm{d}p$$

式中：q 为比湿，g/kg；g 为重力加速度，$\mathrm{cm/s^2}$，设 g 为常数，等于 $980\mathrm{cm/s^2}$，并代入上式，得到

$$W = 0.01\int_{p_T}^{p_s} q\,\mathrm{d}p \tag{5.28}$$

对于地面以上整个大气柱中的总可降水，则上式改写为

$$W = \frac{1}{g}\int_0^{p_s} q\,\mathrm{d}p \tag{5.29}$$

利用高空探测资料（气温和露点），由上式计算可降水量。计算步骤如下：

（1）把露点代入式（1.59），求水汽压 e(hPa)。

（2）把有关的气压 p(hPa) 和水汽压 e(hPa) 代入比湿公式：

$$q = 0.622\frac{e}{p - 0.37e}$$

就可计算各高度上的比湿。

（3）把已求得的各高度上的比湿 q 填在温度对数压力图上，则比湿曲线与纵坐标所包围的面积数值相当于可降水量（图 5.6），或用式

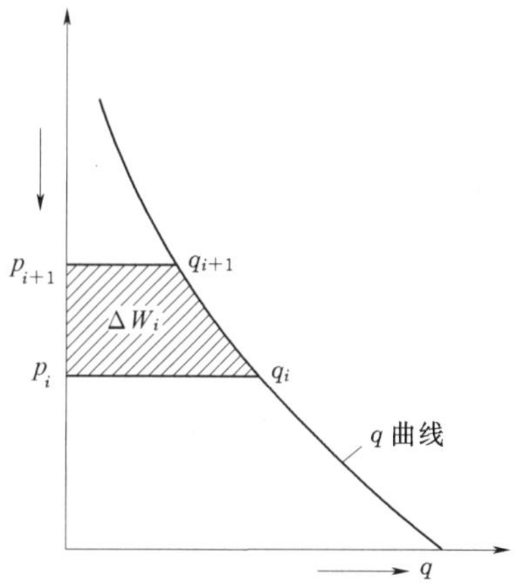

图 5.6 比湿与气压的关系

(5.17) 的差分形式计算地第 i 到 $i+1$ 气层的可降水：

$$\Delta W_i=\frac{1}{g}\frac{1}{2}(q_i+q_{i+1})(p_i-p_{i+1})=\frac{1}{2g}(q_i+q_{i+1})\Delta p_i \tag{5.30}$$

求各气层的可降水之和，就得到单位横截面气柱的总可降水量，即

$$W=\sum_i^n \Delta W_i=\frac{1}{2g}\sum_i^n (q_i+q_{i+1})\Delta p_i \tag{5.31}$$

5.5　凝　　结

资源 5.4

大气中的凝结现象

5.5.1　大气中的水汽凝结条件

水汽由气态变成液态的过程称为凝结。水汽直接转化为固态的过程称为凝华。大气中凝结或凝华的必要条件是：有凝结核或凝华核存在、大气中的水汽要达到饱和或过饱和状态。

1. 凝结核和凝华核

试验证明在纯净空气中即使是在过饱和情况下，水汽凝结成水滴也是非常困难的。可是实际大气中云、雾等水汽凝结的现象却是经常发生的，甚至有时当饱和程度还不到 100%时，凝结就产生了。其原因在于大气中存在着大量的固体微粒，水汽就以这些微粒为核心凝结，因此固体微粒又称为凝结核。若水汽直接在其上凝华成冰晶时，它的核心就称为凝华核。

大气中凝结核的半径为 $10^{-7}\sim10^{-3}$cm。凝结核可分为可溶性核和不可溶性核两类，后者由土壤、岩石微粒、烟粒、有机物、细菌等组成。属于可溶性凝结核的是海浪飞沫在空气中蒸发后，悬浮于大气中的微小盐粒。当这种盐粒吸收水汽后变成浓溶液，这样的溶液微滴在较小的相对湿度下也会增长变大。所以，凝结核是大气中水汽凝结的必要条件之一。

凝华核大都为尘埃、炭黑、燃烧灰烬等物质组成。

当水汽达到饱和状态，水汽在核上凝结成一层薄冰，然后冻结成冰晶的核，称冻结核。

根据大量试验，认为碘化银（AgI）为最常用的人工成冰核。因为碘化银晶体与冰晶相近，有一定的亲冰性，不溶于水。

2. 有利水汽凝结的气象条件

在水汽一定的条件下，产生凝结的重要的途径是湿润空气上升。由于气压降低，上升的湿空气膨胀冷却，温度降低，水汽达到饱和。使得湿空气上升的天气条件有：气旋、台风、热低压、低涡、切变线、飑线、锋面等等。在这些天气系统出现时，或强或弱都有空气的上升运动，都有云系，以致产生降水。

5.5.2　地表面的凝结现象

当空气与冷的地面或物体接触时，若贴近地面或物体上的气层温度下降到露点时，气层中的水汽便达到饱和，如果温度再继续下降，多余的水汽便开始在地面或物

体表面上凝结，从而产生露、霜、雾凇、雨凇等凝结物。

1. 露和霜

（1）露。露是凝结在地表或地物上的微小水滴，它由潮湿的空气与较冷的物体表面相接触形成的，这时较冷物体表面的温度应不低于0℃。这种微小的水滴以后又合并成较大的水滴，即露珠。露通常形成于黄昏或夜间，这时地面或物体表面因辐射冷却降温，可达露点以下。所以形成露的有利条件是天空无云或有很薄的高云而有微风的夜间，这时可使辐射冷却在较厚的气层中充分进行。

露的水量很少，在温带夜间露最多相当于0.1～0.3mm的降水量，但在热带地区多露之夜可相当于3mm的降水量，平均约1mm的降水量。露的水量虽然有限，但对植物的生长有利，特别是在干旱地区和干旱季节，夜间的露常有维持植物生命的功用。

（2）霜。霜是白色具有晶体结构的水汽凝华物，它的形成原因和形成的天气条件与露相似，不同点在于：露是当地面及其他地物温度高于0℃时形成的，而霜是在0℃以下才能形成。形成霜时百叶箱（离地面1.5m高）内的气温不一定低于0℃，但地表面及地物表面温度均在0℃以下。除了辐射冷却所形成的霜外，在冷平流以后或洼地上聚集冷空气时都有利于霜的形成。这种霜常被称为平流霜或洼地霜，它们又常因辐射冷却而加强。

霜和霜冻是有区别的，霜冻是因为气温剧降所引起的植物受冻现象，有霜时农作物不一定遭受霜冻之害。有霜冻时可以有霜出现（白霜），也可以没有霜出现（黑霜）。因此要预防的是霜冻而不是霜。早霜冻（或初霜冻）和晚霜冻（或终霜冻）对农作物的威胁较大，需采用熏烟、浇水、覆盖等预防措施。

2. 雾凇和雨凇

（1）雾凇。雾凇是水汽在树枝、电线和地物凸出表面上形成的凝华物，多见于寒冷而湿度高的天气条件下，例如，我国高山区以及东北地区的东部较多出现。根据其形状可分为粒状雾凇和晶状雾凇两种。

粒状雾凇出现在气温－7～－2℃有雾且风速相当大的天气里，它是由于风的作用，将过冷却的雾滴吹到物体表面冻结而成。形态呈球形，直径约为0.02～0.03mm。由于雾滴与物体接触时冻结很快，从而保留了原来雾滴的形状。

晶状雾凇是一种结晶现象，它的结晶形状和霜的结晶相似，结构松散，稍有抖动就会脱落。晶状雾凇形成的天气条件是：气温为－15℃左右，有雾（或空气呈过饱和），微风。它可以由空气中过饱和水汽在物体表面直接凝华而成，也可以由雾滴蒸发的水汽形成。因为冰面的饱和水汽压小于同温度的过冷却水面的饱和水汽压，因此在有过冷却雾的条件下，更有利于晶状雾凇的增长。虽然雾凇和霜在形状上相似，但在形成过程中却有差别。霜主要是在晴朗微风的夜晚形成，而雾凇可以在任何时间内形成。此外，霜形成在强烈辐射冷却的水平面上，雾凇主要形成在垂直面上。雾凇聚集在电线上，严重时可以压断电线，使输电、通信造成障碍，不过其危害程度比雨凇小。

（2）雨凇。雨凇是在地面或地物的迎风面上形成的透明的或呈毛玻璃状的紧密冰层。它是由过冷却的雨或过冷却的毛毛雨滴在所接触到的物体表面上形成的。它可以发生在水平面上，也可发生在垂直面上，与风向有很大关系，总是在迎风面聚集得较多。雨凇的破坏性很大，它能压断电线，折断树木，中断通信、输电；坚硬的冰层使覆盖于下的庄稼糜烂，农牧业和交通运输等方面会受到很大程度的损失。

5.5.3　近地面层中空气的凝结现象

雾是近地面层空气的凝结现象。它是由悬浮在空气中的小水滴或冰晶所组成的，其下层与地面相连接。由于雾的存在，空气中的能见度大大减小，若水平方向能见度（正常人视力能将目标物从背景中区分出来的最大距离所对应的等级，能见度以 m 或 km 为单位）降低到 1km 以内时，称这种漂浮在近地面气层中的水汽凝结物为浓雾；如果雾很薄，水平能见度在 1～10km 时，称为轻雾（霭）。雾的水滴半径约为 10^{-4} cm 以下。当温度降低到 0℃以下时，雾就由过冷水滴和冰晶组成，温度越低，冰晶所占的比例越大。

在陆地上的尘埃、工业区的烟粒漂浮在空气中，也足以使能见度降低，当能见度小于 10km 时，便叫霾。如果远处景物的颜色为黯黑色，有霾时就变为淡蓝色；如果远处的颜色为白色（如远山积雪），这时霾变成浊黄色或者橙黄色。

1. 雾的形成条件

形成雾的基本条件是，近地面层空气中水汽充沛，有使水汽凝结的冷却过程，有凝结核存在。

2. 雾的分类

根据雾形成的天气条件，可将雾分为以下几种类型：

（1）辐射雾。由于夜间地面辐射冷却，直接使近地面气层变冷而形成的雾，称为辐射雾。有利于辐射雾形成的条件是：空气中有充足的水汽，风力微弱而晴朗少云，有逆温存在。秋冬季节地面常为稳定的气团所控制，夜间长波辐射较强，有利于辐射雾的形成。另外盆地、谷地和雨后潮湿的土壤表面，都有利于辐射雾的形成，因为这些地方水汽充足，湿度大。

辐射雾有明显的日变化，日落以后，因近地层空气辐射冷却形成雾；日出后，地面增温，近地面层逆温被破坏，使雾蒸发消散或上升成云。气层逆温越强，也即越稳定时，雾消散越慢，这预兆着白天将是一个晴好的天气。

辐射雾有明显的地方性。四川盆地是我国有名的辐射雾区，其中重庆冬季无云的夜晚或早晨，雾出现的频率可达 80%，有时终日不散，甚至连续几天。

城市及其附近，凝结核充沛，因此易形成浓雾（常称为都市雾）。

（2）平流雾。平流雾是当暖空气移到冷的下垫面上时所形成的雾，它的范围广而且深厚。平流雾常发生在以下几种情况下：

1）冬季热带气团向高纬寒冷区域移动时所形成的雾。

2）暖季大陆上的暖气团移动到较冷的海面上而形成的雾，春末夏初我国山东半岛一带所形成的雾及即属此类。

3）冬季海洋暖气团移到冷的大陆上时形成的雾，也称海雾。

4）空气由暖海面移到冷海面时形成的雾。这是在冷、暖洋流汇合的地带形成的海雾。

有利于平流雾生成的条件是：移来的空气是暖湿的；移来的空气与下垫面之间的温差大；风速在 3～7m/s 时最为合适。若风速太小，使移来的空气与下垫面之间热量交换仅限于贴地的薄层空气中；风速过大，则引起强烈的扰动，水汽上传，也不利于雾的形成。平流雾可在一天中的任何时间形成，但在夜间，平流雾可因辐射冷却而加强；相反地，白天的增温又可使之减弱。

平流雾的范围和厚度一般比辐射雾大，在海洋上一年四季都可出现。由于它的生消主要取决于有无暖湿空气平流，所以只要有暖湿空气不断流来，雾就持久不散，且范围广。我国沿海地区，以春夏为多雾季节，因为只有当夏季风盛行时，具有平流性质的海雾才能到达陆上。在陆上，由于平流冷却和辐射冷却共同作用形成的雾称为平流辐射雾。

(3) 蒸发雾。蒸发雾是冷空气移到暖水面上时，暖水面因温度高，饱和水汽压大而蒸发，其蒸发的水汽使低层空气达到饱和产生凝结形成的雾。如果冷空气长期停留在暖水面上，就会因为不断受暖水面的影响使底部空气温度升高，气层趋于不稳定，从而使雾抬升离地或消失。蒸发雾常常可以在冬季的北冰洋上看到，这种海面上的烟雾腾腾的现象叫做极地烟雾（或北极烟）。另外，在秋季和冬季的早晨，也常常可以看到因夜晚辐射冷却而变冷的空气移到河流、湖泊等水面所产生的一种水面冒汽的现象，这也是一种蒸发雾，常称为水面轻雾。

以上三种雾都发生在气团内部，因此可通称为气团雾。

(4) 锋面雾。锋面雾是发生于冷暖性质不同气团的交界处——锋面附近的雾。形成原因主要是暖气团的降水到达冷空气层时，雨滴在冷空气层中蒸发，使冷空气达到饱和，水汽凝结而成。此外在锋区处，由于冷暖空气的水平混合，也可使水汽达到饱和而形成雾，这也是锋面雾，又称锋际雾。

(5) 上坡雾。湿空气沿山坡稳定上升时绝热冷却而形成的雾称为上坡雾。我国高原地区迎风山坡上，经常见到这样的雾。

(6) 混合雾。两种接近饱和而温度差别较大的空气，相互混合，温度相应降低的湿空气中出现的雾。这种雾多数出现在海岸。

3. 雾的地理分布

一般是沿海多于内地，高纬多于低纬，因为沿海地区水汽较内陆丰富，而高纬比低纬气温低，这些都有利于近地面气层空气达到饱和而凝结。因此我国沿海地区雾日较多。但是地处我国西南内陆的四川、贵州一带雾日也较多，这是由于受当地特殊的地形——盆地和云贵高原的影响，使这里降水量较多，水汽充足且不易流走，因此具有形成雾的有利条件。

4. 雾的危害

大雾天气不仅造成能见度很低，影响交通安全，同时对高压输电线路造成严重影响，形成“污闪”现象。

近 20 多年来，由于大气污染不断加剧，空气中的各种酸、碱、盐、胺、酚、苯、重金属微粒、灰尘等污染物不断增多。这些污染物降落到输电线路的绝缘瓷瓶串上，便形成污秽集合物，日积月累，就好像给瓷瓶套上一件“尘衣”。当大雾天气出现时，组成大雾的小水滴就会不断浸湿“尘衣”。时间一长，污秽物中的可溶性电解质就被溶解，在高电压的作用下，泄漏电流就会明显增大。由于瓷瓶上污染物分布不均，被雾滴浸湿的程度也不同，从而引起电压分布不均，输电线路受到干扰，在无绝缘效果或绝缘效果较差的线路部位就会出现局部电弧，从而导致全网断电，这就是人们常说的“污闪”事故。

“污闪”事故的危害是很大的。1991年2月9日，华北地区被一场持续的大雾笼罩，使电网接连发生“污闪”事故，先后有13条220kV线路和25条110kV线路多次跳闸，造成了石家庄地区大面积停电，给工农业生产和人民生活带来严重影响。

5.5.4 大气中的空气凝结现象

云是大气中的空气凝结现象，是产生降水的预备条件。

云也是由空气中的水滴和冰晶组成的。云和雾的区别在于：雾的下层贴近地面，是发生在低空的水汽凝结现象，而云是发生在高空的水汽凝结现象，其下界是不和地面相连的（山区除外）。

因为云的形成和大气中的水汽含量、气层的稳定状况直接有关，所以利用云量的多少、云的形态特征，可推断大气的某些动态、静态特性。目前气象雷达和卫星都是以观测云为主要对象，卫星拍摄的云图已成为天气预报的重要资料之一。

1. 云的形成条件

使水汽达到饱和而凝结是云形成的基本条件。形成云的过程就是使空气中的水汽达到饱和或过饱和的过程。对于云层的形成来说，其过饱和主要是空气上升的绝热冷却引起的。

2. 大气产生上升运动主要途径

（1）动力抬升。暖湿气流受锋面、辐合气流的作用被迫上抬，或在运行中受地形阻挡产生上升气流。

（2）热力对流。大气层结不稳定或地面受热不均匀而产生上升运动。由对流运动形成的云多属积状云。

（3）动力上升与热力对流相结合。潜在不稳定气流整层被抬升到凝结高度以上，由于潜在不稳定能量的释放形成强烈的上升运动。除了动力抬升以外，有时低层的绝对不稳定气流造成的局地对流也可把整层的潜在不稳定气流抬升到凝结高度以上。

5.6 降　　水

资源5.5

降水

5.6.1 降水概述

从云中降到地面上的液态或固态水，称为降水。降水虽然主要来自云中，但有云不一定有降水。这是因为云滴的体积很小（通常把半径小于100μm的水滴称为云滴，半径大于100μm的水滴称为雨滴）。标准云滴半径为10μm，标准雨滴半径为1000μm。从体积来说，半径1mm的雨滴约相当于100万个半径为10μm的云滴。只有当雨滴增长到能克服空气阻力和上升气流的顶托，并且在降落至地面的过程中不致被蒸发掉时降水才形成。

1. 降水形成条件

降水形成过程是云滴增长成雨滴的过程。其形成条件有：水汽条件、垂直运动条件、云滴增长条件。前两个条件是云滴形成的条件，是宏观过程。后一过程是雨滴形成的条件，是一微观过程。

2. 云滴增长方式

(1) 水汽在云滴上（在冰晶上凝华）增长。通常是云滴的实际水汽压小于周围大气的饱和水汽压。云滴因水汽的凝结（凝华）而增大。但是，不论是凝结增长过程，还是凝华增长过程，都很难使云滴迅速增长到雨滴的尺度，而且它们的作用都将随云滴的增大而减弱。可见要使云滴增长成为雨滴，势必还有另外的过程，这就是冲并增长过程。

(2) 云滴冲并增长。云滴经常处于运动之中，这就可能使它们发生冲并，大小云滴之间发生冲并而合并增大的过程，称为冲并增长过程。

云内的云滴大小不一，相应地具有不同的运动速度。大云滴下降速度比小云滴快，因而大云滴在下降过程中很快追上小云滴，大小云滴相互碰撞而黏结起来，成为较大的云滴。在有上升气流时，当大小云滴被上升气流向上带时，小云滴也会追上大云滴并与之合并，成为更大的云滴。云滴增大以后，它的横截面积变大，在下降过程中又可合并更多的小云滴。这种在重力场中由于大小云滴速度不同而产生的冲并现象，也称为重力冲并。

上述两种云滴增大过程在云滴转化为降水的过程中始终存在。但观测表明，在云滴增长的初期，凝结（或凝华）增长为主，冲并为次。当云滴增长到一定阶段（一般直径达 50～70mm）后，凝结（或凝华）的过程退居次要地位，而以重力冲并为主。在低纬度地区，云中出现冰水共存的机会较少，形成所谓暖云（指整个云体的温度在0℃以上，云体由水滴构成，又称为水成云）降水，这时冲并作用更为重要。

3. 降水的种类

区分降水的种类常依据降水量、降水强度以及持续稳定的状况而定。

(1) 按降水强度分。按降水强度的大小，降水可分为小雨、中雨、大雨、暴雨、大暴雨、特大暴雨、小雪、中雪、大雪等。其划分标准见表 1.5。

(2) 按降水性质分。降水可以分为三类：连续性降水、阵性降水、毛毛状降水。

(3) 按降水成因分。水文学上把降雨成因作为降雨分类的依据，以便与径流形成、洪峰洪量相联系，这样降雨可分为：对流性降雨、气旋性降雨（又分为暖锋雨、冷锋雨和静止锋雨）、台风雨和地形雨。

4. 按降雨量和过程的特征分

按降雨量和过程的特征又可将降雨分为暴雨、暴雨-霪雨、霪雨三种类型。这里的暴雨指对流性暴雨，历时短而强度大，它在地区上笼罩的面积并不大。暴雨-霪雨指的是气旋及锋面所造成的雨，其特点是历时较长，往往达几昼夜，降雨期间降雨强度变化相当剧烈，平均强度也较大，个别时段内降雨强度特别大。这种类型的雨常常引起灾害性洪水。霪雨通常也是由锋面雨产生的，但历时长而强度小，笼罩面积很大。

从研究雨洪径流的成因看，最重要的降雨，首推暴雨-霪雨，历时短促而强度特大的局地暴雨对小流域的雨洪来说相当重要。霪雨对大流域可能有影响。

地形雨是由于地形对暖湿气流的抬升而引起的降雨现象。严格说，单纯的地形雨几乎没有，有的只是在一定的降水天气系统下，由于具有对气流抬升的地形而使降水时有所增大。地形对降雨的影响是一个较为复杂的问题。总的说来，地形雨的大小决定于山坡的坡度、风速的大小与其相对于山坡的方向、空气湿度和气层的稳定度。我国从平原地区到山区地区，例如，从华北平原向北有燕山山脉、向西有太行山脉；淮河流域西部，向西有熊耳山脉、伏牛山脉；在这些山脉的向东山坡或向南山坡，当出现暴雨时，往往雨量较多或特别大。

在迎风坡，降水量起初随着高度而增加，到了一定高度，降水量达到最大，超过这个高度，降水量随高度的增加而减少。这个高度称为最大降水量高度。这种高度因地形、降雨天气系统而异。在山脉的迎风坡，降水量一般要比背风坡的雨影区大得多，这是一种常规现象，当水汽供应充分，对流性不稳定气层较厚时，迎风的第二个山脊也会出现相当大的降水量。

台风雨是由于台风在临近地区经过或登陆我国以及深入内地时（例如，1975年8月河南特大暴雨），伴随而降的雨，历时1～3天不等，雨量特大，常会造成局地洪水泛滥。

5.6.2 降水量的地理分布和强度变化

1. 降水量的地理分布和季节分配

降水量的地理分布视气旋、低压、低压槽、锋面和台风活动的多少和地方特点而有多少之分。降水量多少和分布都可用降水量等值线（等降水量）表示。降水量在局地之间的差别和逐年变化都很大，因此，必须有多年纪录方能得到正确的等降水量线分布图。

全球降水呈带状分布。图5.7给出了全球6—8月（夏季）和12月至次年2月（冬季）降水总量的分布，它们比平均温度分布图要复杂得多。在带状分布中有三个主要特点：

（1）在赤道有一个降水最大值，其位置与热赤道一样，略偏在北半球，年降水量达1000～2000mm，在太平洋中的个别岛屿和陆地高山的迎风坡，年降水量达3000～4000mm。最大的多年平均年降水量分别为印度乞拉朋吉（Cherrapunji，23.5°N，91.7°E）的12700mm，夏威夷群岛中的考爱岛（Kauai I.，22.0°N，159.30°W）的12100mm。

（2）在副热带是一个次高值区，尽管副热带高压区是著名的干旱区，但是在这个纬度中，大陆东岸的夏季降水量还是相当多的。

（3）高纬度的降水总量很小，沙漠地带降水量最少，一般年降水量只有5～10mm。

降水量的分布与大气运动、气团和锋带的活动以及海陆分布有密切关系。分析图5.7时，要注意下列因子：

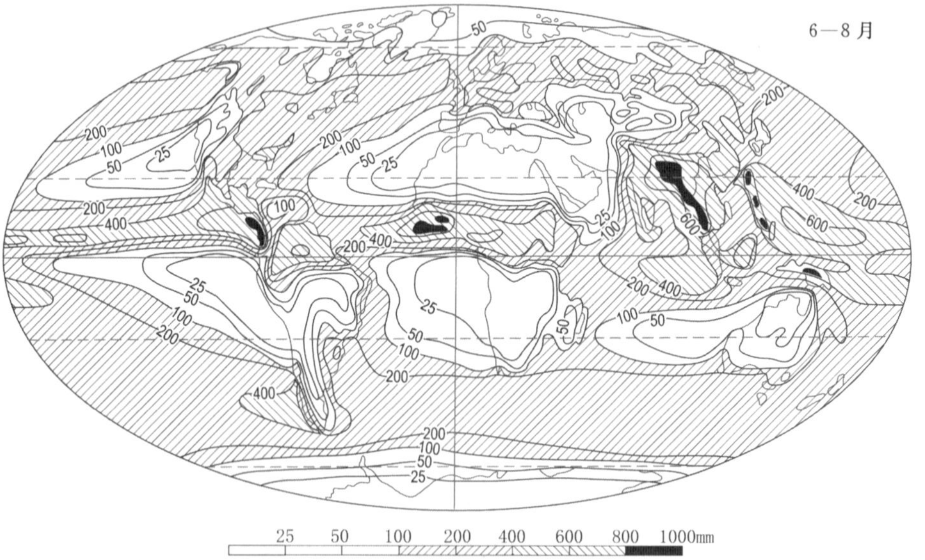

(a) 6—8 月份全球平均降水量(mm)分布

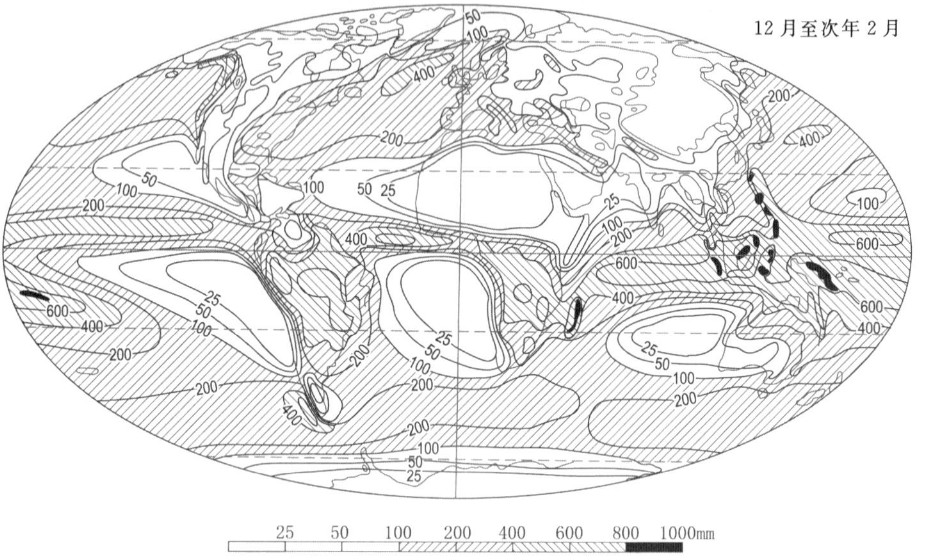

(b) 12 月至次年 2 月份全球平均降水量(mm)分布

图 5.7　世界年降水量分布图

(1) 空气温度对最大水汽含量的限制。这一点对高纬度和冬季大陆内部很重要。

(2) 纬向的水汽输送主要是由大气平流造成的。这本身反映了全球风系和它们的分布（特别是辐合的信风系统和多气旋的西风带）。

(3) 海陆分布。值得注意的是南半球缺乏像北半球那样广阔的内陆。南半球浩瀚的海洋使得中纬度的风暴增加了纬向分布的降水平均值，45°S 与 50°N 相比，前者增加了约 1/3。另外季风的影响也是不可忽视的因素，尤其是在亚洲。

(4) 山区的分布对局地盛行风的影响，也制约着降水分布。

我国幅员广大、地形复杂，因此多年平均降水量的分布非常不均匀。多年平均降水量分布的特点是：

(1) 一般说，南方降水量多，北方降水量少，例如，两广沿海地区、广东省内南岭山脉的南坡、海南岛的东北部，浙江省括苍山脉一带以及台湾省东部，江西东北部，年降水量达2000mm或更大（图5.8），一般在1500mm以上。香港年降水量可达2000mm，广东阳江的年降水量达2357mm；台湾阿里山年平均降水量达4413mm，台北的火烧寮降水量最多年达8408mm。

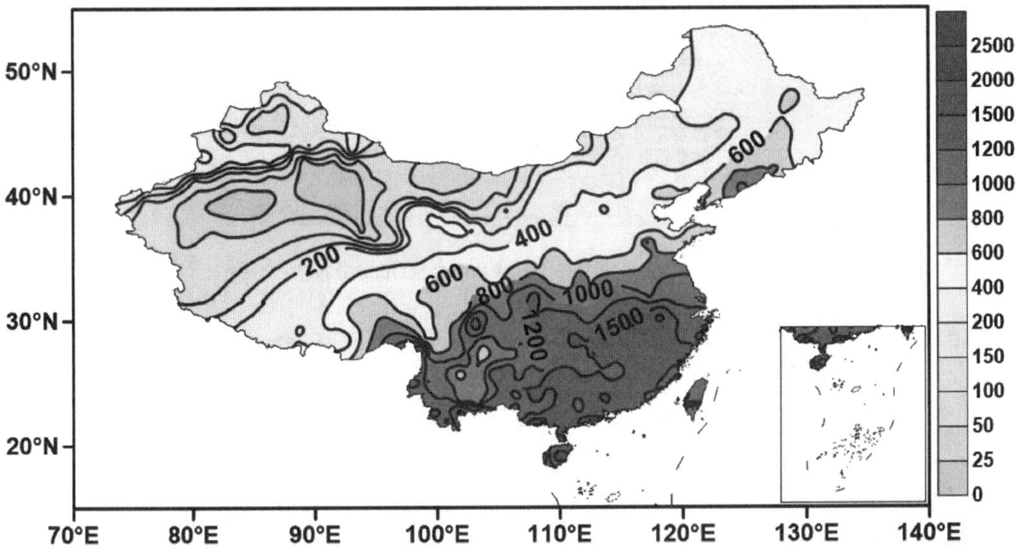

图5.8　我国全年降水量分布图（单位：mm）

(2) 降水量自东南向西北减少。东部沿海一般平均年降水量在1500mm，到了西北地区年降水量只有250mm或更少，例如新疆诺羌只有5mm。

(3) 山区降水量比平原多，例如表5.3所列各例足以说明地形对降水的影响。

表5.3　山地年降水量与邻近地区的年降水量　　单位：mm

地名	降水量	地名	降水量	地名	降水量	地名	降水量
泰山	1040.7	华山	876.5	庐山	2528.7	峨眉山	1976.1
泰安	859.1	西安	566.3	九江	1406.7	乐山	1367.5
差值	181.6	差值	310.2	差值	1122.0	差值	608.6

此外，从图5.8还可看到，鸭绿江下游、燕山和太行山脉的南坡和东坡、陕西秦岭山脉南坡、大巴山南坡、四川省西部等地的年降水量都比邻近平原地区的多。

我国东南沿海的许多岛屿，在地理位置上其降水量似应比邻近的大陆上的多，但实际上却相反，大部分岛屿上的降水量都比大陆上的少，这也是中国降水量分布上的一个特点。这主要是由于夏季大陆上多雷雨时，岛屿四周环海，气温较低，雷雨不易形成；同时风大，水汽不易集中，就难形成雷雨。岛上地势不高，地形雨就不多；气旋过境时移速大，气旋雨因而减少。这点在求沿海地区的面积平均降水量时值得注意。

2. 降水强度

降水强度是单位时间（如一年、一季、一月等）内的降水量总量与降水日数之比，也就是每一降水日平均所得的降水量。强度越大，暴雨越多。在理论计算中用的每秒降水量则称为降水率。我国各地的降水强度及其季节变化在表 5.4 中列出。

表 5.4　降水强度及其季节变化　单位：mm/d

地名	春	夏	秋	冬	全年	地名	春	夏	秋	冬	全年
广州	10.8	15.2	10.2	6.5	11.6	汉口	12.1	19.4	9.3	5.9	12.1
香港	15.0	19.7	14.9	3.9	24.2	上海	7.4	13.1	9.0	5.4	8.9
台北	11.8	19.0	9.4	5.9	11.3	北京	4.9	15.1	7.2	1.8	10.2
昆明	7.3	21.1	7.5	3.6	8.9	西安	5.3	8.3	7.6	1.8	6.6
拉萨	9.6	21.5	13.4	4.2	17.5	沈阳	5.3	10.8	6.8	1.9	7.6
重庆	8.0	13.4	7.8	2.8	8.5	兰州	3.0	8.3	3.9	1.3	4.6

由表 5.4 可知，降水强度自南向北逐渐减小。华南沿海最大，为 10～15mm，长江流域 10mm 左右，华北和东北都在 10mm 以下，西北高原降水强度则在 5mm 以下。华南不但多气旋，而且多雷雨和台风雨。所以降水强度较大。沿海的降水强度小于内陆。西南高原的降水强度一般不大，在 10mm 以下。这与该地多静止锋降雨有关。拉萨的降雨强度大，与该地位于河谷内，印度潮湿西南季风的侵入，同时多地形雨和雷雨有关。

各地各季的降雨强度均以夏季为最大，是全国普遍的现象。

各地一天的绝对最大降水量差异很大，在此把一天降水量之和大于 500mm 的地方和雨量（mm）列举于表 5.5。

表 5.5　一天降水量大于 500mm 的纪录　单位：mm

地名	雨量	地名	雨量	地名	雨量
广东南塘	516	广西北海	554.5	台湾浸水营	693
广东南俸	544	广西荷木水库	554.4	广西奇石	617
广西老虎滩	634.1	广东香港	520.8	台湾大埔	969
广西大垌	519	广东香港	534	台湾奋起潮	1034
广西东兴	511	广东海丰	532	台湾阿里山	790
广西大直	606.6	台湾大武	880	台湾二万平	698
广西那梭	630	台湾屏东某地	685	台湾达邦	870
广西三洞田	535.5	台湾潮可	1127	台湾幼叶林	861
广西龙潭	530.1	台湾近黄	500	台湾羌浓	509

续表

地名	雨量	地名	雨量	地名	雨量
台湾梓树坪	677	台湾火湖	666	安徽刘圩	553
台湾三块厝	534	台湾桃园	590	安徽江塔	589
台湾雁尔	510	台湾台北	680	江苏大丰闸	531.9
台湾竹奇	1050	福建坂头	506.8	河北七峪	643
台湾甲仙	566	福建拓荣	523	河北富岗	500.5
台湾台南	500	浙江小佐	509.7	北京东直门	609
台湾拔子	583	浙江昌禅	514.9	天津新集	543
台湾花莲港	530	浙江市岭	563.9	辽宁丹东	561
台湾天送埠	960	上海塘桥	558.2	辽宁荒沟	573.4
台湾坪林	515	江苏潮桥	652.7	辽宁下河口	526.8
台湾大南沃	541	河南杨楼	832	辽宁黑沟	645.5

从表 5.5 可看出，在台湾、广东、广西等省（自治区）一天的降水量在 500mm 到 1127mm 之间，而且这样强度的降水量南方出现的次数比北方的多很多。在北方辽宁省丹东地区也曾出现过这种强度的降水量。南方各省这种强度的降水量多半是由台风雨引起的，北方的则大都是由气旋雨造成的。

中国及世界实测最大点雨量记录见表 5.6 和表 5.7。

表 5.6　　中国实测最大点雨量

降雨历时	雨量/mm	地　点	时　间
5min	53.10	山西梅洞沟	1971 年 7 月 1 日
30min	148.40	广东东溪口	1979 年 6 月 11 日
45min	162.60	河南下陈	1975 年 8 月 5 日
60min	245.10	广东东溪口	1979 年 6 月 11 日
2h	380.90	广东东溪口	1979 年 6 月 11 日
6h	830.10	河南林庄	1975 年 8 月 7 日
24h	1672.00	台湾新寮	1967 年 10 月 17 日
3d	2749.00	台湾新寮	1967 年 10 月 17—19 日
5d	1631.00	河南林庄	1975 年 8 月 4—9 日
7d	2050.00	河北獐么	1963 年 8 月 2—8 日

表 5.7　　世界实测最大点雨量　　单位：mm

降雨历时	雨量	地　点	时　间
1min	38.0	瓜德罗普岛，巴罗特（Barot，Quadeloupo）（西印度群岛）	1970 年 11 月 26 日
8min	126.0	巴伐利亚，菲森（Fussen，Bavaria）（德国）	1920 年 5 月 25 日

续表

降雨历时	雨量	地　点	时　间
15min	198.0	普尤贝角（Plumb Point，Jamaica）（牙买加）	1916年5月12日
20min	206.0	库尔蒂-地-阿尔杰什（Custea - de - Arges）（罗马尼亚）	1889年7月7日
42min	305.0	蒙大拿，霍尔特（Holt，Mo.）（美国）	1947年6月22日
2h10min	483.0	西弗吉尼亚，罗克波特（Rockrort）（美国）	1889年7月18日
2h45min	559.0	得克萨斯，德哈尼斯（NNW27.3km）（D'Hanis）（美国）	1935年5月31日
4h30min	782.0	宾夕法尼亚，斯梅士波特（Smethport）（美国）	1942年7月18日
9h	1087.0	留尼旺，贝洛凡（Belouve）（法国）	1964年2月29日
12h	1340.0	留尼旺，贝洛凡（Belouve）（法国）	1964年2月28—29日
18h30min	1688.0	留尼旺，贝洛凡（Belouve）（法国）	1964年2月28—29日
24h	1870.0	留尼旺，芝拉奥斯（Cilaos）（法国）	1952年3月15—16日
2d	2500.0	留尼旺，芝拉奥斯（Cilaos）（法国）	1952年3月15—17日
3d	3240.0	留尼旺，芝拉奥斯（Cilaos）（法国）	1952年3月15—18日
4d	3504.0	留尼旺，芝拉奥斯（Cilaos）（法国）	1952年3月15—18日
5d	3854.0	留尼旺，芝拉奥斯（Cilaos）（法国）	1952年3月15—18日
6d	4055.0	留尼旺，芝拉奥斯（Cilaos）（法国）	1952年3月15—19日
7d	4110.0	留尼旺，芝拉奥斯（Cilaos）（法国）	1952年3月15—19日
8d	4130.0	留尼旺，芝拉奥斯（Cilaos）（法国）	1952年3月15—19日
15d	4798.0	梅加拉亚邦，切拉彭吉（Cherrapunji）（印度）	1931年6月24日—7月8日
31d	9300.0	梅加拉亚邦，切拉彭吉（Cherrapunji）（印度）	1961年7月
2个月	12767.0	梅加拉亚邦，切拉彭吉（Cherrapunji）（印度）	1961年5月7日
3个月	16369.0	梅加拉亚邦，切拉彭吉（Cherrapunji）（印度）	1961年6月7日
4个月	18738.0	梅加拉亚邦，切拉彭吉（Cherrapunji）（印度）	1961年4月7日
5个月	20412.0	梅加拉亚邦，切拉彭吉（Cherrapunji）（印度）	1961年4月8日
6个月	22454.0	梅加拉亚邦，切拉彭吉（Cherrapunji）（印度）	1961年4月9日
11个月	22990.0	梅加拉亚邦，切拉彭吉（Cherrapunji）（印度）	1861年1月11日
1a	26461.0	梅加拉亚邦，切拉彭吉（Cherrapunji）（印度）	1860年8月—1861年7月
2a	40768.0	梅加拉亚邦，切拉彭吉（Cherrapunji）（印度）	1860—1861年

3. 降水变率

一般用绝对变率和相对变率来表示降水变率。绝对变率是年降水量与多年平均年降水之差，用绝对值表示；而相对变率是绝对变率与平均年降水量的比值，用百分率表示。通常多用相对变率表示一个地方的降水变率，其大小可以表示一个地方所得降水量的可靠程度，变率大，可靠性小，也就是说降水量多少不定，变化很大。如果变率大到25%以上时，对于农业生产就有显著影响，所以降水变率越大的地方，水利建设也越重要。

根据十个地方的降水量纪录计算得的降水量变率见表5.8。各地平均相对变率的分布比较复杂。大致北方的相对变率大于南方的，华北的较大，华南的较小。例如，广州的降水相对变率为15.5，汉口的为17.8，北京的为25.7，东北地区的相对变率又较小。其次，沿海地区的降水相对变率比内地的要小。例如，上海的降水相对变率小于汉口和重庆的降水相对变率，青岛的降水相对变率小于北京的。西北各地的降水相对变率大多超过30%。各地的最大相对变率，都在40%以上。青岛的达到109.9%，广州和北京的最大相对变率相等，这种情况显然是由于各年的锋面、气旋活动的强弱和台风活动所引起的。

表5.8　　中国部分地区相对变率和最大相对变率

地名	平均相对变率/%	最大相对变率/%	地名	平均相对变率/%	最大相对变率/%
广州	15.50	72.40	昆明	16.70	49
台北	12.2	31.6	北京	25.7	73
上海	13.6	44.7	青岛	22.9	109.9
汉口	17.8	66.1	西安	15.8	49.4
重庆	13.7	40.7	沈阳	18.3	52.2

5.6.3　雨、雪、霰、冰雹的形成

混合云即由水滴和冰晶组成的云，如积雨云和雨层云，其上部为冰晶，下部为过冷水滴或水滴。中纬地区尺度较大的雨滴、雪花以及霰、雹等降水，多由混合云所产生。

1. 雨

由于云中水汽含量丰富，空气对流旺盛，强烈的上升运动使水汽因降温而过饱和，在云中出现许多小云滴，它们受到凝结和冲并作用，有些变成了大雨滴；此外空气中常有大的吸湿性的凝结核存在，水汽在它们的表面凝结也可产生大水滴。当上升气流承托不住时，大雨滴因受重力作用便从云中降落而形成降雨，特别大的雨滴降落时会被气流冲散成许多小云滴，又随上升气流而上升，再凝结、冲并增长，发生连锁反应。热带的暴雨多系此种原因产生。

2. 雪

当较大的冰晶自云上部降落到有水滴存在的云体时，冰晶便处于过饱和状态，于是便形成由水滴向冰晶转移输送水汽的过程。这样使水滴缩小而冰晶增大形成雪花。雪花大小不一，下降速度不同，相互碰并而黏成雪花（片），雪片能在下降过程中捕获大量的小水滴，形成更大的雪片降落地面，这就是平常所说的降雪。由于冰分子以六角形最多，因而形成的雪花大多为六角形。雪片降落到高于0℃的气层中，便溶化成雨。

3. 冰雹

雹是颗粒最大的固体降水，其直径小的为几毫米，大的可达几十毫米。发生在有强烈上升运动的积雨云中，由霰在云中继续增大而成。作为雹核的霰粒在下降过程中不断地有雪花黏附上去，也有过冷水滴冻结上去。当它下降到0℃的云区中时，表面

将融化成水，周围的水汽也向上凝结，并有小水滴黏着上去，表面便形成透明的水层。当强的上升气流将它带至0℃以下的云区时，其表面便冻结成透明冰壳形成的雹块。雹块又因雪花黏附及过冷水滴在它表面碰撞冻结，形成一不透明的冰层。经过反复的升降，就使雹块的体积不断增大，并形成透明层与不透明层相间的结构。当上升气流支托不了其重量时，便降落到地面。

雹的危害相当严重，其中以1969年5月23日发生在陕西省关中平原中部的冰雹灾害最为严重。这是一场历史上罕见的冰雹灾害，其冰雹路线之长，危害面积之大，造成损失之严重，均为少见。这场冰雹发生该日下午5时前后。冰雹开始起源于渭北的宜君县境，由北向南再向东南方向移动，途经铜川市、耀县、富平、三原、临潼、蓝田，直至商州市的黑龙口镇一带消失。冰雹移动路线全长约160km，沿冰雹路线波及宽度约5km左右，波及范围约960km^2，波及农田100余万亩，且多是关中的农业高产区。最大的冰雹有核桃大，甚至有鸡蛋大，风力至少在8级以上。冰雹所经之处，乌鸦、麻雀等飞鸟被打死；不少村舍瓦被打烂。冰雹发生时正值关中冬小麦灌浆、乳熟之际，油菜接近成熟，棉花成苗期。据统计，这场冰雹灾害、使整个雹区共50余万亩麦田受灾，使该年丰收在望的冬小麦，丰产没有丰收，合计共损失小麦1亿余千克。

4. 霰

霰是冰晶降落到有过冷水滴云层时，与过冷水滴相碰撞冻结而成，因为过冷水滴本身近于球形黏附在冰晶上，所以霰都近似球形。过冷水滴向冰晶上冻结得很快，往往留有空隙，所以霰呈不透明的白色。

5.6.4 各类云产生的降水

不同的云，由于其水平范围、云高、云厚、云中集中的水量、云中温度和升降气流等情况不同，因而降水的形态、强度、性质也随之改变。

1. 层状云的降水

层状云一般包括高层云、层积云、雨层云和卷层云。卷层云是由冰晶组成的，因而没有降水产生。层状云的水平范围很大（$10^2 \sim 10^3$km），上升速度小（小于10cm/s），云滴生长期长，含水量和降水强度均比较小，气团内的层状云云层较薄，很少有雨下降，而锋面云系中的层状云，云的垂直厚度很大，常降连续性中等强度的雨或雪。

雨层云和高层云经常是混合云，所以云滴的凝华增大和冲并增大作用都存在，雨层云和高层云的降水与云厚和云高有密切关系。云厚时，冰水共存的层次也厚，有利于冰晶的凝华增大，而且云滴在云中冲并增大的路程也长，因此有利于云滴的增大。云底高度低时，云滴离开云体降落到地面的路程短，不容易被蒸发，这就有利于形成降水。所以对雨层云和高层云来说，云越厚、越低，降水就越强。雨层云比高层云的降水大得多，也主要是这个原因。

由于层状云云体比较均匀，云中气流也比较稳定，所以层状云的降水是连续性的，持续时间长，降水强度变化小。

2. 积状云的降水

积状云一般包括淡积云、浓积云和积雨云。

淡积云由于云薄，云中含水量少，而且雨滴又小，所以一般不降水。

浓积云是否降水则随地区而异。在中高纬度地区，浓积云很少降水。在低纬度地区，因为有丰富的水汽和强烈的对流，浓积云的厚度、云中含水量和水滴都较大，虽然云中没有冰晶存在，但水滴之间冲并作用显著，故可产生较大的阵雨。

层云只能降毛毛雨，层积云可降小的雨、雪和霰。高积云很少降水。但是我国南方地区，由于水汽比较充沛，层积云也可产生连续性降水。

积雨云是冰水共存的混合云，云的厚度和云中含水量都很大，云中升降气流强，因此云滴的凝华增长和冲并作用均很强烈，致使积雨云能降大的雨和雪，有时还可下冰雹。凡是产生大雨和暴雨量级的降水过程无不与积雨云有关。

积状云的降水是阵性的。这是因为，一方面它的云体水平范围与垂直伸展的尺度差不多，也就是说它的水平范围小，经过一个地方用不了多长时间，因而降水的起止很突然。另一方面是由于积状云中，升降气流多变化，上升气流强时，降水物被"托住"降落不下来。当上升气流减弱时或出现下沉气流时，降水物骤然落下，也使降水具有阵性。

波状云由于含水量小，厚度不均匀，所以降水强度较小，往往时降时停，具有间歇性。

5.6.5　人工影响天气

人工影响天气是指人们通过理论和试验研究，应用一定的技术方法，使某些局地天气现象向有利于人类的方向转化，以达到预定目的的改造自然的科学技术措施。它主要包括降水、消云、消雾、削弱台风、抑制雷电、预防霜冻等内容。

人工影响天气是人类自古而来的理想和愿望。我国古代（17世纪末）就有用土炮防雹的文字记载，然而，直至1946年，美国科学家郎缪尔（I. Langmuir）等人提出通过人工产生冰晶来影响冷云降水的设想，同年11月，他的助手施弗尔（V. J. Schaefer）第一次成功地用干冰（固体CO_2）对冷层状云进行人工催化试验（产生了降雪），才引起人们的广泛重视，推动了人工影响天气试验的迅速发展。

人工影响天气，无论从理论和试验上，都是十分复杂的事情，至今还研究得很不成熟。本节只是简单的介绍人工影响云、雾、降水和预防霜冻的原理和方法。

1. 人工降水

又称人工增雨。它主要是根据不同云层的物理特性，向云中播撒干冰、碘化银、水滴、盐粉或溶液滴等催化剂，使云滴或冰晶增大到一定程度，降落到地面，形成降水，以达到增雨和抗旱的目的。由于雨水能冲洗和清除悬浮在大气中的污染物，近些年来，一些国家已采用人工降水来防治空气污染，尤其是城市空气污染。

2. 消雾和消云

这是利用人工方法使雾（云）滴降落到地面或蒸发消散的过程。常采用的方法有：

（1）播撒催化剂。如碘化银（作为人工冰核）、干冰和丙烷（作为制冷剂）。

（2）加热。直接燃烧燃料将空气加热，使空气离开饱和状态，造成雾（云）滴蒸发，促使雾（云）消散。

（3）扰动混合法。利用直升机在雾顶缓慢飞行，借助于直升机产生的下冲气流，使雾顶以上未饱和空气不断下沉、混合到雾中，减小雾中相对湿度，雾滴蒸发而达消雾目的。消雾区的尺度约为飞机本身大小的10～20倍。

3. 抑制冰雹

通常也称为人工防雹，其方法大体可分为两类：一类是在雹云中引入人工冰核在冰雹形成的水分累积带里投入过量冰核，大大增加冰胚的浓度，让雹胚之间争食累积带的有限水分，使它们不能长成大的雹快，降落地面不致成灾，或者经过云底至地面这段暖区中融化为雨滴；或在云底引入大量吸湿性核以增加雹胚，促进暖云降水过程，使暖区含水量增加，以减小积累带的过冷水含量，限制冰雹的生长。另一类是爆炸法，用高射炮、火箭或土炮等轰击雹云，借助爆炸的影响来抑制冰雹。例如，2008年6月17日16时许至20时，由新疆生产建设兵团农六师新湖农场上游西北方一股强对流天气夹杂着黑云、大风、降水等向农场袭来。农场根据上级雷达监测，云层中冰雹云强度大、覆盖面广、云体厚，一次强冰雹天气在农场上空由西北方向至东南方向移动。在雷达的监测下，农场动用13门防雹高炮、15具移动防雹火箭，发射防雹弹和防雹火箭近1500发（枚），使冰雹云化为降水，保护了农场30余万亩农作物，同时为下游的芳草湖农场人工防雹也减轻了压力。

4. 预防霜冻

常用防霜冻的方法有以下几种。

（1）烟雾法。烟雾剂燃烧时产生的烟雾能减少辐射冷却，燃烧放出的热量和空气中水汽在凝结核上凝结时放出的潜热，能提高近地面层的气温。但烟雾法的缺点会造成空气污染。

（2）喷雾法（或称冰结法）。给作物连续喷水，使其表面裹上一层水膜，水的温度比作物表面的温度高，当水膜冻结时放出的潜热能使作物的温度维持在0℃左右，因此能防霜冻。

（3）混合法（或称结冰法）。在晴朗的夜晚，因地面辐射冷却而造成贴地逆温时，若用风机吹风，使上层暖气空气与下层冷空气混合，能提高近地面层的气温。这种方法防霜冻的效果主要取决于被混合的逆温层强度和风机的性能，也与被保护的作物类型有关。

（4）加热法。用加热器在地面燃烧，直接加热空气，防止霜冻发生。

此外，还有覆盖法，灌水或用泡沫剂发泡包覆植物的叶面等方法。所有这些方法，都只是对防御小面积的弱霜冻有一定效果，预防大面积霜冻，还没有行之有效的方法。

思考题与练习题

1. 水循环的过程包括哪些部分？大、小水循环分别指的是什么？
2. 水循环的作用是什么？
3. 水的相位与哪些因素有关？

4. 克劳修斯-克拉珀龙方程的物理意义是什么？

5. 为什么溶液面的饱和水汽压小于纯水面的饱和水汽压，而凸面的饱和水汽压大于纯水面的饱和水汽压？

6. 大气中的凝结条件是什么？达到凝结的途径通常有哪些？

7. 为什么大气中会存在过冷却水？过冷却水在气流影响下碰撞到电线上，将出现什么现象，将带来什么危害？

8. 雾可分为哪几种？它们形成时哪些条件是共有的？哪些条件是个别的？雾中是否有雨？雾的危害有哪些？

9. 根据什么确定云的分类？不同类型云的内部活动特征是什么？

10. 不同类型的云产生的降水有何差异？

11. 云滴和雨滴有何不同？云滴增长为雨滴，通过哪些途径？哪些是主要的？哪些是次要的？

12. 降水类型有哪些？分别可产生什么样的危害？

13. 大气可降水多，是否一定降雨多？如何计算可降水量？

14. 试将全球水汽输送与全球降水量分布做一比较，并论述它们之间的比例有哪些特点？

15. 水汽平衡方程的意义是什么？

第 6 章

大气环流

6.1 大气环流形成的主要因子

资源 6.1

大气环流形成及平均环流

6.1.1 太阳辐射因子

地球围绕太阳运转，由于日地距离和方位的不同，地球上各纬度所接受的太阳辐射强度是不同的，高低纬之间存在着温度差异。因此，形成了南北之间的气压梯度。在气压梯度力作用下，赤道附近地面受热，空气膨胀上升，高层空气向两极流动，在极地空气冷却下沉，向低纬度流动，于是便形成了南北向（高、低纬度）之间的大气环流圈（图 6.1）。

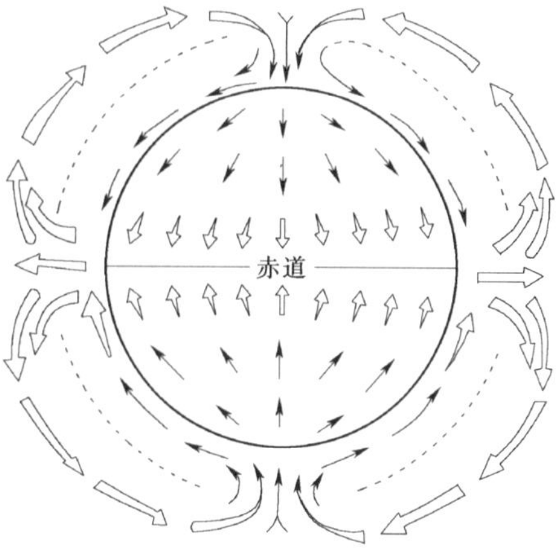

图 6.1 在不自转的地表性质均一的地球上的大气环流

6.1.2 地球自转作用

由于地球自转，地球大气的运动，除受到气压梯度力的作用外，还要考虑地转偏向力的影响。当空气由赤道上空向极地流动时，如北半球，开始因地转偏向力很小，空气基本上受气压梯度力影响由南向北流动，随着纬度的增加，地转偏向力逐渐加大，空气运动就逐渐向右偏转，到纬度 30°附近，偏角达到 90°，地转偏向力加大到与气压梯度力相当，空气运动方向折向与纬圈平行。在这里，赤道来的气流北上运动受到阻塞，大气堆积下沉，使地面形成一个高压区，由于在副热带地区，故称为副热带高压。副热带高压下沉气流有两支，一支向北，一支向南。向南的这支气流在地转偏向力作用下，在北半球成为东北信风带（南半球成为东南信风带），这支气流补充了赤道上升气流，构成一个闭合的副热带环流圈，此环流圈的北面气流下沉，南面气流上升，又称正环流圈，亦即所谓哈德莱（Hadly）环流。副热带高压向北的那一支气流，在地转偏向力的作用下，形成了中纬度地区的盛行西风带，在纬度 60°附近的副极地处遇到由极地向南流来的冷空气，被迫沿冷空气上面爬升，此处地面出现一个低压带，称为副极地低压带。副极地低压带的上升气流同样分成南北两支，向南的一支气流受地转偏向力影响，在极地低压带与副热带高压带之间形成一个偏东风带，这支气流在副热带地区下沉，构成一个中纬度闭合环流圈，此环流北面气流上升，南面气流下沉。对照副热带环流圈，流向正好相反，故也叫反环流圈，亦即所谓费雷尔（Ferrel）环流圈。副极地低压带向北的一支气流，从上空到达极地后冷却下沉，形成极地高压带，补偿极地地面流向低纬的气流，这支气流南面上升，北面下沉，这支下沉南下的气流由于地转偏向力的作用，在极地与副极地之间形成一个极地东风带，在大气中同样形成了一个极地正的闭合环流圈（图 6.2）。

综上所述，在地表性质均一情况下，由于太阳辐射和地球自转的原因。大气运动是受气压梯度力与地转偏向力相互作用和综合影响的结果。在南北两个半球上各出现了四个气压带（赤道低压带、副热带高压带、副极地低压带和极地高压带），四个风带［赤道无风带、东北（东南）信风带、盛行西风带和极地东风带］和三个闭合环流圈（副热带正环流圈、中纬度反环流圈和极地正环流圈）（图 6.3）。由于地面增热程度的不同，各个环流圈的发展高度也有强有弱，在这三个闭合环流圈中，以副热带环流圈伸展得最高，中纬度环流圈次之，极地环流圈最低。

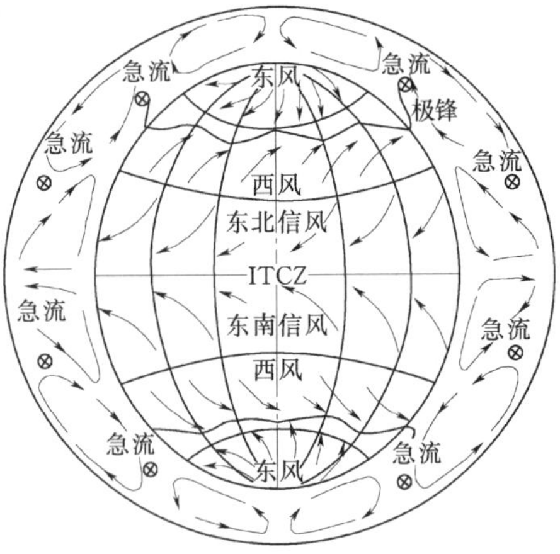

图 6.2　在地表性质均匀的自转地球上形成的三圈大气环流模型

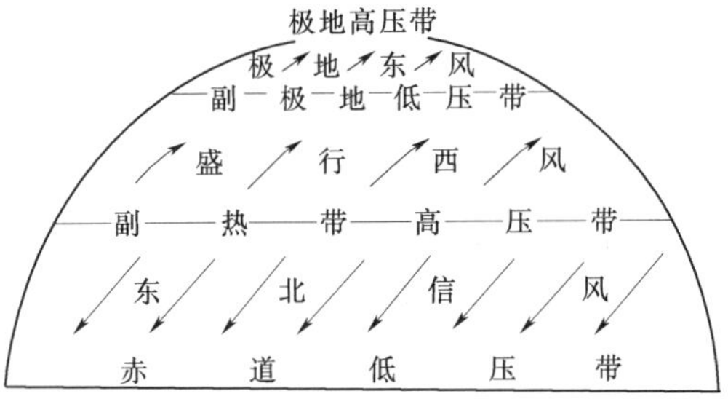

图 6.3　北半球近地层风带气压带示意图

6.1.3　地表性质作用

1. 海陆差异对气流的影响

在冬季，大陆要比海洋冷，空气流经大陆后，气温便不断降低，因此当空气自西向东运动时，大陆东岸的气温要比西岸低；当空气自西向东经过海洋时，暖的海洋使气温不断增高，也使大陆东岸的气温比大陆西岸低，这样便形成了图 6.4 所示的温度场。即大陆东岸成为温度槽，大陆西岸形成温度脊。夏季时，温度场相反，大陆东岸为温度脊，大陆西岸为温度槽。根据热成风原理，与温度场相适应的高空气压场则是，冬季大陆东岸出现低压槽，西岸出现高压脊，夏季时相

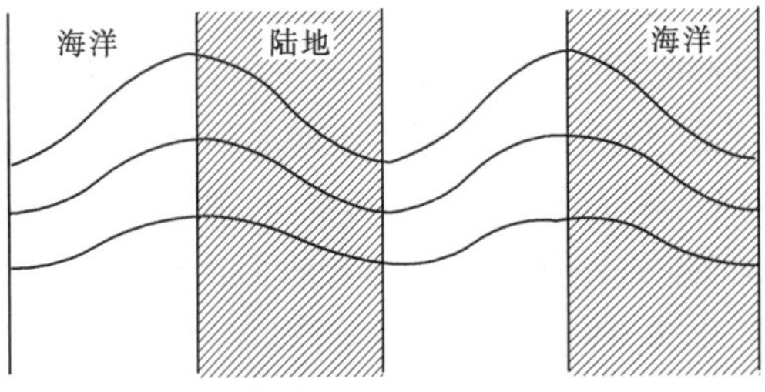

图 6.4　由海陆的热力性质不同而形成的温度场（冬季）示意图

反。由此可知，因为有海陆差异，使得高空平直的西风气流会发生向南北摆动的波状气流。

此外，因为暖的表面有利于地面形成低气压，冷的表面有利于在地面形成高气压。所以在夏季时期，近地面层大陆只会加强和扩大低气压的强度和范围。减弱和缩小高气压的强度和范围；在冬季时期，近地面层大陆上，其高气压强度和范围会增强扩大，而低气压的强度和范围会减弱缩小。而在海洋上则与大陆相反。

2. 地形起伏对气流的影响

地形起伏，尤其是大范围的高原和高大山脉对大气环流的影响非常显著，其影响包括动力作用和热力作用两个方面。当大规模气流爬越高原和高山时（图 6.5），常常在高山迎风侧受阻，造成空气质量辐合，形成高压脊，在高山背风侧，则利于空气辐散，形成低压槽。东亚沿岸和北美东岸，冬半年经常存在的高空大槽，虽然其形成同海陆温差有关，但同西风气流爬越巨大青藏高压和落基山的动力减压亦有一定关系。如果地形过于高大或气流比较浅薄，则运动气流往往不能爬越高大地形，而在山地迎风面发生绕流或分支现象（图 6.6），在背风面发生气流会合现象。

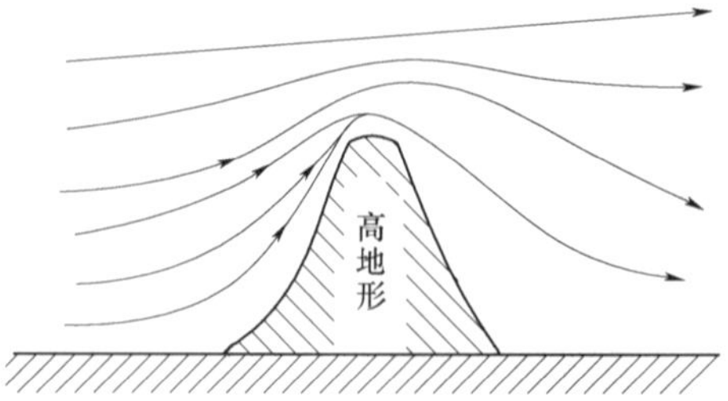

图 6.5 气流遇高地形时的受阻和爬行状况

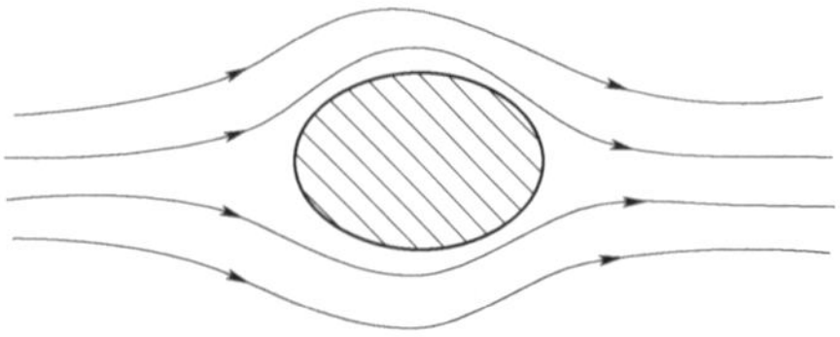

图 6.6 气流遇高地形时的分流状况

突出的地形对大气还有加热和制冷作用，特别像青藏高原这样的大地形，无论是动力作用，还是热力作用都非常强烈。青藏高原位于中国西部，占地面积为 253 万 km^2 左右，约占中国总面积 26%，平均海拔达 4000m 以上，为世界高原之最。青藏高原对环流的影响主要表现在两个方面：一是高原大地形的直接阻碍与扰动（也叫机械胁迫或动力作用）所造成的环流异常；二是高原表面气流加热抬升（也叫热力作用）对环流形势造成的影响，青藏高原相对于四周自由大气来说，夏季时高原面是热源，冬季时是冷源，这种热力效应对南亚和东亚季风环流的形成、发展和维持都有重要影响。

3. 海洋热力效应对气流的影响——沃克环流

在赤道地区，由于经圈的直接热力环流（哈德莱环流）的存在，导致赤道上空大气自地面向高空运动。但是，全球海陆相间分布的特点，在东北信风的作用下，热带海洋受到信风风应力的作用，海洋表面的海水自东向西涌动，因此，在正常条件下，赤道太平洋海区的海洋环流，西侧为暖洋流，东侧为冷洋流。沿赤道自东向西为南、北赤道洋流。在大洋西部有海水积聚，大洋东部有海水辐散，海面自亚洲海域略向东倾斜。同时，大洋东部表层海水温度比大洋西部低 6～10℃。由于赤道太平洋海区东冷西热，因此在其上空形成垂直于地面的热力环流圈。位于南太平洋副热带高压东侧的南美西海岸，强烈的下沉气流受冷海水影响降温后随偏东信风向西流去，当到达西太平洋的赤道附近因受热上升转向成为高空西风，以补充东部冷海区的下沉气流，于是在赤道太平洋上形成一种大气低层为偏东风，上层为偏西风，在太平洋东侧下沉，太平洋西侧上升的东西向闭合环流，称为沃克环流。图6.7是沃克环流的示意图，它完全是由于赤道地区存在着大尺度东西向的热力不均匀分布引起的。

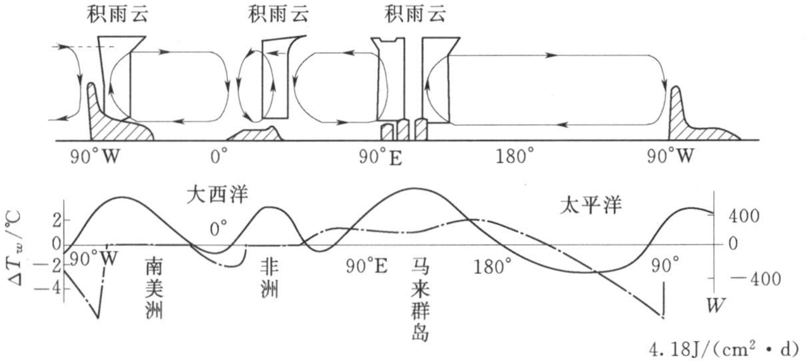

图6.7　沃克环流示意图

由图6.7可见，在马来群岛、非洲东部和南美中部地区，海洋是热源，大气上升运动强烈，产生大量的积云，积云释放大量潜热，可产生丰富的降水。而非洲西部和南美西部沿海由于冷海水上翻，形成海洋热汇，气流下沉。这种东西向的海水温度差异，引起纬向气压差，使热源地区空气上升，流至热汇地区下沉，低空又从热汇地区流向热源地区，形成三个东西向的垂直环流圈，其位置分别在太平洋、大西洋和印度洋。太平洋和大西洋的环流圈为顺时针环流圈，而印度洋为逆时针环流圈。这些环流圈强度都很弱，且经常有变化。由于秘鲁寒流较弱，沃克环流的下沉气流区远大于上升气流区，从南美西岸可伸展到赤道太平洋中部海域，造成南美西岸严重干旱。

资源6.2
大气环流中的平均环流

6.2　大气环流的平均状况

大气运动是复杂的、多变的。如果将这些随时间和空间不断变化的运动状态对时间和空间进行平均，就可以发现大气运动具有明显的规律性。

6.2.1　平均纬向环流

大气环流最基本的状态是盛行着以极地为中心的旋转的纬向环流，也就是东、西风带。图6.8是平均纬向风速的经向剖面图。从图上可以看出，对流层的中上层，除赤道地区有东风外，各纬度几乎是一致的西风，而且西风跨越的纬距随着高度在扩大。这是对流层中、上层由低纬指向高纬的经向温度梯度所决定的。

纬向环流分布有以下几个特征：

1. 高纬极地东风带

冬夏季都是一层很浅薄的东风带，称极地东风带。主要分布在北大西洋低压和北

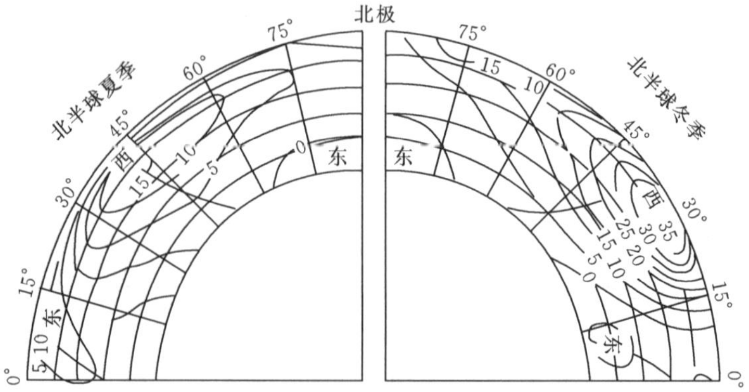

图 6.8　平均纬向风速的经向剖面图

太平洋低压的向极一侧，其厚度、强度都是冬季大于夏季。

2. 中纬度盛行西风带

从地面向上都是西风，称盛行西风带。西风带在纬距上的宽度随高度而增大。西风风速自地面向上直至 200hPa，差不多是增加的，到对流层顶附近形成一个强西风中心。北半球冬季西风风速大于夏季。

3. 低纬度信风带

自地面到高空是深厚的东风层，称热带东风带或信风带。它是纬向风带中风向最为稳定、风速较大（平均风速 48m/s）、活动范围广阔（几乎占全球的一半）的风带。夏季，东风带向高纬方向偏移，范围扩大，强度明显增强；冬季，东风带向赤道方向偏移，范围缩小，强度削弱。

此外，北半球夏季，由于太阳直射点的北移，加上热力作用等因素，南半球的东南信风越过赤道，受地转偏向力的作用，逐渐变为西南风。所以在南亚和非洲出现西风系统，称赤道西风带，其厚度从 2～3km（非洲）到 5～6km（印度洋）。

6.2.2　平均经圈环流

平均经圈环流是指在南北向沿经圈的垂直剖面上，由风速的平均北、南分量和垂直分量构成的平均环流圈。在大气运动满足静力平衡和准地转平衡条件下，除低纬度以外，上述风速的南北分量和垂直分量都很小，因而经圈环流同纬圈环流相比要弱得多。从图 6.2 可见，北半球有三个经向环流圈，即①低纬环流圈，是一个直接热力环流圈（正环流圈），是 G. 哈得莱（G. Hadley）最先提出的，故又称哈得莱环流圈；②中纬环流圈，是间接热力环流圈（逆环流圈），是 W. 费雷尔（W. Ferrel）最先提出的，故又称费雷尔环流圈；③高纬环流圈，又称极地环流圈，也是一个直接热力环流圈。

在这三个环流圈中，以低纬度环流圈最强，高纬度环流圈最弱。径向环流圈都有季节性移动，夏季向高纬移动，冬季向低纬移动。环流强度也有变化，冬季增强，夏季减弱。图 6.9 是北半球冬夏两季纬圈平均的径向风速分布图，图中正值为南风，负值为北风。比较图 6.8 和图 6.9 可见平均纬向风速比平均径向风速大得多，说明大气

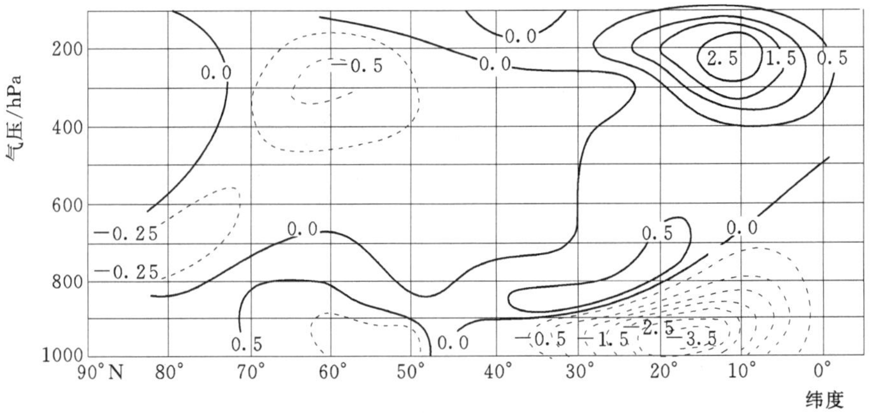

(a) 冬季(12 月至次年 2 月)

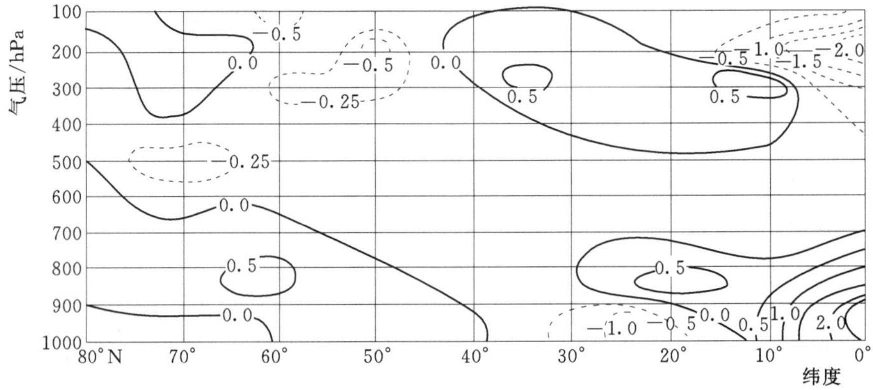

(b) 夏季(6—8 月)

图 6.9　北半球冬夏两季纬圈平均的经向风速分布图（m/s）

运动基本是以东西向的纬向运动为主。但是由于径向风分量的存在，空气才得以南北交换。

6.2.3　平均水平环流

水平环流是指纬向环流受到扰动（主要是地球表面海陆分布以及地面摩擦和大地形作用所引起）后发展起来的槽、脊和高、低压环流。

1. 对流层中、上层平均水平环流

北半球对流层中、上层平均水平环流如图 6.10 和图 6.11 所示（图中资料是 1951—1980 年的 30 年月平均值）。其主要特征是：西风带上存在着大尺度的平均槽、脊。冬季在北半球的亚洲东部、北美洲东部和欧洲东部上空，有三个明显的低压槽。一个向西伯利亚和鄂霍茨克海伸展，称为东亚大槽；第二个向北美洲巴芬岛和拉布拉多半岛伸展，称为北美大槽，它们中间是两个高压脊，从南向北伸展，其中一个高压脊向阿拉斯加伸展，另一个向斯堪的纳维亚半岛和巴伦支海伸展。第三个低压槽是位于乌拉尔山脉西部的欧亚浅槽，它从北冰洋上的北地群岛经过欧洲和俄罗斯西部部分直达地中海，在它和东亚大槽的中间有一个小的高压脊。

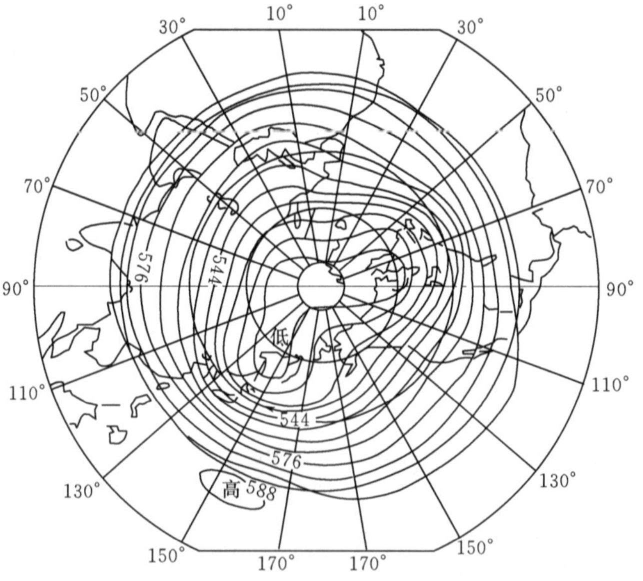

图 6.10 北半球 1 月份（冬季）500hPa 平均等压面形势图

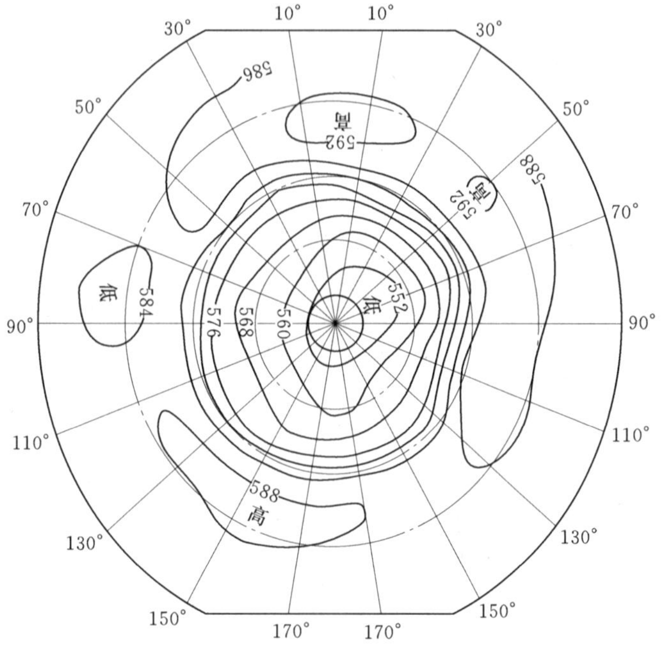

图 6.11 北半球 7 月份（夏季）500hPa 平均等压面形势图

到了夏季，西风带明显北移，等高线变稀。中高纬度西风带由三个槽转变成四个槽，其强度比冬季明显减弱。与冬季比较可见，东亚大槽已从大陆东移入海，北美大槽的位置少动，欧洲浅槽已完全消失，但同时在欧洲西岸和贝加尔湖上空各出现一个浅槽。因此，对流层中、上层的高压脊位置也发生了相应的改变。

由图6.10还可看出，对流层中、上层的气压梯度以冬季为最强，所以1月份的主要大槽里的平均风速可达20～25m/s；夏季气压梯度最小，但在主要的低槽里气压梯度仍旧很大，风速可达10～14m/s。由于低压槽的存在，空中气流产生经向分速，槽前有暖空气北上，槽后有冷空气南下，在低压槽的下方则有锋面和气旋的活动。

由图6.11可见，极地上空全年都为低压所占据，低纬度地区上空全年都有高压存在。冬季，环绕极地的涡旋相应扩大了范围，强度增强。夏季，低纬度的副热带高压向北伸展，范围扩大，强度增强。

2. 对流层底层水平环流

在对流层底层，由于海陆热力差异和地表起伏不平引起的热力、动力变化使环流沿纬向的不均匀性更加显著，在月平均海平面气压分布图上表现为一个个巨大的高、低压系统，如图6.12所示。

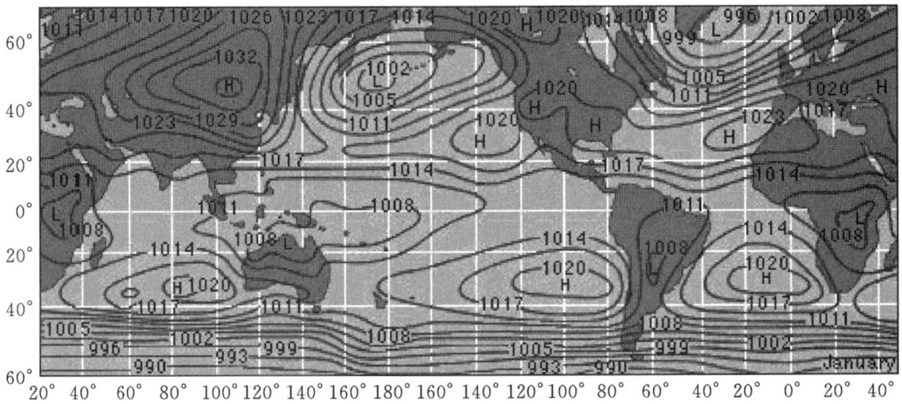

(a) 1月份

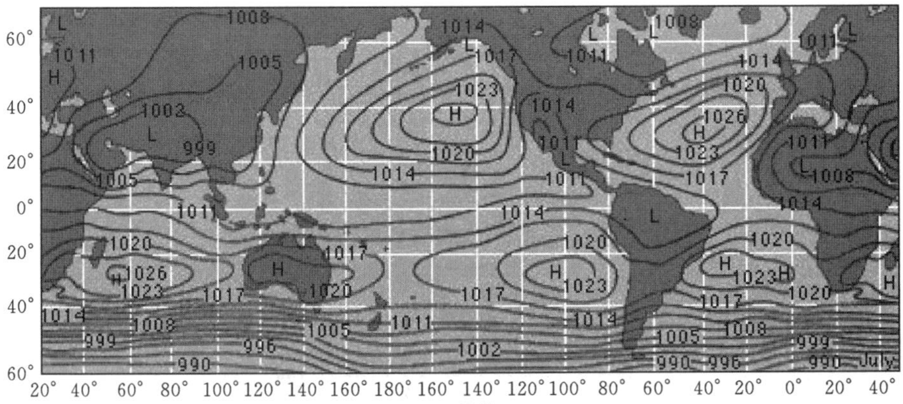

(b) 7月份

图6.12 全球海平面平均气压分布图

北半球1月份存在两个高压中心和两个低压中心。冷高压中心有：欧亚大陆的西伯利亚高压（或称蒙古高压）和北美大陆的北美高压（或称加拿大高压）；低压中心有：北大西洋的冰岛低压和北太平洋的阿留申低压；副热带高压有两个主要中心，一个在太平洋，称北太平洋高压（或称夏威夷高压），另一个在大西洋，称北大西洋高压（或称亚速尔高压）。冬季副热带高压夏季显著北移，海上的两个高压，即北太平洋高压和北大西洋高压强度增强，范围扩大，位置北移。

由于南半球海洋面积辽阔，因此其气压分布带状特征相对比较明显，在没有陆地或陆地很少的 30°S 以南直到环绕极地的低压槽之间的纬度带内，全年盛行自西向东的西风。南半球的中低纬度，由于澳大利亚、南部非洲、南美洲大陆的存在，1 月份（南半球夏季），在澳大利亚、南美洲和南部非洲大陆上分别形成范围较小的低压，南太平洋和南印度洋的副热带高压向南偏移，并被大陆热低压切断。分裂成三个高压中心，分别位于南太平洋、印度洋和南大西洋上。7 月份（南半球冬季），大陆上的高压与海洋上的副热带高压基本连接成一个高压带。

以上冬、夏季在平均气压图上出现的大型高、低压系统，称为大气活动中心。活动中心的位置和强弱反映了广大地区大气环流运行的特点，其活动和变化对其附近乃至全球的大气环流、高低纬间和海陆间热量、水分交换有重要影响，从而对天气、气候的形成和演变有重要影响。

6.3 急　　流

资源 6.3
急流

6.3.1 急流定义

急流是指风速 30m/s 以上的狭窄强风带。是大气环流中的一个重要特征。

在天气图上观察到的急流带环绕地球自西向东弯曲延伸达几千千米，水平宽度约上千千米，垂直厚度达几千米到十几千米。急流中心强度最大区称为急流轴。急流轴是准水平的，其南北两端存在着强大的垂直风速切变（每千米 5～10m/s）。一般情况下，急流中心风速可达 50～80m/s，强急流中心风速达 100～150m/s 或更大。根据现有资料，位于东亚海洋上和日本上空的急流强度最大，冬季偶尔达 150～180m/s，甚至达 200m/s。在同一条急流轴上，风速分布并不均匀，有一个或几个强风中心。急流轴线在有的地方出现分支，有的地区出现汇合。

急流区大多与对流层上层水平温度梯度很大的锋区相对应，因而也和天气系统的发生、发展有密切关系。

6.3.2 急流分类

北半球对流层上层有多条急流，目前已经发现有下列几种急流。

1. 温带急流

温带急流又称极锋急流，位于南北半球中高纬度地区的上空，是与极锋相联系的西风急流。急流的平均高度在冬季约 8～10km，夏季约 9～11km，平均厚度约 3～10km。急流的位置经常在变动，冬季平均位于 40°～60°N 之间，甚至伸展到更低纬度（图 6.13）。夏季平均位置北移到 70°N 附近。温带急流的中心最大风速一般 45～55m/s，甚至达 105m/s。一般是冬季强、夏季弱。急流轴有明显的分支和汇合现象。

2. 副热带急流

副热带急流又称南支西风急流，位于 200hPa 上空副热带高压的北缘，同副热带

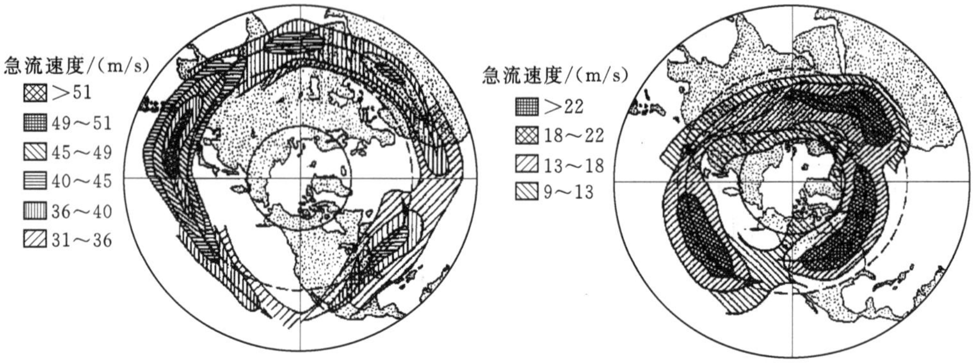

(a) 1月份　　(b) 7月份

图 6.13　北半球西风急流的平均位置和速度

锋区相联系，是一支相当强大而稳定的急流。急流轴位于 25～32°N 的 11～13km 的高空，位置比较稳定，夏季向高纬推移 10～15 个纬距。冬季中心最大风速约 50～60m/s，强中心风速可增至 100～150m/s，甚至可达 200m/s。夏季风速减半。其分支、汇合现象以东亚最清楚。

3. 热带东风急流

热带东风急流主要出现在夏季北半球亚洲、非洲副热带对流层顶附近（100～150hPa）处的一支急流，盛夏其平均位置在北纬 10°～20°之间，最大风速平均 30～40m/s 之间，个别达 50m/s，风向稳定，强中心在阿拉伯海上空。

由上可知，大气环流基本上是纬向环流中包含着经圈环流，纬向主流上又叠着涡旋运动。这种不同运动形式之间相互联系、相互制约着，形成一个整体的环流体系。

6.4　季　　风

6.4.1　季风定义及形成原因

资源 6.4　季风

季风是指具有以下特点的风：第一，大范围盛行风向具有明显的季节变化，即 1 月与 7 月盛行风向的夹角大于 120°，1 月与 7 月盛行风向的平均频率超过 40%；第二，这两种风的性质（主要是湿润程度）有明显差异；第三，所带来的天气现象有明显差别。

季风主要是由海陆热力状况的差异和行星风带的季节变化所引起。由海陆热力差异引起的季风，称为热力季风。大陆冬冷夏热，海洋冬暖夏凉。冬季陆上空气密度大，气压随之升高；海洋上情况相反，气压较低。于是在地面上大陆高压和海洋低压之间，气压梯度指向海洋，空气受气压梯度力的作用和地转偏向力的影响，由陆地流向海洋，如图 6.14（b）所示。夏季地面上的气压梯度由海洋指向大陆，气流方向和冬季相反，如图 6.14（a）所示。凡是海陆间温度差异最大的地区，热力季风必然最盛。如亚洲东部、澳大利亚和北美等地，都有相当显著的季风。由于温带、副热带地区海陆热力差异最大，这种季风最显著，所以常称它为温带季风或副热带季风。

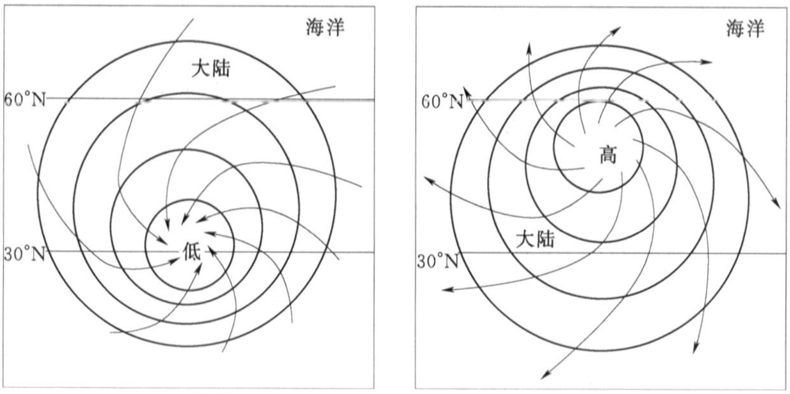

(a) 夏季　　(b) 冬季

图 6.14　因海陆热力差异而引起的夏季风和冬季风

在两个行星风带相接的地区，由于行星风带的位移引起不同性质风的季节性改变现象，称为行星季风。例如，赤道辐合带可达北回归线附近，南半球的东南信风越过赤道，到北半球受地转偏向力的影响，成了西南风；冬季赤道辐合带南移到南回归线附近，北半球低纬地区为东北风。这两种风不仅风向不同，而且性质迥异，具有季风特征。这种季风可以发生在沿海和陆地，也可以出现在大洋中央，就纬度来说，多见于赤道和热带地区，故常称其为热带季风或赤道季风。

青藏高原由于它与四周大气的热力差异，冬季在高原上形成冷高压，盛行反气旋环流，夏季形成热低压，盛行气旋式环流。这样一来，高原地区的盛行风向在冬季和夏季几乎相反，该现象称为高原季风。高原季风的水平范围低层大，高层小，其厚度夏季比冬季大。风的季节变化，一般是高原北侧开始最早，高原上次之，高原东侧再次，高原南部最迟。

青藏高原季风对大气环流和气候影响很大。第一，它使我国冬夏对流层低层的季风厚度增大。我国西南地区冬夏季分别处在青藏冷高压和热低压的东南方向，分别盛行东北季风和西南季风，这与由海陆热力差异形成的低层季风方向完全一致。两者叠加，使我国西南地区的季风厚度特别大。第二，高原季风破坏了对流层中部的行星气压带和行星风带。由于高原冬季的冷高压和夏季的热低压都很强大，冬季厚度可达 5km，夏季厚度可达 5～7km，因此 5～7km 的高度以下，冬季空气由高原向外辐散，夏季向高原辐合，加上高原大地形的强迫作用，造成高原上深厚气层的上升和下沉运动，形成强的季风经圈环流。该季风环流圈冬季与哈得来环流圈方向相同，而夏季则与哈得来环流圈的方向恰恰相反，空气在高原上升，到了高空流向低纬下沉，到达地面后折向较高纬度流去。该季风环流圈对南北半球间的空气质量的调整有很大的作用。

6.4.2　季风分类

在各地的季风中，以东亚季风和南亚季风最为强盛。

东亚（包括中国东部、朝鲜、日本等地）濒临广阔的太平洋，居世界最大的海洋

（太平洋）和最大的大陆（欧亚大陆）之间，热力差异比其他地区都大，所以季风最强盛。冬季，亚洲大陆为蒙古-西伯利亚高压所盘踞，高压前缘的偏北风就成为亚洲东部的冬季风。由于各地处于高气压的部位不同，各地冬季风的方向并不完全相同，由北而南依次为西北风、北风和东北风。由于蒙古-西伯利亚高压比较强大，由陆向海，气压比较陡峻，所以风力较强。夏季，亚洲大陆为热低压所控制，同时太平洋副热带高压西伸北进，因此高低压之间的偏南风就成为亚洲东部的夏季风，由于此时气压梯度比冬季小，所以夏季风比冬季风弱。在冬季风盛行时，这些地区是低温、干燥和少雨，而在夏季风盛行时是高温、湿润和多雨。

南亚季风，主要是由行星风带的季节移动而引起的，但也有海陆热力差异的影响。冬季行星风带南移，赤道低压移到南半球，亚洲大陆冷高压强大，高压南部的东北风就成为亚洲南部的冬季风。夏季行星风带北移，赤道低压移到北半球，再加上大陆热力因子的作用，低压中心出现在印度半岛。而此时正是南半球的冬季，澳大利亚是一个低温高压区，气压梯度由南向北，南来气流跨越赤道后，受北半球地转偏向力的作用，形成西南风，这就是南亚的夏季风。在季风的影响下，南亚也是冬干夏湿。但是它和东亚季风有一个明显差别，即南亚夏季风比冬季风强。这是因为冬季亚洲南部远离蒙古-西伯利亚高压中心，并有西藏高原的阻挡，再加上印度半岛面积较小，纬度较低，海陆之间的气压梯度较弱，因此冬季风不强。相反，夏季印度半岛气温特别高，是热低压中心所在，它与南半球副高之间的气压梯度大，因此南亚的夏季风强于冬季风。

6.5　局　地　环　流

由于海陆分布的差异和地形的作用，在全球许多地区还存在局地环流。局地环流规律性很强，但是，其影响范围相对较小。

6.5.1　海陆风

海陆风是沿海地带昼夜热力状况的不同引起的以24h为周期的有规律的气流。昼间陆上温度升高，空气膨胀，等压面上升，上层空气外流，空气质量减少，地面气压随之降低，于是，空气便自海洋流向大陆，形成海风，如图6.15（a）所示。夜间由于辐射冷却，海陆间热力状况也有所改变，陆上温度较低，空气收缩，等压面下降，上层空气从海上流向大陆，于是陆上空气质量增多，气压升高，而海上空气质量减少，气压降低，低层空气便从陆上流向海洋，形成陆风，如图6.15（b）所示。

海陆风的形成，海风和陆风的转换时间随地区和天气条件而定。一般来说，陆风在上午转为海风，13—15时海风最盛，日落以后，海风逐渐减弱并转为陆风。如果是阴天，海风要到中午才能出现。海陆风达到的范围随纬度季节等条件而不同。一般在热带，海风厚达900m，深入陆地几十千米；陆风较薄，很少达到300m厚度，水平距离和海风相差不大。海风风速比陆风大，前者能达到5～6m/s。后者一般只有1～2m/s。温带海陆风影响范围较小，风力也较弱，主要在夏季出现。在两极地区海陆风比较少见。

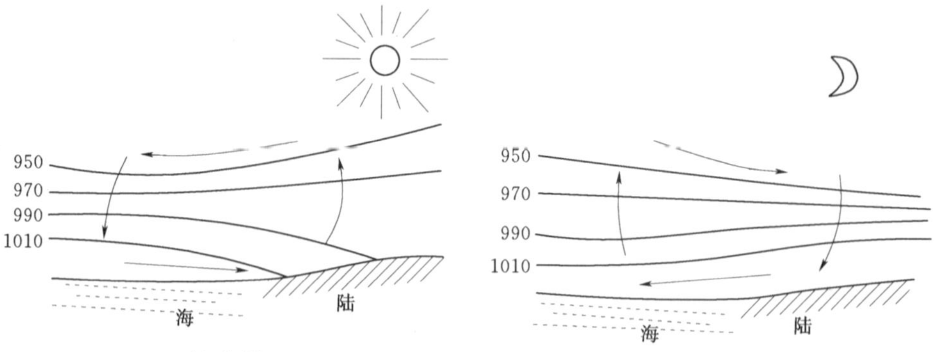

(a) 海风　　　(b) 陆风

图 6.15　海陆风的形成

在滨海地区并不是每天都有海陆风的，有时还有可能吹与海陆风风向相反的风。这是因为当大范围气压场的气压梯度较大时，与这种气压场相应的风“掩盖”了海陆风。另外，海陆间水平气温梯度小，不足以形成热力环流时，也没有海陆风出现。因此，只有在大范围气压场气压梯度比较弱而气温日变化大的地区和季节，才容易出现海陆风。吹海风时，从海洋上带来大量水汽，使陆上空气湿度增大，有时会形成低云或雾，甚至产生降水。海风还可以降低气温，使沿海地区在夏季并不十分炎热。

6.5.2　山谷风

当大范围水平气压场比较弱时，在山区白天地面风常从谷地吹向山坡，晚上地面风常从山坡吹向谷地，这就是山谷风。山谷风是由于山地热力因子形成的，白天因坡上的空气比同高度上的自由大气增热强烈，于是暖空气沿坡上升，成为谷风，谷地上面的自由大气，由于补偿作用，从相反的方向流向谷地，成为反谷风。夜间由于山坡上辐射冷却，使邻近坡面的空气迅速冷却，密度增大因而沿坡下滑，流入谷地，成为山风，谷底的空气因辐合而上升，并在谷地上空向山坡上空流动，成为反山风，形成与白天相反的热力环流（图 6.16）。

(a) 谷风　　　(b) 山风

图 6.16　谷风和山风

山谷风是山区经常出现的一种现象，只要气压场比较弱，这种局地热力环流就表现得十分明显。一般在早晨日出后 2～3h 开始出现谷风，并随着地面增热，风速逐渐加强，午后达到最大；以后因为温度下降，风速逐渐减小，在日落前 1～1.5h 谷风平息而逐渐代之以山风。山谷风还有明显的季节变化，冬季山风比谷风强，夏季则谷风比山风强。

6.5.3　焚风

沿着山坡向下吹的干热风叫焚风，其原理见3.4节。当气流越过山脉时，在迎风坡上升冷却，起初是按照干绝热直减率降温，当空气湿度达到饱和时水汽凝结，气温就按湿绝热直减率降低，大部分水分在山前降落。过山顶后，空气沿坡下降，并基本上按干绝热直减率（即1℃/100m）增温，这样过山后的空气温度比山前同高度的温度要高得多，湿度也小得多。焚风吹来时，有干热如焚的现象。出现焚风时，可使积雪融化，有利于农田灌溉，但也可以造成粮食作物早熟，影响产量。强大的焚风可以引起森林火灾。焚风是山地经常出现的一种现象，白天夜晚都可出现，例如偏西气流经过太行山下降时，位于太行山东麓的石家庄就会出现焚风。其他如亚洲的阿尔泰山、欧洲的阿尔卑斯山、北美的落基山等都是著名的焚风区。

6.5.4　峡谷风

当空气由开阔地区进入山地峡谷口时，气流的横截面积减小，由于空气质量不可能在这里堆积，于是气流加速前进，从而形成强风（图6.17），这种风称为峡谷风。在我国的台湾海峡，松辽平原等地，两侧都有山岭，地形像喇叭管。当气流直灌管口时，经常出现大风。

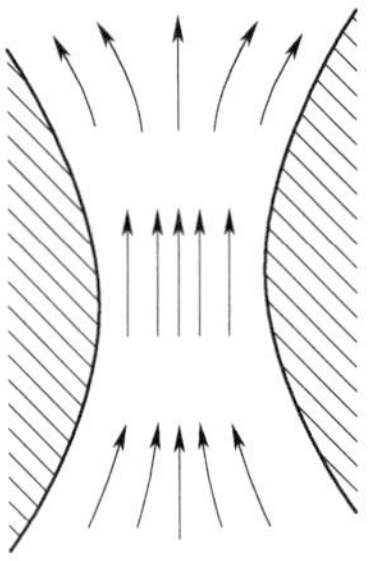

图6.17　峡谷风示意图

思考题与练习题

1. 大气环流形成的主要因子是哪些？
2. 画图并说明经向三圈环流及与其相对应的行星风系、纬圈气压带的形成和分布。
3. 说明海陆分布如何改变低空和高空气压场的纬向带状结构。
4. 平均纬向环流、径向环流以及水平环流的特征是什么？
5. 冬夏大气环流有哪些显著差异？
6. 何为急流？温带急流有什么特点？
7. 何为季风？夏季风的特征及作用是什么？
8. 东亚季风对中国降水有怎样的影响？
9. 局地风有哪些种？分别是如何形成的？

第7章

天气系统

7.1 气 团 与 锋

资源 7.1

气团与锋

7.1.1 气团

气团是指气象要素（主要指温度、湿度和大气静力稳定度）在水平分布上比较均匀的大范围空气团。其水平范围从几百千米到几千千米，垂直范围可达几千米到十几千米。同一气团内的温度水平梯度一般小于1～2℃/100km，垂直稳定度及天气现象也都变化不大。

1. 气团的形成

气团形成的源地需要两个条件：一是范围广阔、地表性质比较均匀的下垫面。空气中的热量、水分主要来自下垫面，因而下垫面性质决定着气团的属性。在冰雪覆盖的地区往往形成冷而干的气团。在水汽充沛的热带海洋上，常常形成暖而湿的气团。在沙漠或干燥大陆上形成干而热的气团。所以，大范围性质比较均匀的下垫面，可成为气团形成源地。二是有一个能使空气物理属性在水平方向均匀化的环流场。例如，缓行的高压（反气旋）系统（高纬地区的准静止冷高压和副热带高压等），在其控制下不仅能使空气有充足时间同下垫面进行热量和水分交换，以获得下垫面属性，而且高压中的低空辐散流场利于空气温度、湿度的水平梯度减小，趋于均匀化，成为有利于气团形成的环流条件。气团的形成是在具备了上述两个条件下，主要通过大气中各种尺度的湍流、大范围系统性垂直运动以及蒸发、凝结和辐射等动力、热力过程而与地表间进行水汽和热量交换，并经过足够长的时间来获得下垫面的属性影响。此外，空气中的平流作用也伴随着热量和水分的输送，影响着气团中某一部分热量和水分的增减和分布，并可能引起气团稳定度的变化。

2. 气团的变性

气团形成后，随着环流条件的变化，由源地移行到另一新的地区时，由于下垫面性质以及物理过程的改变，气团的属性也随之发生相应的变化，这种气团原有物理属性的改变过程称为气团变性。气团的变性过程同气团的形成过程一样，也是通过湍流、大范围垂直运动和蒸发、凝结、辐射等物理过程来实现的。气团总是随着大气的运动而不停地移动着，停滞或缓行的状态只是暂时的、相对的。因而气团的变性是经常的、绝对的。而气团的形成只是不断变性过程中的一个相对稳定阶段。日常所见到的气团大多是已经离开源地而有不同程度变性的气团。

3. 气团的分类

为了分析气团的特性、分布、移动规律，常常对地球上的气团进行分类。

分类的方法大多采用地理分类法和热力分类法。

地理分类法是根据气团源地的地理位置和下垫面性质进行分类。首先按源地的纬度位置把北（南）半球的气团分为四个基本类型，即冰洋（北极和南极）气团、极地（中纬度）气团、热带气团和赤道气团。再根据源地的海陆位置，把前三种基本类型又分为海洋型和大陆型。赤道气团源地主要是海洋，就不再区分海洋型和大陆型。这样，每个半球划分出 7 种气团（表 7.1）。

表 7.1　　气团的地理分类

名　称	符号	主要天气特征	主要分布地区
冰洋（北极、南极）大陆气团	Ac	气温低、水汽少、气层非常稳定，冬季入侵大陆时会带来暴风雪天气	南极大陆、65°N 以北冰雪覆盖的极地地区
冰洋（北极、南极）海洋气团	Am	性质与 Ac 相近，夏季从海洋获得热量和水汽	北极圈内海洋上、南极大陆周围海洋
极地（中纬度或温带）大陆气团	Pc	低温、干燥，天气晴朗，气团低层有逆温层，气层稳定，冬季多霜、雾	北半球中纬度大陆上的西伯利亚、阿拉斯加一带
极地（中纬度或温带）海洋气团	Pm	夏季同 Pc 相近，冬季比 Pc 气温高，湿度大，可能出现云和降水	主要在南半球中纬度海上以及北太平洋、北大西洋中纬度洋面上
热带大陆气团	Tc	高温、干燥、晴朗少云，低层不稳定	北非、西南亚、澳洲和南美一部分的副热带沙漠区
热带海洋气团	Tm	低层温暖、潮湿，且不稳定，中层常有逆温层	副热带高压控制的海洋上
赤道气团	E	湿热不稳定，天气闷热，多雷暴	在南北纬 10°之间

热力分类法是依据气团与流经地区下垫面间热力对比进行的分类。凡是气团温度高于流经地区下垫面温度的，称暖气团。相反，气团温度低于流经地区下垫面温度的，称冷气团。冷、暖气团是相对比较而言，两者之间并没有绝对温度数量界限。日常天气分析中还常依据气团与相邻气团间的温度对比划分冷、暖气团，温度相对高的称暖气团，温度相对低的称冷气团。暖气团一般含有丰富的水汽，容易形成云雨天气。冷气团一般形成干冷天气。

我国的大部分地区处于中纬度，冷、暖气流交绥频繁，缺少气团形成的环流条件。同时，地表性质复杂，没有大范围均匀的下垫面作为气团源地。因而，活动在我国境内的气团，大多是从其他地区移来的变性气团，其中最主要的是极地大陆（变性）气团和热带海洋气团。

7.1.2　锋

（1）锋的概念。

大气中冷暖气团相遇后，其间有一个界面，不同性质气团之间的界面实际上是一个过渡层，这个过渡层就称之为锋。

锋具有一定厚度并在空间呈倾斜状态，随高度它总是向冷空气一侧倾斜，锋的下方为冷气团，上方为暖气团。靠近冷空气一侧的界面叫下界，靠近暖空气的一侧叫上界，如图 7.1 所示。锋与空间某一平面或某一垂直面相交的区域称为锋区。锋区的水平宽度在近地面层约几十千米，在高空可达200～400km，甚至更宽一些。锋的长度可延伸数百千米至数千千米。锋的宽度和长度相比是很小的，因此锋可近似的认为是一个几何面，称为锋面。锋面和地面的交线称为锋线。锋面和锋线通称为锋。

由于锋两侧是空气密度不同的冷暖气团，空气密度大的冷气团受气压梯度力作用排挤空气密度小的暖气团，并迫其缓慢倾斜地滑升在它上方，所以锋的重要特征是在三维空间中呈倾斜状态（图7.2）。锋面在空间的倾斜程度称为锋面坡度，锋面与地平面的交角称锋面倾斜角（α）。一般锋面坡度大，锋所影响的水平地围小；锋面坡度小，受到影响的水平区域大。

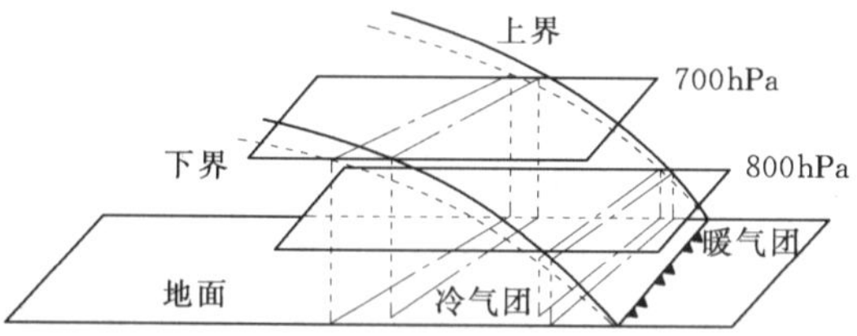

图7.1　锋面的空间结构

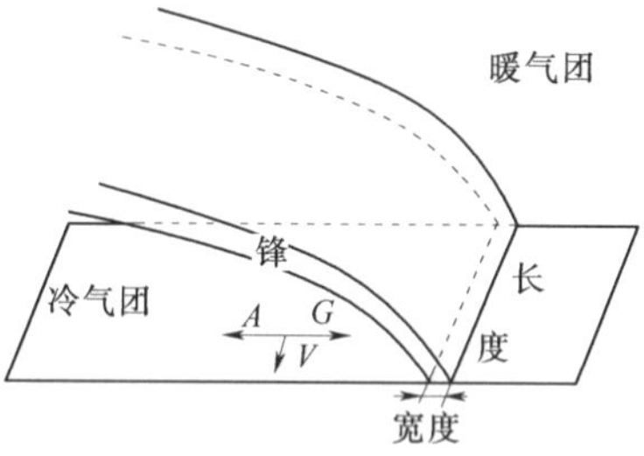

图7.2　锋面坡度

（2）锋的分类。

根据锋两侧冷、暖气团移动方向和结构状况，一般把锋分为冷锋、暖锋、准静止锋和锢囚锋四种类型。

冷锋是锋在移动过程中，锋后冷气团占主导地位，推动着锋面向暖气团一侧移动的锋。冷锋又因移动速度快慢不同，分为一型（慢速）冷锋和二型（快速）冷锋。暖锋是锋在移动过程中，锋后暖气团起主导作用，推动着锋面向冷气团一侧移动的锋。准静止锋是冷、暖气团势力相当或有时冷气团占主导地位，有时暖气团又占主导地位，锋面很少移动或处于来回摆动状态的锋。锢囚锋是当冷锋赶上暖锋，两锋间暖空气被抬离地面锢囚到高空，两锋间的冷气团合并形成的锋。

（3）锋面天气。

锋面天气主要指锋附近的云系、降水、风、能见度等气象要素的分布和演变状况。而这些气象要素的分布和演变主要决定于锋面坡度大小、锋附近空气垂直运动状态、气团含水量和稳定度等因素。这些因素的不同组合状况构成了多种多样的锋面天气。

1）暖锋天气。如图7.3所示，暖锋的坡度较小，约在1/150左右。暖锋中暖气团在推挤冷气团过程中缓慢沿锋面向上滑行，滑行过程中绝热冷却，当升到凝结高度后在锋面上产

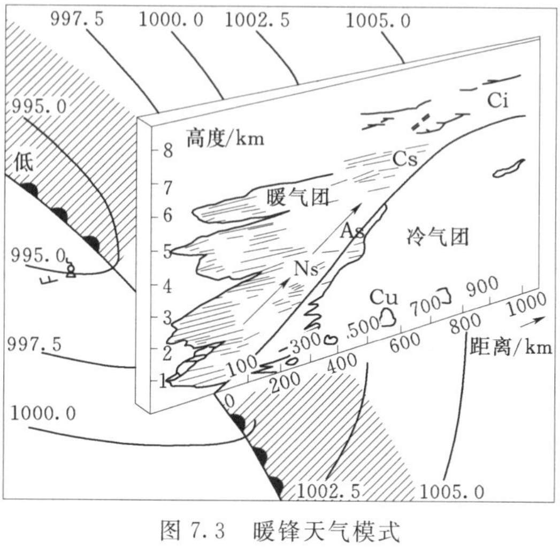

图7.3　暖锋天气模式

生云系，如果暖空气滑行的高度足够高，水汽又比较充足时，锋上常常出现广阔的、系统的层状云系。典型云序为：卷云（Ci）、卷层云（Cs）、高层云（As）、雨层云（Ns）。云层的厚度视暖空气上升的高度而异，一般可达几千米，厚者可到对流层顶，而且距地面锋线越近，云层越厚。暖锋降水主要发生在雨层云内，多是连续性降水。降水宽度随锋面坡度大小而有变化，一般为 300～400km，暖锋云系有时因空气湿度和垂直速度分布不均匀而造成不连续，可能出现几千米甚至几百千米的无云空隙。

夏季暖空气不稳定时，可能出现积雨云、雷雨等阵性降水。春季暖气团中水汽含量较少时，可能仅仅出现一些高云，很少有降水。在我国明显的暖锋出现得较少，大多伴随着气旋出现。春、秋季一般出现在江淮流域和东北地区，夏季多出现在黄河流域。

2）冷锋天气。一型冷锋（缓行冷锋）移动缓慢、锋面坡度较小（在 1/100 左右），其天气模式如图 7.4 所示。当暖气团比较稳定、水汽比较充沛时，产生与暖锋相似的层状云系，只是云系的分布序列与暖锋相反，而且云系和雨区主要位于地面锋后。由于锋面坡度大于暖锋，因而云区和雨区都比暖锋窄些，且多稳定性降水。但当锋前暖气团不稳定时，在地面锋线附近也常出现积雨云和雷阵雨天气。这类冷锋是影响中国天气的重要天气系统之一，一般由西北向东南移动。

二型冷锋（急行冷锋）移动快、坡度大（1/40～1/80），其天气模式如图 7.5 所示。冷锋后的冷气团势力强，移速快，猛烈地冲击着暖空气，使暖空气急速上升，形成范围较窄、沿锋线排列很长的积状云带，产生对流性降水天气。夏季时，空气受热不均，对流旺盛，冷锋移来时常常狂风骤起、乌云满天、暴雨倾盆、雷电交加，气象要素发生剧变。但是，这种天气历时短暂，锋线过后气温急降，天气豁然晴朗。在冬季，由于暖气团湿度较小、气温较低，不可能发展成强烈不稳定天气，只在锋前方出现卷云、卷层云、高层云、雨层云等云系。当水汽充足时，地面锋线附近可能有很厚、很低的云层和宽度不大的连续性降水。锋线一过，云消雨散，出现晴朗、大风、降温天气。

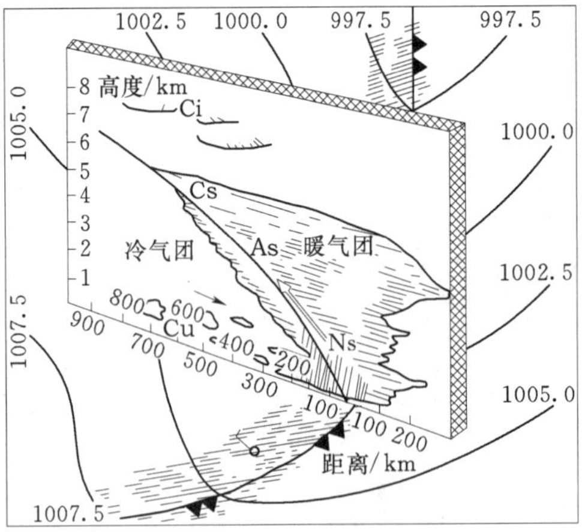

图 7.4　第一型冷锋天气

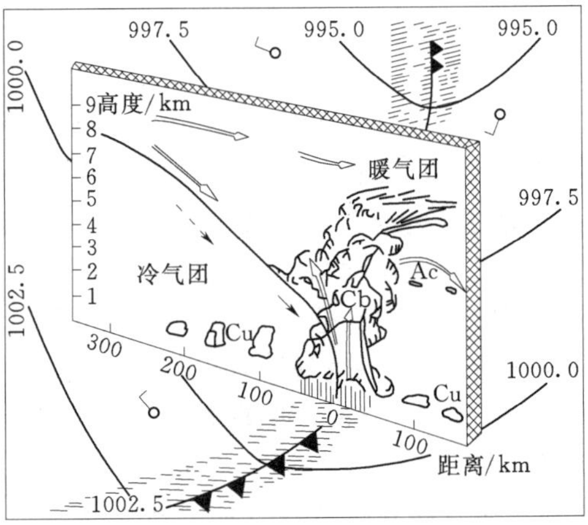

图 7.5　第二型冷锋天气

冷锋在我国活动范围甚广，几乎遍及全国，尤其在冬半年，北方地区更为常见，它是影响我国天气的重要天气系统。我国的冷锋大多从俄罗斯、蒙古进入我国西北地区，然后南下。冬季时多二型冷锋，影响范围可达华南。但其移到长江流域和华南地区后，常常转变为一型冷锋或准静止锋。夏季时多一型冷锋，影响范围较小，一般只达黄河流域。

(3) 准静止锋天气。中国的准静止锋一般是由冷锋演变而成的，它的坡度很小(约为 1/250)。准静止锋的天气，类似于第一型冷锋，但由于准静止锋的坡度较第一型冷锋为小，因此云雨区比冷锋宽广。在冬半年，当准静止锋的坡度特别小时，由于暖空气滑升到离地面锋线一定距离之外才能成云致雨，故云雨区不紧靠锋线，而是离锋线有一定距离。

由于准静止锋运动缓慢，并常常来回摆动，使阴雨天气持续长达 10 天至半个月，甚至一个月以上，“清明时节雨纷纷”就是江南地区这种天气的写照。初夏时，如果暖气团湿度增大，低层升温，气层可能呈现不稳定状态，锋上也可能形成积雨云和雷阵雨天气。若在低空有切变线或低涡相配合，多有显著的降水现象，有时甚至可产生暴雨。梅雨时期江淮流域的准静止锋常出现这种天气。

(4) 锢囚锋天气。锢囚锋是由两条移动着的锋合并而成。所以它的天气仍保留着原来两条锋的天气特征，如图 7.6 所示。如果锢囚锋是由两条具有层状云系的冷、暖锋合并而成，则锢囚锋的云系也呈现层状，并近似对称地分布在锢囚点的两侧。当这种锋过境时，云层先由薄到厚，再由厚到薄。如果两锋锢囚时，一条锋是积状云，另一条是层状云，那么锋锢囚后积状云和层状云相连。锢囚锋降水不仅保留着原来锋段降水的特点，而且由于锢囚作用促使上升作用发展，暖空气被抬升到锢囚点以上，利于云层变厚、降水增强、降雨区扩大。在锢囚点以下的锋段，根据锋是暖式或冷式而出现相应的云系。由上可知，锢囚锋过境时，出现与原来锋面相联系而更加复杂的天气。

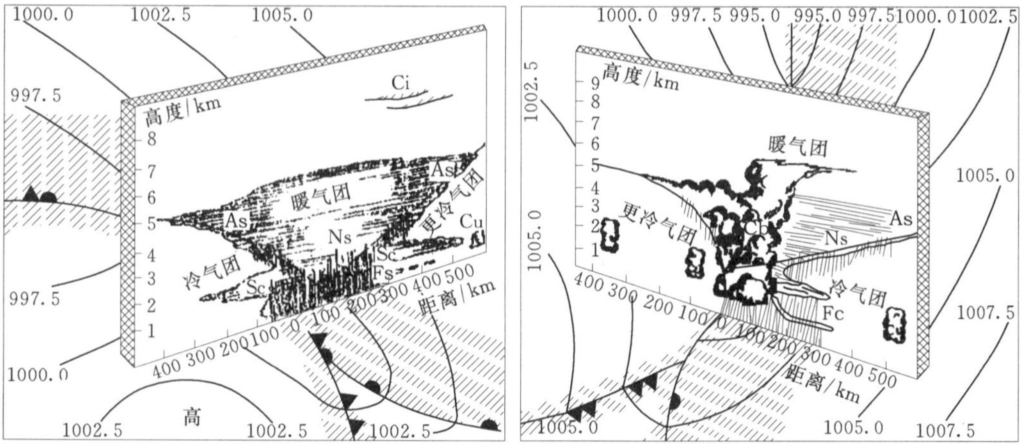

(a) 冷式锢囚锋　　(b) 暖式锢囚锋

图 7.6 锢囚锋天气

在中国锢囚锋主要出现在锋面频繁活动的东北、华北地区，以春季较多。冬半年在西北、华北、华东地区，还出现地形锢囚锋。

锋面的降雨一般占到各地年降雨量的60%左右，在华中和华北则超过80%。如锋面在某区域停留持续时间较长，有可能形成严重水灾。

7.2 中高纬度天气系统

7.2.1 西风带中的槽脊和切变线

1. 大气长波

西风带冬天有“三槽三脊”，夏天有“四槽四脊”指的就是大气环流中存在的长波槽脊，或称为大气长波。大气长波是指波长较长、振幅较大、移动较慢、维持时间较长的波动。其波长一般在5000～7000km或50～100个经距，因而围绕着中高纬的纬圈可出现3～6个长波，冬半年常维持着4～5个长波。长波自西向东移动，移速较慢，通常1天不超过10个经度，有时呈静止状态，也有时表现出不连续的向后“倒退”现象。长波维持的时间一般在3～5天以上。

长波在高空图上与等高线的波形相对应，等温线也呈波形，一般情况下等温线的位相稍稍落后于等高线，具有冷槽、暖脊的温压结构。槽前是暖平流，槽后是冷平流。高空槽前对应着地面低压（锋面气旋），槽后对应高压。近代研究还发现，由于地形和海陆分布的强迫作用而形成的波长为几万千米的波动，称为超长波，是准静止的。中高纬绕地球一周可有1～3个超长波，其生命期约为10天左右。

长波槽和脊的活动不仅是维持大气环流的一种重要机制，而且是中高纬度小尺度天气系统产生和发展的背景条件。因而长波的稳定和调整往往引起与其联系的天气系统的变化，甚至造成环流形势的转换。

2. 短波槽（高空低压槽）

短波槽就是指高空低压槽，也可简称为高空槽，它们活动在对流层低层、中层西风带上。一年四季都可出现，以春季最为频繁，高空槽的波长大约1000多千米，自西向东移动。槽前盛行暖湿的西南气流（上升气流），常成云致雨；槽后盛行干冷的西北气流（下沉气流），多晴冷天气。一次高空槽活动反映了不同纬度间冷、暖空气的一次交换过程，给中高纬地区造成阴雨和大风天气。活动于我国的高空槽有西北槽、青藏槽和印缅槽，它们大多从上游来，很少产生于我国。当温度场与气压场配置适当时（槽后有冷平流，脊后有暖平流），短波可以逐渐发展成长波，反之，长波也可减弱并分裂成短波。

3. 切变线

切变线是指风向或风速分布的不连续线，是发生在850hPa或700hPa等压面上的天气系统。切变线两侧风向构成气旋式切变，但两侧的温度梯度却很小，这是切变线与锋的主要区别。根据切变线附近的风场形式一般划分为三种类型，分别是冷锋式切变线、暖锋式切变线和准静止锋式切变线，其形式如图7.7所示。这三种形式的切变线随两侧气流的强弱变化可以相互转化。切变线上的气流呈气旋式环流，水平气流辐合明显，有利于上升气流发展，产生云雨天气。一般而言，冷锋式切变线以偏北风为主，水汽含量少，移动速度快，降水时间不长，降水量不大。暖锋式切变线上气旋性环流强，偏南风含有水汽多，云层厚，降水时间较长，降水量较多，有时还形成雷阵雨和阵性大风。准静止锋式切变线上虽然风向切变很强，但气流辐合较弱，云层相对较薄，降水时间较长，但降水量不大。

(a) 冷锋式切变　(b) 暖锋式切变　(c) 准静止锋式切变

图 7.7　切变线示意图

切变线在一年内各个季节都可能出现，但以冷、暖空气频繁活动的晚春、初夏为多。根据切变线出现地区的不同，中国东部地区主要有三种切变线：华南切变线的活动与华南春季的低温阴雨天气有一定的联系，6—7 月份的江淮切变线的活动与长江中下游的梅雨关系密切，华北切变线是华北和东北南部地区 7—8 月份雨季的一种重要天气系统。

7.2.2 阻塞高压和切断低压

阻塞高压和切断低压是大气长波在发展过程中槽脊加强、振幅加大演变而成的闭合系统，是中高纬度高空的重要环流系统。这种形势的建立或崩溃，对其所控制的地区及下游地区会产生巨大影响。阻塞形势是一种稳定的形势，可以维持相当长的时间，它的长期维持，大范围地区可能出现长期降水，会带来大范围地区的气候反常现象，因此，气象工作者和水文工作者都非常关注它们的动态。

1. 阻塞高压

西风带长波脊加强时，往往表现为向北伸展，并在脊中出现闭合的等高线，形成暖高压中心，即阻塞高压，简称阻高（图 7.8）。阻塞高压的中心位于 50°N 以北（以 56°～58°N 最多）；持续的时间至少不少于 5d，有时可达到 20 天以上；阻塞高压存在时，在地面图上和 500hPa 等压面图上同时出现闭合等值线，而且在 500hPa 上，阻塞高压将西风急流分为南北两支；阻塞高压沿纬度每天移动不超过 7～8 个经度，常呈准静止状态，有时甚至向西倒退。

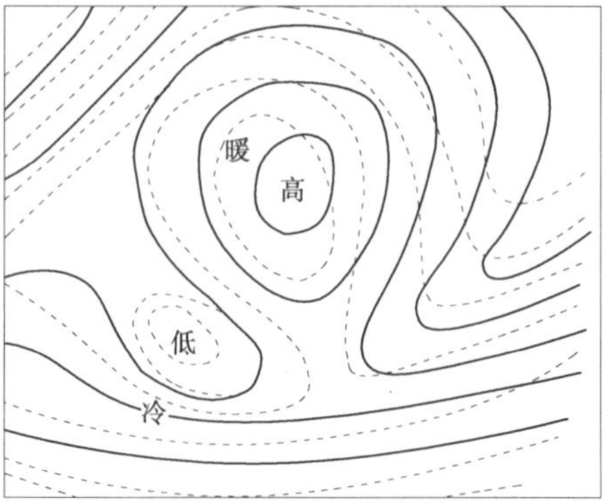

图 7.8　阻塞高压与切断低压示意图

阻高的建立、维持和崩溃过程在其控制区以及其周围地区形成着不同的天气过程。如果阻高维持时间过长或过短都可能造成大范围天气反常现象。

阻塞高压发生在暖空气活跃，冷空气也较强的地区和季节，因而有明显的地区性和季节性。最常出现在北大西洋东北部和北太平洋东部阿拉斯加地区，以春秋最多。

在乌拉尔山和鄂霍次克海地区也常有阻塞高压，其强度不大，但对中国的影响很大。阻高控制下的天气一般是晴朗的，但阻高的不同部位由于运行气流属性的差异，形成的天气有所不同。高压东部盛行偏北气流，有冷平流和下沉运动，天气以冷晴为主。西部盛行偏南气流，有暖平流和上升运动，天气较暖且多云雨。南北两侧多稳定的西风气流，并常伴有短波运动，天气时阴、时晴。

2. 切断低压

切断低压又叫冷涡，是出现于对流层中上层的温压场结构比较对称的冷性气压系统，在高空等压面上表现为与北方冷空气主体割裂的孤立冷空气。切断低压的出现形式大致有两种：一种是闭合低压单独出现，在它的两侧或两边有明显的高压脊或高压。另一种是与阻塞高压同时出现，切断低压位于阻高的东南或西南侧，与阻高共同构成了大气环流的阻塞形势，如图 7.8 所示。

切断低压形成后，能维持 2～3 天或更长的时间，它往往由于无冷空气继续补充而逐渐填塞、消失。切断低压大多发生在冷暖空气都比较活跃的季节和地区，以春、秋较多，北美、西欧地区较多，北太平洋、北大西洋以及亚洲大陆上空也有形成。我国东北地区春末夏初出现的切断低压，称东北冷涡。

切断低压内的天气因部位不同而有差异。低压前部（东和东南侧）因低层有冷暖空气交会，常有锋面气旋波动发生，有云雨天气出现。后部（西侧）因不断有冷空气南下，常有冷锋和切变线生成，有阵性降水出现。

7.2.3 温带气旋和反气旋

资源 7.2

温带气旋

1. 温带气旋

气旋是指在同一高度上中心气压比四周气压低很多的水平涡旋。在北半球，空气逆时针旋转；南半球则相反。气旋分为锋面气旋和无锋面气旋。锋面气旋是指气旋中有锋面，温度分布很不对称，一般移动性较大。无锋面气旋是指气旋中无锋面，一般分为暖性气旋（热低压）和冷性气旋（冷涡）。

温带气旋是指具有锋面结构的低压，因而又称锋面气旋，它主要活动在中高纬度，更多见于温带地区，是温带地区产生大范围云雨天气的主要天气系统。

(1) 锋面气旋的结构模式。锋面气旋结构是指其温度场和气压场的垂直分布，也就是系统的高空与地面配合问题。锋面气旋的发生、发展和演变过程，因其所处的条件不同而有一定的差别，一般将其分为初生阶段、成熟阶段、锢囚阶段和消亡阶段。

锋面气旋的结构因形成条件和发展阶段的不同，有很大差别，但是发展成熟的锋面气旋的温压场、流场和天气现象又具有一些共同的特征。从上面看，锋面气旋是一个逆时针旋转的涡旋，中心气压很低，自中心向前方伸展一条暖锋，向后方伸展一条冷锋，冷、暖锋之间是暖空气，冷、暖锋以北是冷空气，锋面上的暖空气呈螺旋上升，锋面的冷空气呈扇形扩散下沉。如图 7.9 所示。图中上部和下部分别表示气旋中心以北和以南（穿过暖区）垂直剖面上的云系和空气运动状况，剖面的取向与气旋运动方向一致。中部为气旋中的天气模式。从垂直方向看，地面气旋的上空是高空槽前气流的辐散区，低层是气流辐合区。在气旋前部和中心区有上升气流，气旋后部有下沉气流。由于气旋从低层到高层是一个一半冷、一半暖的温度不对称系统，因而其低压中心轴线自下而上向冷区偏斜。

（2）锋面气旋的天气模式。锋面气旋的天气与锋面紧密相连，而且在气旋的不同发展阶段，其天气也是不同的。这里只介绍成熟阶段锋面气旋的天气模式。

成熟阶段锋面气旋云和降水的分布模式如图 7.9 所示，图中阴影区为降水区。气旋的前方是宽阔的暖锋云系和连续性降水天气，气旋后方是比较狭窄的冷锋云系和降水天气，在暖锋天气的前方和冷锋天气的后方是冷气团天气，并有毛毛雨等现象，有时还出现雾。如果气团干燥，只能形成一些薄云而无降水。

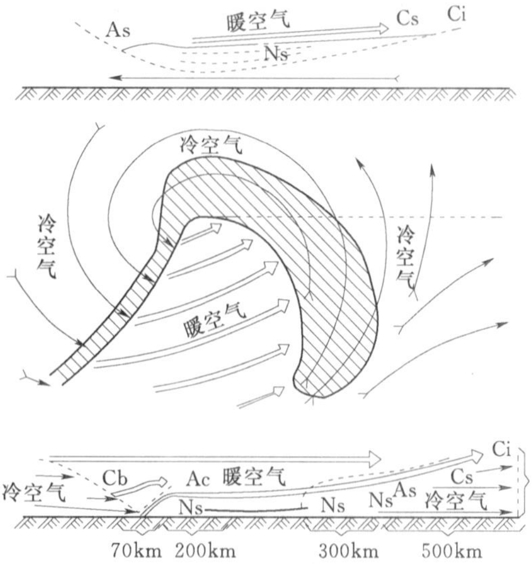

图 7.9　锋面气旋的结构模式

资源 7.3

温带反气旋

2. 温带反气旋

所谓反气旋是中心气压高于周围的大气涡旋，在海平面气压场上表现为由若干条闭合等压线组成的高压区，在北半球，反气旋内的空气做顺时针方向旋转，并由中心向四周辐散。反气旋中心盛行下沉气流，所以反气旋区一般伴有晴好天气。反气旋可分为：冷性反气旋——主要由冷空气组成的反气旋，习惯上称为冷高压；暖性反气旋——指中心暖于四周的反气旋，习惯上称为暖高压。

温带反气旋是指活动在中、高纬度地区的反气旋。一般分为两类：一类是相对稳定的冷性反气旋；另一类是与锋面气旋相伴移动的反气旋，称移动性反气旋。

（1）冷性反气旋和寒潮。冷性反气旋发生于极寒冷的中纬度和高纬度地区，如北半球的格陵兰、加拿大、北极、西伯利亚和蒙古等地，以冬季最多见。其势力强大、影响范围广泛，往往给活动地区造成降温、大风和降水，是中、高纬地区冬季最突出的天气过程。冷性反气旋出现在近地面层内，由冷空气组成，势力十分强大，中心气压值达 1030～1040hPa，强时达 1080hPa。根据静力学原理，它随高度而减弱，到高空变为冷低区，因而冷高压是一种浅薄天气系统，平均厚度不到 3～4km，700hPa 以上踪迹不清，500hPa 以上就完全不存在了。冷性反气旋的水平范围很大，直径达数千千米，几乎可以和大陆、海洋的面积相比拟。

亚洲大陆面积广大，北部地区冬半年气温很低，南部又有青藏高原和东西走向的高大山脉阻挡冷空气南下，因而成为北半球冷性反气旋活动最为频繁、发展最为强大的地区。冷性反气旋在其发展、增强时期常常静止少动，但当高空形势改变时，会受高空气流引导而移动。当其南移时，就造成一次冷空气袭击，如果冷空气十分强大，如同寒冷潮流滚滚而来，给流经地区造成剧烈降温、霜冻、大风等等灾害性天气，这种大范围的强烈冷空气活动，称为寒潮。

（2）移动性反气旋。是形成于高空锋区下方与锋面气旋相伴出现的水平范围较小、强度不大的反气旋。它随同锋面气旋一起自西向东移动。当出现气旋族时，它位于两个气旋之间，又称居间反气旋。移动反气旋的天气是：其东部（前部）具有冷锋天气特征，西部（后部）具有暖锋天气特征，中心区附近天气晴朗、风力不大。移动性反气旋当其发展强大时可转变成强大的冷性反气旋。无论是冷性反气旋或移动性反气旋，当其向低纬移动后，冷气团变性增暖，强度减弱，最后前缘锋面消失，并入副热带高压。

7.3 低纬度天气系统

资源 7.4
副热带高压

7.3.1 副热带高压带

1. 副热带高压概述

在整个北半球的副热带地区，一般在纬度 25°～35°N 范围是一个副热带高压地带。由于海陆分布及地势差异，副热带高压（简称副高）并不是在副热带纬圈成连续带状分布，而是形成若干高压闭合中心，即暖性反气旋系统。

副高的强度和规模随季节而有变化。夏季时北半球副高的强度、范围迅速增大，盛夏时增至最强，范围几乎占北半球的 1/5～1/4。冬季时，北半球副高强度减弱，范围缩小，位置南移、东退。南半球副高的季节变化状况与北半球相反。

副高内的天气，由于盛行下沉气流，以晴朗、少云、微风、炎热为主。高压的北、西北部边缘因与西风带天气系统（锋面、气旋、低槽）相交绥，气流上升运动强烈，水汽比较丰富，因而多阴雨天气。高压南侧是东风气流，晴朗少云，低层潮湿、闷热，但当热带气旋、东风波等热带天气系统活动时，也可能产生大范围暴雨和中小尺度雷阵雨及大风天气。高压东部受北来冷气流的影响，形成较厚逆温层，产生少云、干燥、多雾天气，长期受其控制的地区，久旱无雨，出现干旱，甚至变成沙漠气候。

2. 副热带高压对我国天气气候的影响

副热带高压是副热带地区最主要的天气气候之一。它的活动不仅对中、低纬度天气起着主要作用，对中、高纬度地区的大气环流和天气气候变化也产生很大影响。尤其是西太平洋副热带高压的活动，与我国天气气候有密切关系。

西太平洋副热带高压是夏半年对我国天气气候影响最大的天气系统，特别是西太平洋高压的东西向脊线随着季节变化有南北跳跃移动的特征，这种南北移动对我国雨带的分布和移动很有影响。在 500hPa，多年逐月平均环流图上可以看出，5 月以前，西太平洋副高脊线在 15°N 以南，对我国华南天气有一定影响，但是比较大的变化还是从 6 月份开始的。6 月份副高脊线第一次北跳越过 20°N，西太平洋副高北侧的雨带正位于我国长江中下游和日本一带，正是梅雨开始的时期。至 7 月上、中旬，副高脊线第二次北跳越过 25°N，这时，梅雨结束，雨带从长江下游地区移至黄河流域。7 月底到 8 月初，副高脊线进一步越过 30°N，则华北和东北的雨季开始，而在长江中下游则在副高控制区内，天气酷热少雨，进入伏旱期，华南地区开始较多地受到台风影响。8 月中副高脊线达到最北，此后就开始南退。9 月退至 25°N 以南，江淮地区秋雨绵绵，长江以南秋高气爽。10 月份初便退至 20°N 以南，接着转为冬季形势（图 7.10）。

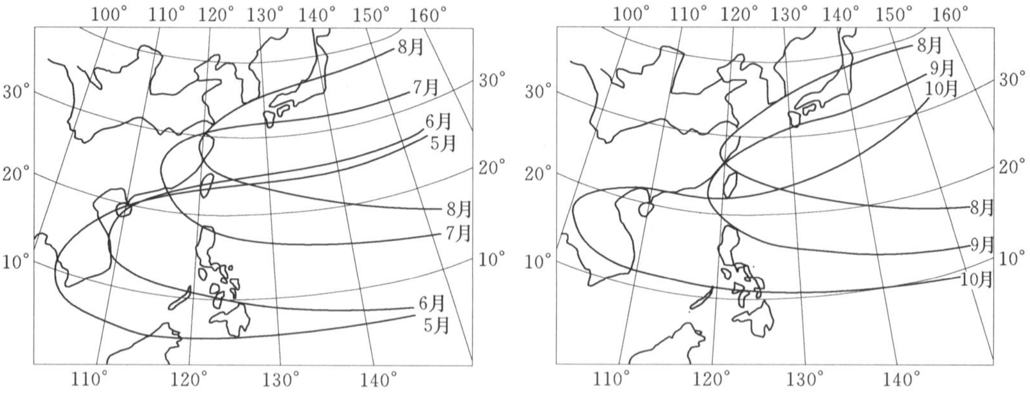

(a) 5—8 月　　　(b) 8—10 月

图 7.10　西太平洋副热带高压 500hPa 平均位置

7.3.2　赤道辐合带

赤道辐合带是南、北半球信风气流汇合形成的狭窄气流辐合带。由于辐合带区的气压值比附近地区低，亦称赤道槽。赤道辐合带环绕地球呈不连续带状分布，是热带地区重要的大型天气系统之一，其生消、强弱、移动和变化，对热带地区长、中、短期天气变化影响极大。

赤道辐合带按其气流辐合的特性分为两种类型：一种是在北半球夏季，由东北信风与赤道西风相遇形成的气流辐合带，因为这种辐合带活动于季风区，称季风辐合带；另一种是南、北半球信风直接交会形成的辐合带，称信风辐合带，如图 7.11 所示。

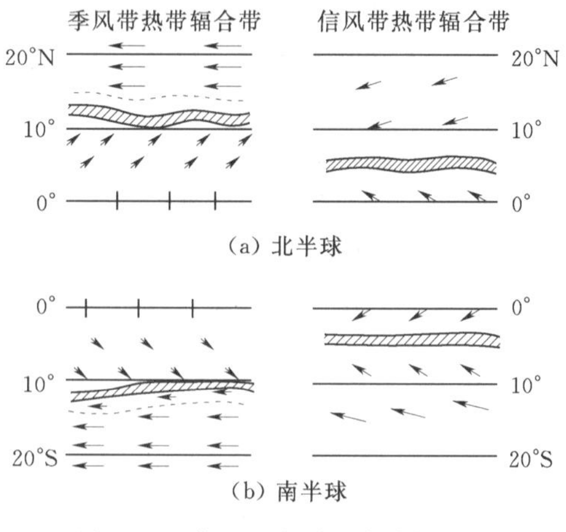

图 7.11　典型的赤道辐合带模式图

7.3.3　东风波

东风波是副高南侧（北半球）深厚东风气流受扰动而产生的波动。波动的波长一般 1000～1500km，长者达 4000～5000km，伸展的高度一般为 6～7km，有的达对流层顶。最大强度出现在 700～500hPa 之间。周期 3～7 天。移速约 20～25km/h。

东风波一般表现为东北风与东南风间的切变。其结构因地区而有不同。在西大西洋加勒比海地区，东风波呈倒 V 形模式，波轴随高度向东倾斜，槽前吹东北风，槽后吹东南风，槽前为辐散下沉气流区，湿层较薄，只生成一些小块积云或晴朗无云，槽后为辐合上升气流区，有大量水汽向上输送，湿层较厚，形成云雨。这种模式的形成是因为这里对流层中低层的偏东风风速是随高度减小的。

西太平洋东风波大多产生于西太平洋东部地区，平均波长约 2000km，移速约 25～

30km/h。由于西太平洋东部地区的低空为东风，高空常为西风，以致东风波波轴向东倾斜，云雨天气发生在槽后气流辐合上升区。当东风波移到西太平洋西部和南海地区时，因为低层经常有赤道西风，5km以上才是东风，因而东风波向上可伸到对流层中上层，在400～200hPa间最清楚，而且东风波风速随高度增大，其波轴逐渐变为向西倾斜，结果槽前气流辐合上升，湿层厚，多云雨天气，槽后气流辐散下沉，湿层浅，多晴好天气。西太平洋西部的东风波往往影响到我国华南、长江中下游和东亚地区，带来大雨和大风天气，发展较强的东风波可能出现闭合环流，使气压降低，中心风力增大和降水加强。东风波在适当条件下还可以发展成热带气旋。

7.3.4 热带云团

从卫星云图上发现，热带地区存在着大量深厚的由对流云组成的直径在100～1000km范围内的云区，称为云团。在天气图上很难分析出与云团相对应的天气系统，但东风波、热带气旋等天气系统大多是在云团基础上发展起来的。云团经过地区常常发生大风和暴雨。云团根据其尺度、产生的地区分为三种类型：

（1）季风云团，因同西南季风活动相联系而得名，是地球上规模最大的云团。其南北宽达10个纬距，东西长20～40个纬距，主要发生在热带的印度洋和东南亚地带。冬季时云团位于5°～10°N，6月中旬开始随季风向北推进，8月份进到20°～30°N。云团中常产生季风低压，有时可发展成孟加拉湾风暴，形成特大暴雨。

（2）普通云团，常发生在海洋上的热带辐合带中，尺度在4个纬距以上，常常是热带气旋、东风波等天气系统最初始的胚胎。这种云团对我国华南、华东等沿海地区有较大影响，能形成暴雨天气。

（3）小尺度云团（爆玉米花状云团），是由一些水平尺度为50km×50km的积雨云群组成，而每个积雨云群又由约10个积雨云单体组成，多发生在南美大陆的热带地区和我国西藏南部地区，有明显的日变化。云团是由尺度10～100km、生命期数小时到一天的中对流云系和尺度4～10km、生命期30min到数小时的小对流云系组成。中、小对流云系在随盛行风移动过程中，常常在上风侧形成，到下风侧消亡，不断新陈代谢，但在温度较高的海面上常保持不动，有时还发生云系积聚，出现暴雨。

7.3.5 热带气旋

1. 热带气旋的分类

热带气旋是形成于热带海洋上、具有暖心结构、强烈的气旋性涡旋。它来临时往往带来狂风、暴雨和惊涛骇浪，具有很大的破坏力，威胁着人民生命、财产安全，是一种灾害性天气。同时，热带气旋也带来充沛雨水，有利于缓和或解除盛夏旱灾，是热带地区最重要的天气系统。

热带气旋的强度有很大差异。据此，太平洋台风组织规定热带气旋名称和等级标准（表7.2）。

为了更好地识别和追踪风力强大的热带风暴和台风，我国从1989年起采用国际规定。常对其进行命名或编号。我国气象部门规定，凡出现在东经150°以西，赤道以北的热带风暴和台风，按每年出现顺序进行编号。例如，9306热带风暴、9304强热

表 7.2　　　　台 风 等 级 表

分　类	地面中心最大风速/(m/s)	风力（级）
热带低压	10.8～17.1	6～7
热带风暴	17.2～24.4	8～9
强热带风暴	24.5～32.6	10～11
台风（飓风）	32.7～41.4	12～13
强台风	41.5～50.9	14～15
超强台风	≥51.0	≥16

带风暴、9302 台风，表示 1993 年出现在东经 150°以西的第 6 号热带风暴、第 4 号强热带风暴、第 2 号台风。从 2000 年起，还同时给热带风暴按特定名字命名，如 2000 年 12 号台风名为“派比安”，14 号台风名为“桑美”。

资源 7.5
台风

2. 台风

（1）台风源地与集中区域。热带地区的气旋，多数是发展到一定程度后就逐渐减弱并消亡。但在海洋面上，也有能发展得非常强大而深厚的气旋，这就是众所周知的台风。台风是一个强大的海洋热带气旋，产生于低纬热带海洋面上，是由于高温、高湿和巨大的辐合上升运动所形成。根据统计，台风出现最多的地区在西太平洋。在西太平洋地区有三个台风集中区域：一是在菲律宾东侧的洋面上，二是在日本的关岛附近，三是在我国南海中部。在西太平洋地区发生的台风，也是我国东南沿海地区主要的灾害性的天气系统，平均大约每年都有 30～40 个台风移来我国，影响我国天气。

（2）台风路径。西太平洋台风主要有三条路径。

1）西移路径。当北半球西太平洋高压脊线呈东西走向，而且强大、稳定时，或西太平洋副高不断增强西伸时，台风从菲律宾以东洋面向西移动，经过南海在我国海南岛或越南一带登陆。

2）西北路径。当西太平洋高压脊线呈西北—东南走向时，台风从菲律宾以东洋面向西北方向移动，穿过琉球群岛，在我国江浙或横穿台湾海峡在浙、闽一带登陆。这条路径对我国影响范围较大，尤其华东地区。

3）转向路径。西太平洋副高东退海上时，台风从菲律宾以东海区向西北方向移动，然后转向东北方向移去，路径呈抛物线形。对我国东部沿海地区及日本影响较大。

根据统计，第一条西行台风一般发生在 6 月及 9—11 月，第二类登陆台风通常发生在 7—9 月，第三条海上转向台风一般发生在 7—10 月。

（3）台风的结构与天气。台风是一个强大而深厚的气旋性涡旋，发展成熟的台风，其低层按辐合气流速度大小分为三个区域（图 7.12）：①外圈，又称大风区，自台风边缘到涡旋区外缘，半径约 200～300km，其主要特点是风速向中心急增，风力可达 6 级以上；②中圈，又称涡旋区，从大风区边缘到台风眼壁，半径约 100km，是台风中对流和风、雨最强烈区域，破坏力最大；③内圈，又称台风眼区，半径约 5～30km。多呈圆形，风速迅速减小或静风。

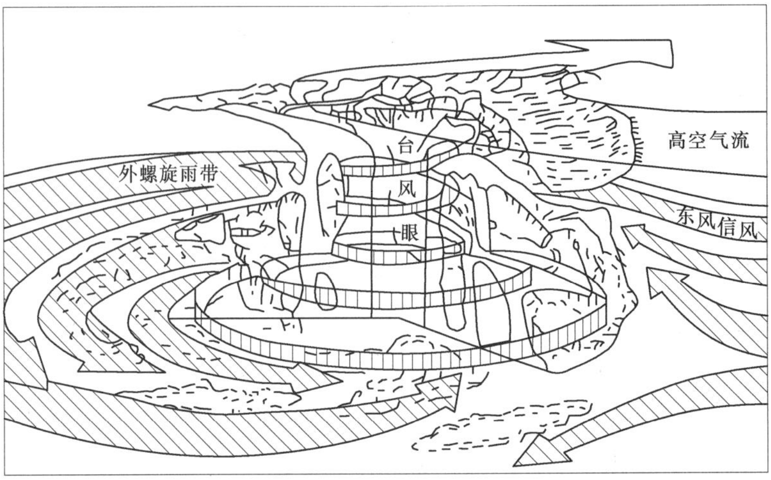

图 7.12　台风的三度空间流场及风系分布

台风带来的天气主要是狂风暴雨，台风引起的风暴潮也是造成破坏的主要原因之一。①台风暴雨。台风来临时，其降水强度之大是相当惊人的。一次台风过境，往往可造成几百至上千毫米的降水。②台风大风。台风区的气压梯度越大，风力的分布也是越近中心越强，最大风力分布在近中心周围的环形地带，而台风眼区的风力是很微弱的。由台风引起的大风相当强，风速一般在 25m/s 以上，达 50m/s 以上的暴风也不少见。在海上，强大台风的风速可达 100～120m/s。在台风中经常出现局地性强烈对流天气，它给小范围地区带来狂风骤雨，酿成灾害。它们的范围最大不超过 200～300km，最小的在 100m 以内，是台风中的中小尺度系统。

7.4 中小尺度天气系统

7.4.1 中小尺度天气系统的概念

天气系统按其空间、时间尺度可以划分为大尺度、中尺度、小尺度三类天气系统。此外，有人还把介于大尺度与中尺度之间的系统又划为一类，称为中间尺度（或次天气尺度）天气系统。我们在日常天气分析中经常接触到的气旋、反气旋、锋面、台风、高空槽（脊）长波等都是大尺度天气系统，它们的水平尺度一般都在几百千米至几千千米，生命期常达一天至几天。大气中还有像雷暴和强雷暴等一类空间尺度较小，生命期较短的天气系统叫作“中、小尺度天气系统”。中尺度系统（简称中系统）的水平范围大约在十几千米至二三百千米，生命期约为一小时至十几小时。小尺度系统（简称小系统）的水平范围只有几十米至几十千米，生命期只有几分钟至一小时。

关于天气系统的尺度划分方法很多，近年来比较普遍采用 Orlanski（1975）提出的尺度划分方案。按他的方案，水平尺度在 2km 以下的系统称为小尺度系统，2000km 以上的系统称为大尺度系统，2～2000km 的称为中尺度系统。中尺度系统又可分为三个等级，200～2000km 的称为中-α 尺度，20～200km 称为中-β 尺度，2～

20km 称为中-γ尺度。我们通常所说的“中尺度系统”，主要指中-β系统，而中间尺度或次天气尺度系统则相当于中-α尺度系统。中、小系统种类很多，中尺度系统主要有雷暴群、飑线等，小尺度系统有雷暴单体、龙卷等。此外，海陆风、山谷风以及尘卷风等也可包括在中小系统范畴内。本节主要研究与雷暴有关的中小尺度系统。这些系统在雷达回波上表现为中小尺度的回波团，在卫星云图上表现为中小尺度的云团，在气象要素场（天气图）上则表现为中小尺度的高压（脊）、低压（槽）等气压系统。一般所说的中小系统，常常是指天气图上分析出来的中小尺度的气压系统而言的。

7.4.2 典型的中小尺度天气系统

1. 低涡

低涡又称冷涡，是出现在中纬度地区对流层中层的一种强度较弱、范围较小的冷性低压。它在700hPa图上比较明显，有时在500hPa图上也有反映，常常只能画出一条，甚至画不出闭合的等高线，只有风场上的气旋式环流。低涡范围较小，一般只有几百千米。它存在和发展时，在地面上可诱导出低压或使锋面气旋发展加强。低涡中有较强的辐合上升气流，可产生云雨天气，尤其东部和东南部上升气流最强，云雨天气更为严重。低涡经常出现在我国西北和西南地区，分别称为西北涡和西南涡，前者以下半年多见，后者一年四季都可出现。

西南涡在源地时，可产生一些降水，降水主要分布在低涡的中心区及东南侧。当西南涡发展东移时，雨区也随之东移扩大，降水强度增大，可出现暴雨天气。

西南涡向东北方向移动时，常诱导地面气旋的发生发展，给黄河中下游地区带来大范围降水，夏半年可出现雷阵雨和暴雨。当低涡向偏东方向移动时，当经过两湖盆地后，常可诱生出气旋波，会出现暴雨和特大暴雨。低涡向东南方向移动时，可造成华南的阴雨天气。

2. 雷暴

产生雷暴的积云叫做雷暴云。一个雷暴云叫作一个雷暴单体，其水平尺度约十几千米。多个雷暴单体成群成带地聚集在一起叫做雷暴群或雷暴带。它们的水平尺度有时可达数百千米。每个雷暴单体的生命史大致可分为发展、成熟和消散三个阶段。每个阶段约持续十几分钟至半小时左右。在不同的阶段中雷暴云的结构有不同的特征（图7.13）。

对于单个的雷暴单体，它的发展阶段即积云阶段的主要特征是上升气流贯穿于整个云体。

成熟阶段的特征是开始产生降水，并且由于降水物的拖拽作用而产生了下沉气流。但在下沉气流的上方，上升气流仍贯穿云体。若雷暴云体是移动的，则垂直气流呈不对称分布。沿移动方向看，云体前部为上升区，后部为下沉区。在成熟阶段，云中物态复杂。到了冻结高度，由于过冷水大量冻结而释放潜热（80cal/g），使云顶突然向上发展。云顶到达对流层顶附近后向水平方向铺展，于是形成了云砧（图7.14）。

消散阶段的特征是下沉气流占据了云体的主要部分。

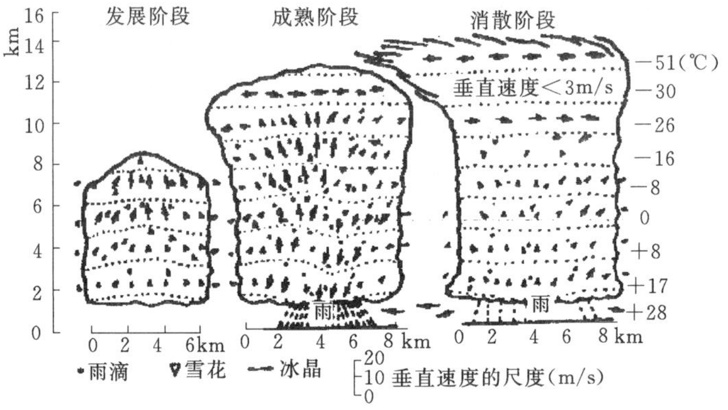

图7.13　一般雷暴结构模型

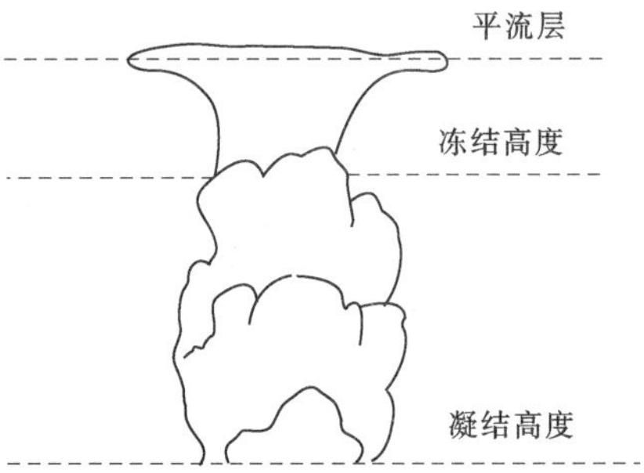

图7.14　雷暴单体中云砧形成示意图

有时在一个天气系统内有多个雷暴单体，它们构成了雷暴群。这种多单体的雷暴群的结构往往会随着每个单体的新陈代谢而发生变化。单体的生命期约为半小时至1小时，但多单体的雷暴群作为整体可存在几个小时。

发生雷暴时，通常出现雷电、阵雨、阵风等天气现象以及压、温、湿等气象要素的变化。这些现象主要发生在雷暴云的成熟阶段。

雷电是由积雨云中冰晶“温差起电”以及其他起电作用所造成的。一般当云顶发展到－20℃等温线高度以上时，云中便有了足够多的冰晶，因此，就会出现闪电和雷鸣。所以，第一次闻雷表明云顶已达－20℃等温线高度附近。一般来说，云中放电强度及频繁程度与雷暴云的高度、强度有关。随着云顶增高，闪电、雷鸣便越易频繁。因此，雷电现象可用以判断雷暴强度。

在雷暴云中的降雨可能是造成阵雨，也可能是暴雨，阵雨持续时间为几分钟到一小时不等，视雷暴云的强弱及含水量多少而定。雷暴群（带）中，每个单体强弱不一，所以降水量分布很不均匀。而且因雷暴云常常跳跃式地传播，因此降水量也有跳跃（间隔）式分布的情况。

有时雷暴非常强，同时伴有大风、冰雹、龙卷等严重灾害性天气现象。以严重降雹为主的强雷暴，有时也叫作“雹暴”，以强烈阵风为主的强雷暴，有时称为“飑暴”。强雷暴系统既具有与一般雷暴相同的特征，又具有其本身独有的特征。强雷暴与一般雷暴的主要区别表现在系统中的垂直气流的强度（前者一般比后者强得多）以及垂直气流的有组织程度和不对称性。在强雷暴中，当其发展到一定阶段时，会出现一个可以维持数小时之久的、近乎稳定的、较大较强的以及高度有组织和不对称的垂直环流。

3. 冰雹

冰雹是一种直径大于5mm的固体降水物。它是以雹胚（直径约0.2～0.3mm）

为核心，在雹云中碰冻过冷水滴长大而成的。大雹块有明、暗（乳色）交替的多层结构，一般有四五层，最多的有 28～30 层。

冰雹是冰雹云的产物，多数雹云都有以下五个方面的共同特点：

(1) 斜升气流强度较大，最大上升速度一般在 15m/s 以上。这样大的上升速度能承托住直径 15～20mm 的雹粒。一般来说，可能降落的最大雹块直径与最大上升速度大小成正比。同时由于上升气流较强，云体外观一般比较高大。

(2) 最大上升速度及水分累计区的高度一般在温度零度层以上，因此水分累积区中的水滴都是过冷水滴。这个过冷水滴累积区就成了生产冰雹的主要源地，称为“雹源”或“冰雹生长区”。

(3) 水分累积区的含水量较为丰富，一般都不小于 15～20g/m，累积区厚度不小于 1.5～2.0km 左右。雹胚在过冷水含量丰富的环境中，与过冷水碰冻的机会较多，所以增长较快，这种增长方式叫作“湿生长”。相反，在过冷水含量贫乏的环境中，与过冷水碰冻的机会较少，所以增长很慢，这种增长方式叫作“干生长”。雹云中要求过冷水含量丰富就是因为在这种情况下，才有利于雹胚湿生长。

(4) 有宜于形成“雹胚”的环境。雹胚可以是尘埃或云中的小冰晶等，但它们很小，增长成大雹需要很长的时间。而大的过冷水冻滴颗粒较大，能较快地增长成雹块。因此大的过冷水冻滴是主要的雹胚。

(5) 云内 0℃层的高度适当，不太高也不太低。按经验，一般认为以 600hPa（或 4km）上下为宜。这是因为在这种条件下，既保证云体可以发展得较高，有利于冰雹生成，同时当雹块长大后下落时也不至于因暖层较厚而被融化成雨滴。

4. 飑线

由许多雷暴单体（其中包括若干超级单体）侧向排列而形成的强对流云带叫作“飑线”。飑线一般长约几十千米至几百千米，宽约几十千米至 200km（如果把对流云带后面的层状云区也包括在内的话）。飑线上的单体常常彼此不相干扰。飑线上的对流云不断新陈代谢，但作为整体，飑线可持续几小时至十几小时。

5. 龙卷风

雷暴云底伸展出来并到达地面的漏斗状云叫作“龙卷”。龙卷伸展到地面时会引起强烈的旋风，这种旋风叫作“龙卷风”。龙卷是一种强烈旋转的小涡旋，中心气压很低，中心与外围之间气压梯度可达 2hPa/m 左右，所以其中心风力可达 100～200m/s 以上，具有极大的破坏力。龙卷漏斗云轴一般是垂直的，但当风速垂直切变较大时，也有曲折或倾斜的。龙卷有时成对地出现，这时，两个龙卷的旋转方向正好相反。一个是气旋式，另一个是反气旋式，但是以气旋式的龙卷较为常见。龙卷中心为下沉气流，四壁为极强的上升气流，上升速度可达 50m/s 以上。龙卷的形成与强雷暴云中强烈的升降气流有关。当升降气流之间形成很强切变时，就会发生强烈的水平轴的漩涡。产生龙卷风的雷暴云比别的雷暴云更高、更强，而且在主要雷暴的侧面产生龙卷的机会要比在其正下方更多。少数情况下。龙卷可能在发展中的积云下面形成。龙卷出现的概率随着雷暴云的高度、强度而增大的事实，是龙卷预报的基础。一般认为，阵雨、雷电、冰雹、强飑、龙卷风，这几种对流性天气现象所要求的积雨云的高度和强度，大致上是依次一个比一个地更大。

7.5 我国主要天气过程

7.5.1 寒潮天气过程

我国气象局规定：长江中下游及其以北地区48h内日平均气温降温10℃以上，长江中下游最低气温小于等于4℃（春季改为江淮地区最低气温小于等于4℃），陆上3个大行政区有5级以上大风，渤海、黄海、东海先后有7级以上大风，作为寒潮警报标准。如果上述地区48h内降温达14℃以上，其余同上，则为强寒潮警报标准。根据以上标准统计，我国1951—1976年，寒潮共有138次，平均每年5次左右，各月份分配见表7.2。

表7.3说明寒潮主要出现在11月至次年4月间，秋末、春初最多，隆冬反而较少，这是寒潮定义主要考虑降温幅度的缘故。春、秋季正是大气平均环流调整时期，冷暖空气更替频繁，因而冷空气活动次数较多。而冬季冷空气在我国大部分地区居于绝对优势地位，天气形势稳定。夏季冷空气退居高纬度，我国很少受其侵害，但是，夏季也有强冷空气活动的过程出现，24h降温可达10℃。寒潮各年出现的次数不等，以我国为例，1965—1966年、1968—1969年均各10次，而1974—1975年仅有1次，1970—1971年、1972—1973年也仅有两次，相差很多。

表7.3　　1951—1976年寒潮次数及百分率

月份	10	11	12	1	2	3	4	5	年总量
次数	3	29	16	17	22	27	20	1	135
百分比/%	2.2	22	11.9	12.6	16.2	20	14.8	0.6	100

寒潮天气出现大多是冷性反气旋所致。当冷性反气旋的发展、增强时期常稳定少动，但是当高空形势改变时，会受高空气流引导而移动。当其南下时，就造成一次冷空气袭击，如果冷空气十分强大，如同寒冷潮流滚滚而来，这就是寒潮爆发，就会给所经地区造成强烈降温、霜冻、大风等灾害性天气。

寒潮过境所产生的天气因季节不同而不同。一般在冬季寒潮最突出的表现是大风和气温剧降，其他天气如沙尘暴、降水等则视地区和外界条件而定，在西北、内蒙古和华北地区会有风沙现象，其他地区较为少见。淮河以北少雨，偶有降雪，淮河以南地区，降水机会增多。春、秋两季的寒潮，除大风和降水外，北方常有浮尘、沙尘暴现象，尤以春季最为严重。华北、长江流域可能还有零星短暂少量降水，长江以南常在寒潮南侵时产生降水，但不会引起长时间的云雨天气，当寒潮到达华南地区时，常会引起大范围且长时间的云雨天气。

7.5.2 主要的降水过程

1. 华南前汛期降水

华南地区包括广东、广西、福建、湖南、江西南部、海南。华南地区每年受夏季风影响最早（4 月份前后），结束时间最晚（10 月份前后），雨季和汛期最长（约 4—9 月），由于影响降水的大气环流形势和天气系统不同，通常有前汛期（4—6 月）和后汛期（7—9 月）之分。前汛期受西风带环流影响，产生降雨和暴雨的天气系统主要是锋面、切变线和南支槽等，暴雨历时最短的不足一天，长的可达 5～7 天。暴雨强度很大，24 小时雨量 200～400mm 是很平常的，特大暴雨可达 800mm 以上。据资料统计，华南地区历时最长的特大暴雨几乎都集中在前汛期，如 1977 年 5 月 27—31 日，广东陆丰白石门水库 5 天总降雨量达 1461mm；1973 年 5 月 24—30 日，广东台山果子园 7d 总雨量达 1268mm；1964 年 6 月 13—15 日，福建连城 3d 总雨量 1104mm。

2. 江淮梅雨

每年初夏时期（6 月中旬至 7 月上旬），在长江流域、淮河流域到日本南部这一近似东西向的带状地区，都会持续一条稳定持久的降雨带，形成降雨非常集中的特殊连阴雨天气，其降水范围之广，持续时间之长，暴雨过程频繁，是洪涝灾害最集中的时期。这时正好是梅子黄熟季节，故称这种连阴雨为“梅雨”。江淮梅雨期暴雨的特点是暴雨范围广，持续时间长，暴雨强度并不太大，最大 24h 雨量有时可达 400～500mm，可以反复多次出现。梅雨期早晚、长短和降雨量大小，对长江中下游和淮河流域的水旱灾害的影响很大，从水文上讲则是汛期。

资源 7.6

梅雨

梅雨是我国东部地区主要雨带北移过程中在长江流域停滞的结果，与稳定的大气环流形势维持密不可分。在气象上，把梅雨开始和结束的时间，分别称为“入梅”（或“立梅”）和“出梅”（或“断梅”）。梅雨结束，盛夏随之到来。这种季节的转变以及雨带随季节的移动，年年大致如此，已形成一定的气候规律性。但是，每年的梅雨并不完全一致，存在很大的年际变化。有些年份梅雨期很长，例如，1931 年、1954 年和 1998 年江淮和长江流域特大洪水，就是梅雨量很大造成的。有些年份梅雨期很短，例如，1958 年、1978 年梅雨期只有两三天，江淮流域出现了历史上少有的旱年。

入梅前后的天气形势有很大差别，在天气学上确定是否入梅和出梅，主要是根据环流形势。梅雨期间的典型环流形势可以从 500hPa 上清楚地看到，有副热带地区，西太平洋副热带高压呈带状分布，其脊线从日本南部至我国华南，略呈东北-西南走向，在 120°E 处的脊线位置稳定在 22°N 附近。在印度东部或孟加拉湾一带有稳定的低压槽存在。这样就使得长江中下游盛行西南风，使热带地区的暖湿气流沿西南风源源不断地输送到长江中下游。高纬度地区则为阻塞高压活动的地区，梅雨期间的阻塞高压通常有单阻、双阻，有时甚至有三个阻塞高压同时存在。由于阻塞高压南部的中纬度地区，在巴尔喀什湖及东亚东岸（河套到朝鲜之间）通常存在稳定的浅槽，西风气流在浅槽的引导下不断东移，与长江中下游地区的暖湿气流相遇，在长江中下游一带构成一条范围宽广的气流汇合区，使水汽在气流汇合区聚焦，并产生持续的降水过程。

在地面图上，在江淮地区有静止锋停滞，在 850hPa 或 700hPa 上，表现为江淮切变线，切变线的南侧有明显的西南低空急流（风速达到或超过 12m/s 的风速带）。

由于阻塞高压稳定少动，可以对中纬度和副热带地区的天气形势维持一种稳定的状态，就使得长江中下游地区长时间处于偏西风与西南风的辐台区，降水可以持续发生。一旦这种稳定的天气形势遭到破坏，比如，阻塞高压崩溃，其阻挡作用消失，中纬度的槽脊迅速移动，副热带高压便可北跳，梅雨就中断了。

3. 华北和东北雨季

7月中下旬我国的主要降水带进一步北移，华北和东北地区进入一年中降水最集中的时期。据统计，华北和东北地区7—8两个月暴雨发生的频次占全年的80%～90%，其中又以7月中下旬和8月上旬前后的1个月最为集中，许多特大暴雨洪涝灾害多发生在这一时期。例如，1963年海河特大暴雨、1953年8月辽河大暴雨、1998年8月松辽河流域大暴雨都造成了严重洪涝灾害。盛夏暴雨的特点是强度大，雨区范围较小，24h最大暴雨量一般在300～400mm，在山地迎风坡可达800mm以上，一场暴雨总量可超过2000mm。

4. 台风降水

台风天气主要是大风和暴雨。由台风产生的降雨一般都很大，有时日雨量可达几百毫米，过程总雨量可超过1000mm。但也有例外。例如，1953年7月上旬在福州登陆的台风，降雨量就很少，被称为“干台风”。台风暴雨还是造成我国东部沿海洪涝灾害和风暴潮灾害的重要天气系统。每年在西北太平洋上生成的台风个数不同，最多年份达40个（1967年），最少只有20个（1951年），多年平均28个，台风出现时间以7—9月为多，占全年的70%，登陆台风也集中在7—9月，登陆台风个数平均7个左右，占总台风数的25%，即每年4个台风即有一个会登陆我国沿海地区。

台风降水主要由三个原因所造成。①台风本身的上升运动所造成的暴雨，这种暴雨集中在台风眼外围的涡旋区内，雨区呈螺旋状形分布，随台风的移动而移动，雨强决定于台风的强度和水汽供应情况。②北方冷空气南下，抬升台风中的暖空气而形成降雨。这种降雨强度取决于冷空气的强度。当冷空气过弱，抬升作用不强下不了很大的雨；当冷空气过强，抬升作用虽强，但破坏了台风的暖心结构。③地形影响产生的降雨。实践表明，台风气流在迎风坡常形成暴雨。

对于某一地方的降雨总量来说，台风的移动速度非常重要。同样的雨强，如果台风移动缓慢，这个地方的降雨历时就会长些，总雨量就会大些；反之则雨量较小。

据统计，台风雨的次数在总的降雨中不算多，但在暴雨的雨量中，台风占的比例就大了，在特大暴雨中，台风雨占的比例特别大。所以说台风是我国降雨天气系统中很重要的一种系统。例如，1967年6718号台风，在10月16—17日的24h内台湾省新寮雨量达1672mm，仅次于24h最大降雨量世界纪录1870mm，名例世界第二。

思考题与练习题

1. 什么是气团？其形成条件是什么？分为几类？冬夏半年影响我国的气团有哪几种？

2. 什么是锋？锋分类的依据是什么？锋可分为哪些类型？锋附近气象要素有哪些突变表现？

3. 比较冷锋（第一型）和暖锋过境时天气有何不同？
4. 中高纬度区域内主要有哪几类天气系统？
5. 阻塞高压和切断低压的差异是什么？
6. 气旋与反气旋的天气过程的不同点是什么？
7. 西太平洋副热带高压季节性活动有何规律？它对我国天气气候变化有何影响？
8. 台风形成的必要条件是什么？说明台风的水平结构、垂直结构和天气特征。
9. 寒潮的定义是什么？主要天气现象有哪些？
10. 我国的主要降水过程一般是出现在哪些季节？
11. 梅雨的主要特征是什么？
12. 梅雨时间的长短与什么因素有关？

第 8 章

气候及基本特征

8.1　气候形成的基本因素

资源 8.1

气候形成的基本因素

气候的形成和变化受多种因子的制约。那些能够影响气候而本身不受气候影响的因子称为外部因子（如太阳辐射、地球轨道参数的变化、大陆漂移、火山活动等），气候系统各成员之间的相互作用为内部因子，外部因子必须通过系统内部的相互作用，才能对气候产生影响。

气候的形成和变化可归纳为以下诸因子：①太阳辐射；②宇宙地球物理因子；③环流因子（包括大气环流和洋流）；④下垫面因子（包括海陆分布、地形与地面特性、冰雪覆盖）；⑤人类活动的影响。本章着重阐明前四个因子在气候形成中的作用，人类活动对气候的影响作为一个独立的部分，将在第 10 章中论述。

8.1.1　太阳辐射的作用

太阳辐射是地球上气候形成的基本因子，也是地球-大气系统中一切物理过程和物理现象形成的基本能源。不同地区的气候差异及各地气候季节交替，主要是由于太阳辐射在地球表面分布不均及其随时间变化的结果。

太阳辐射在大气上界的时空分布是由太阳与地球间的天文位置决定的，又称天文辐射。由天文辐射所决定的地球气候称为天文气候，它反映了世界气候的基本轮廓，如图 8.1 所示。这是对全球气候最简单的划分，这样的气候具有纬向分布的特征。图 8.1 中给出了不同气候带所处的位置（用纬度表示）和不同气候带占地球面积的比重（%）。

1. 赤道带

赤道带在南北纬 10°之间，占地球表面积 17.36%。在此气候带中全年正午太阳高度角都很大，一年中有两次受到太阳直射，在一年内昼夜长短几乎相等。因此全年受到太阳辐射最强，年变化小，日变化大。

2. 热带

热带位于纬度 10°～25°，在南北半球各占地球总面积 12.45%，大部分地区一年中有两次连续受到太阳直射的机会（回归线以外地带除外，回归线指的是南北纬 23.5%的纬圈），天文辐射日变化大，年变化仍较小（比赤道带稍大）。

3. 副热带

副热带位于纬度 25°～35°，在南北半球各占地球面积 7.55%，是热带与温带间的过渡地带，也称为亚热带。这里水平面上已无太阳直射的机会，但夏半年受到的太阳辐射仅次于热带，而大于赤道带，冬半年较少。天文辐射的季节变化比赤道带和热带显著。

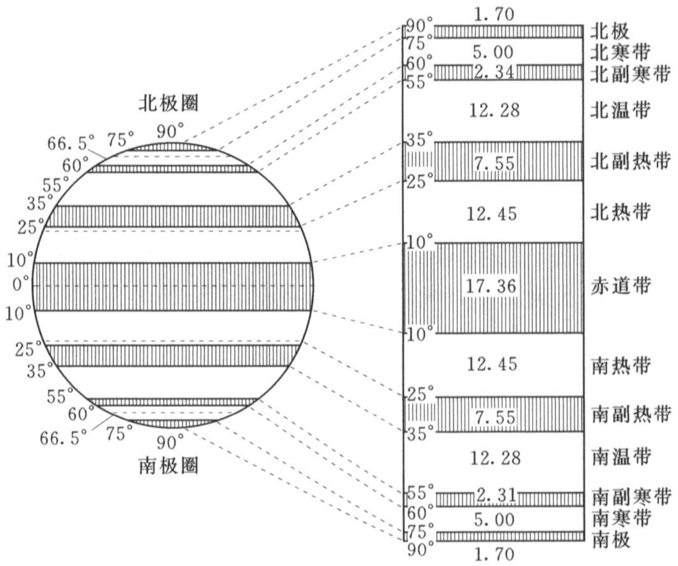

图 8.1　天文气候带

4. 温带

温带位于纬度 35°～55°，在南北半球各占地球面积 12.28%，全年天文辐射能的季节变化最显著，有四季分明的特点。

5. 副寒带

副寒带位于纬度 55°～60°，在南北半球各占地球面积 2.34%，是温带与寒带的过渡地带，也称为亚寒带。副寒带昼夜长短差别大，但无极昼、极夜的现象。

6. 寒带

寒带位于纬度 60°～75°，在南北半球各占地球面积 5.0%，此带中一年昼夜长短差别更大，在极圈以内有极昼极夜现象，全年天文辐射总量显著减少。

7. 极寒带

极寒带位于纬度 75°～90°，在南北半球各占地球面积 1.70%，此带昼夜长短差别最大，在极点半年为昼、半年为夜。即使在昼半年正午太阳高度亦甚小，是天文辐射日变化最小，年变化最大的地区。

8.1.2　太阳-地球物理轨道参数的作用

太阳除了向地球提供能量，形成天气气候带之外，太阳对气候还有其他影响。

地球围绕太阳公转，地球气候的变化和地球轨道的长年变化具有联系，这个变化乃由于太阳系的其他行星使地球绕太阳的运动发生摄动的结果。由于太阳系里行星的作用，地球轨道的参数会发生不断的改变。例如，地球轨道的偏心率平均有以 96600 年为周期的韵律变动，变动范围很大，可以自 0 到 0.068。其次地球轨道面在空间上也有变动，以致使地球的自转轴对于地球的轨道面时而斜些，时而直些，结果使黄道与赤道的倾角（ε）产生了以周期为 40000 年左右，变动范围为 22°到 24°30′。除了地球轨道的变动以外，还应当考虑地轴的变动。由于地球的扁平性，使地轴空间不能保持其位置的不变，而是画成某个圆锥面，这就是岁差或春分点的进动。

地球外部环境输向地球的物质与能量的变化，还受到地球穿越的宇宙空间物质密度的不均、投向地球的宇宙物质的多寡以及太阳辐射强度自身变化的影响。太阳辐射变化表现在黑子、光斑、耀斑、日斑、射电等变化。常用的太阳黑子相对数（简称黑子数），又称沃尔夫数，它有 11 年周期（太阳活动周）、22 年周期（也称磁周）以及 80～90 年的世纪周期，此外还有 35 年的布吕克纳周期，26 个月的准 2 年周期及 26～27d 的太阳自转周期等等。按国际规定，太阳黑子活动最低点作为一个太阳活动周的开始，自 1755 年开始为太阳活动第一周，一周的时间变化为 7.3～16.1 年，平均为 11 年。中国近几十年来的较大范围的水、旱、寒灾害年，多出现在太阳黑子相对数极值年附近，此外还有大约与太阳活动周相一致的气候冷暖变化。

8.1.3　大气环流的作用

1. 环流与赤道和极地间的热量输送

气候形成的环流因子包括大气环流和洋流，这二者之间有密切的关联。它们对气候系统中热量的重新分配起着重要的作用。它们一方面将低纬度的热量传输到高纬度，调节了赤道与两极间的温带差异；另一方面又因大气环流的方向产生由海向陆与由陆向海的差异和洋流冷暖的不同，使同一纬度带大陆东西岸气温产生明显的差异。

由前所述地球约在南北纬 35°间，地-气系统的辐射热量有盈余，在高纬则相反。但根据多年观测的温度记录，却未见热带逐年增热，也未见极地逐年变冷，这必然存在着热量由低纬度向高纬度的传输，这种传输就是由大气环流和洋流来进行的。

图 8.2 是通过理论计算所得的全球由低纬到高纬通过大气环流输送的显热、潜热及洋流输热的年平均值。

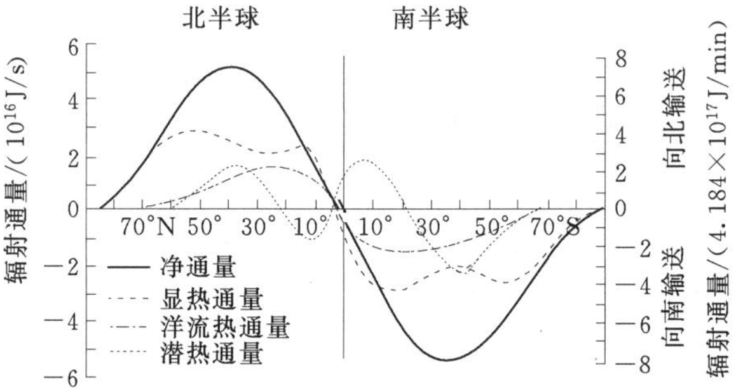

图 8.2　地气系统热量的平均经向输送

由赤道到极地的热量传输随纬度和季节而异。就年平均而论，热赤道约在 5°N 左右，其中显热的传输即从此热赤道分别向北、南输送。潜热约在回归线附近潜热分别向高、低纬度输送。向高纬度输送的潜热通量以 40°附近为最高峰，向低纬度输送的潜热通量以 10°附近为另一高峰。由南半球回归线向北输送的潜热可跨越赤道直至 5°N 附近。洋流热通量约自 2°N 左右的洋面分别向南北输送，在 20°附近达最高峰。综合以上各种热通量的输送，从年平均来讲，以纬度 40°附近为最大。从季节来讲，冬季高低纬度间温度差异最大，环流亦最强，由低纬向高纬输送的热量亦最大。夏季南北温差小，热量的传送强度也较小。

据估计在环流的经向热量输送中，洋流的作用占30%，大气环流的作用占67%。在赤道至纬度30°洋流的输送超过大气环流的输送。在30°以北，大气环流的输送超过了洋流的输送。

2. 环流与海洋和陆地间的热量输送

大气环流和洋流对海陆间的热量传输有明显作用。冬季海洋是热源，大陆是冷源，在中高纬度盛行西风，大陆西岸是迎风海岸，又有暖洋流经过，故环流由海洋向大陆输送的热量甚多，提高了大陆西岸的气温。北大西洋和北太平洋东岸（大陆西岸）暖洋流水温正距平均在5℃以上，特别是北大西洋暖流势力最强，又由于北大西洋洋盆的有利形状，使得这支暖洋流流经冰岛、挪威的北角，一部分能远达巴伦支海，在盛行西到西南风的作用下，使西北欧的气温特别暖和。

在夏季，大陆是热源，海洋是冷源，这时大陆上热气团在大陆气流作用下向海洋输送热量。从7月海平面等温线图上可见，在热带、副热带大陆上气温最高，在大陆热风影响下，使红海海面气温显得特别高（大于32℃）。这时大陆通过大气环流向海洋输送热量，但输送值远比冬季海洋向大陆的输送量小。夏季在迎风海岸气温比较凉，在冷洋流海岸因系离岸风，仅贴近海边处，受海洋上翻水温的影响，气温比大陆内部要低得多。

这种海陆间的热量交换是造成同一纬度带上，大陆东西两岸和大陆内部气温有显著差异的重要原因。

3. 环流与水分循环

据长期观测，地球上的总水量是不变的，B. N. 维尔纳茨基认为，甚至在地球整个地质历史时期的总水量也是不变的，因而水分的收入与支出是平衡的，这就叫作地球上的水量平衡。

水量平衡是水分循环过程的结果，而水分循环又必须通过大气环流来实现。现根据水分循环中三个分量：蒸发、降水和大气中的水分输送（水汽输送）的平均经向分布（图8.3）可说明大气环流与它们的关系。首先在蒸发过程中，在水源充足的条件下（如海洋），蒸发的快慢和蒸发量的多寡要受环流方向和速度的影响。从图8.3（b）可以看出海洋上年平均蒸发量最高峰出现在15°～20°N和10°～20°S的信风带，这是风向和风速都很稳定的地带。信风又来自副热带高压，最有利于海水的蒸发，而赤道低压带因风速小，海面蒸发量反而相形见绌。云和降水的形成以及降水量的大小与大气环流的形势更是息息相关，图8.3（a）明显地表示出世界降水的纬度带分布有两个高峰：一在赤道低压带，这里有辐合上升气流，产生大量的对流雨；另一个在中纬度西风带，在冷暖气团交绥的锋带上，气旋活动频繁，降水量因之亦较多，是次于赤道的第二个多雨带。在这两个高峰之间，是副热带高压带，盛行下沉气流，因此即使在海洋表面，降水却甚稀少，如果将图8.3（b）中全球年平均蒸发量曲线与8.3（a）图年平均降水曲线相重叠，则可见在13°～37°N地带及7°～40°S地带蒸发量大于降水量，水汽有盈余，在赤道带和中、高纬度降水量大于蒸发量，水汽有亏损，因此要达到水分平衡，则需水汽输送将水汽从盈余的地区输送到水汽亏损的地区。从图8.3（c）

中可以看出，以副热带高压为中心，通过信风和盛行西南风（北半球）将水汽分别向南和向北做经向的输送（见图中箭头方向）。

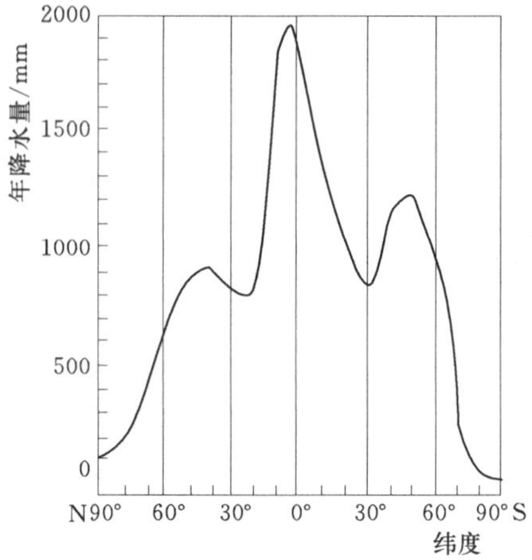

(a) 年降水量

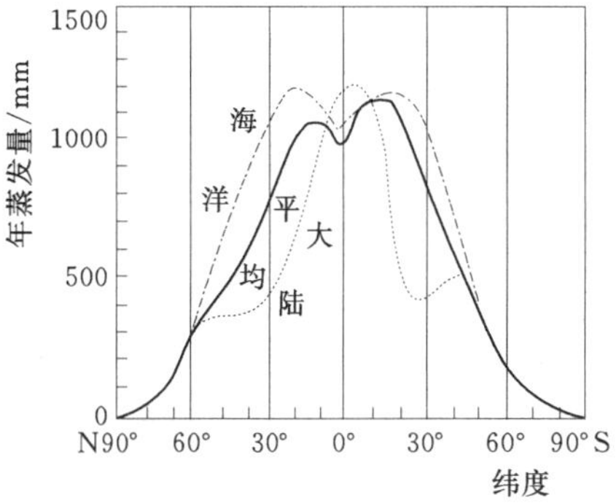

(b) 年蒸发量

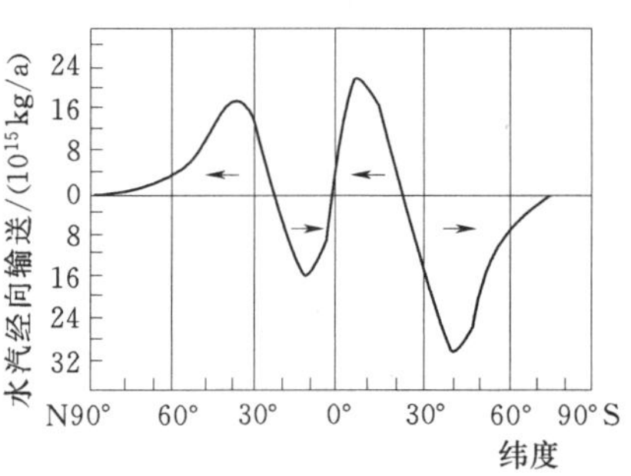

(c) 水汽的经向输送

图 8.3　年平均降水量随纬度的变化

8.1.4　下垫面的作用

1. 海陆差异对气候的影响

海陆差异可使气候发生很大变化，形成海洋性气候和大陆性气候。

海洋性气候指一个地区受海洋影响较深而又能反映出海洋的气候特征。反之，如受大陆影响较大，且能反映大陆影响的气候特性的，称大陆气候。海洋气候与大陆气候的差异，突出地表现在气温的日变化和年变化上。由于海陆性质不同，海洋气候地区的气温日较差小，而大陆的气温日较差大。

海洋性气候与大陆性气候首先决定于离海的远近。一般气温年、日变化，自沿海向内陆增大，降水量和降水日数也是自沿海向内陆增加而减少。其次，海洋性气候与大陆性气候决定于大气环流的特性和洋流。信风带的大陆西岸，风来自大陆又有冷洋流经过，干燥少雨呈大陆性气候。信风带的大陆东岸，风来自海洋，并有暖洋流经过，因而潮湿多雨，气候呈海洋性。又如在温带，盛行西风下，大陆西岸受暖湿气流影响，呈典型的海洋气候。在离西海岸很远的大陆内部，受不到海洋影响，终年少雨，气温年较差很大，是典型的大陆性气候。例如，中亚细亚和我国新疆等地。

一般常用大陆度表示一个地区气候受大陆影响的程度，这是一个表示该地区受大陆影响还是受海洋影响的指标，由于温度差异最能反映海陆分布的影响，因此大陆度常用气温表示，式（8.1）即为用气温年较差表示的大陆度公式：

$$S=\frac{T_M-T_m}{\sin\varphi}=\frac{A}{\sin\varphi} \tag{8.1}$$

式中：A 为年较差，为最热月的平均气温与最冷月的平均气温之差；φ 为地理纬度。

式（8.1）存在的缺陷是当纬度较小时，$\sin\varphi$ 较小，S 值不准确，而且该公式不能用于赤道地区。W. 焦金斯基提出了如下大陆度公式：

$$K=\frac{1.7A}{\sin\varphi}-20.4 \tag{8.2}$$

式中：A 与 φ 的意义同上式。

式（8.2）也没有完全解决式（8.1）中存在的问题，1946 年康得拉将这一公式修正为

$$K=\frac{1.7A}{\sin(\varphi+10^\circ)}-14 \tag{8.3}$$

A 与 φ 的意义不变，式（8.3）可以计算中低纬度的大陆度，但是不适合高纬度的大陆度。为此，他用下式计算 80°时的大陆度：

$$K=\frac{1.7A}{\sin80^\circ}-14 \tag{8.4}$$

上式中 K 值越小，表示海洋性气候越明显。

张家诚等人指出，上述公式适用于全年盛行一种气流的地区（如西欧），对季风气候的中国明显不适用，并就此对中国的大陆度的计算做了一些改进：①继续使用 W. 焦金斯基大陆度指标，以 50 为分界，小于 50 为海洋性气候，否则为大陆性气候；②补充使用年、月平均气温日较差指标，以 10℃ 为分界，小于 10℃ 为海洋性气候，否则为大陆性气候。经过这样修正后，该大陆度指标就比较适用于中国的实际情况了。

就我国一些地点按此公式计算的结果表明，我国气候的大陆度从东南沿海向西北内陆增加。

2. 地形起伏对气候的影响

世界陆地面积占全球面积的 29%，不仅分布形势很不规则，而且表面起伏悬殊。根据陆地的海拔和起伏形势，可分为山地、高原、平原、丘陵和盆地等类型，它们以不同规模错综分布在各大洲，构成崎岖复杂的下垫面，又因沉积物、土壤、植被等的差异，具有不同的特性，使陆气相互作用的过程更为复杂。

（1）地形起伏对气温的影响。气温随海拔的升高而降低，使得高山和高原上的气温降低，而且，绵亘的高大山系和庞大的高原是气流运行的障碍，它们对寒潮和热浪移动都有相当大的障碍作用，同时它们本身的辐射差额和热量平衡情况又具有其独特

特性，因此它们对气温的影响是非常显著和广泛的。

北半球冬季冷空气的活动路径主要是自北向南，大尺度山脉或高原对冷空气有明显的屏障效应。例如，青藏高原海拔高、面积大、矗立在29°～40°N间，南北约跨纬度10°，东西约跨经度35°，有相当大的面积，海拔在5000m以上，有一系列的山峰海拔超过7000～8000m，占据对流层中低部，犹如大气海洋中的一个巨大岛屿，对于冬季层结稳定而厚度又不大的冷空气是一个较难越过的障碍。因此，我国东部热带、副热带地区的冬季气温远比纬度相当的受青藏高原屏障的印度半岛北部为低。夏季青藏高原对南来暖湿气流的北上，也有一定的阻挡作用，不过暖湿气流一般具有不稳定层结，比冷空气易于爬越山地。

青藏高原地面的气温与同高度的自由大气相比，冬季高原气温偏低，是冷源，强度以12月和1月为最大；夏季青藏高原是个强大的热源，以6—7月份强度最大。就全年平均而论，青藏高原地气系统是一个热源。冬季青藏高原的冷区偏于高原的西部。夏季的暖区范围很广，整个对流层的温度都是高原比四周高，再往高层暖区扩大，到了100hPa层上，温度分布出现高纬暖、低纬冷的现象。青藏高原巨大的冷热源作用必然对高原本身及其邻近地区乃至全球的气候产生深远的影响。

地形还会导致山区形成冷湖和暖带。在山坡上，冷空气由于密度大而沉入谷底，在冷空气沿坡下滑的同时，与之靠近的较暖空气随之流来补充，形成一个局地热力环流，而冷空气向谷底堆积，形成冷空气湖。在冷湖上面是一层相对较暖的空气，这就是山坡上的暖带。在太行山南侧博爱县200～300m高度上，由于暖带的存在，该处小麦多年平均收获期比平原区提早5～7d；伏牛山南坡250～400m高度处有常绿灌丛，柑橘生长良好。而在低凹地中相同品种的柑橘则受到四五级冻害的达50%～85%。在暖带以下，特别是在冷湖中，初霜最早，终霜最晚，作物受冻害机会最多，霜冻灾害最为严重。

（2）地形起伏对降水的影响。地形对降水分布的影响十分复杂，高大地形如青藏高原对亚洲降水分布影响范围极广。据气候模式研究结果：如果没有青藏高原存在，夏季的西南季风只能到达印度的南部，我国大部分地区都是偏西风和西北风，受下沉气流控制。因此大陆将是水汽少的干燥气候，即使印度和缅甸，也不会像现在这样雨量充沛。而青藏高原的存在，对大规模气流的影响，首先诱使热带西南季风向印度、缅甸侵袭，造成高原雨季，同时西南季风的一部分长驱深入，到达我国东部形成江南雨区。如果没有青藏高原，不仅我国西部的干旱将更严重，东部也将成为干旱气候［图8.4（a)］。在青藏高原隆起之前大约距今几千万年以前，从我国北方到长江流域都是广阔的干旱气候带，在喜马拉雅造山运动以后，距今几百万年时，由于青藏高原抬升，才建立了亚洲的季风气候［图8.4（b)］。

地形对降水分布的影响还与坡向与高度有密切关系。当海洋气流与山地坡向垂直或交角较大时，迎风坡多成为“雨坡”，背风坡则成为“雨影区”，这可以从北美洲加利福尼亚海岸的圣克鲁斯附近到内华达高原一线地形与年降雨量之间的关系看出（图8.5）。当地盛行西风，自太平洋吹来，正好与南北向的海岸山脉垂直相交，在迎风坡气流上升，至山顶降水量达第一高峰。第二最大降水出现在迪阿博罗山脉，第三个最

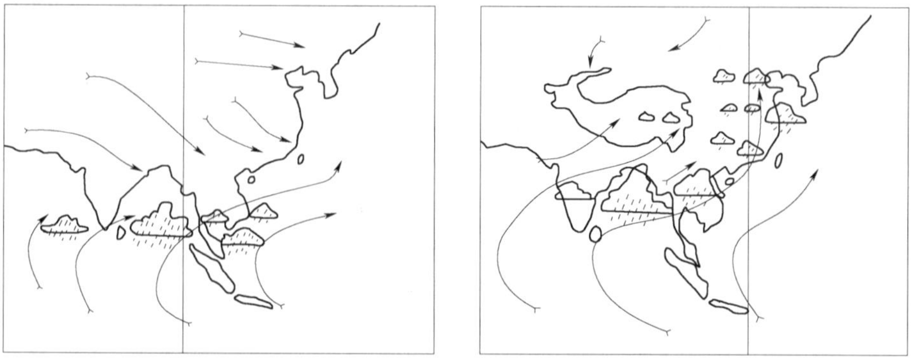

(a) 无青藏高原时的东亚气候　　(b) 有青藏高原时的东亚气候

图 8.4　青藏高原存在与否对东亚气候的影响示意图

大降水出现在内华达山脉的最高峰。在谷地中，由于空气下沉，降水显著减少。同时，当西来气流翻越内华达山脉后已变得很干燥，因此内华达高原的降水量只有170mm，比迎风坡少90%以上。再例如夏季在青藏高原南坡，是来自印度洋西南季风的迎风坡，降水量特丰，最著名的乞拉朋齐其年平均降水量超过11000mm，最多年降水量高达26461.2mm，其中7月的降水就有9300mm。西南季风到达高原上空时，水分已经大大减少，因此高原夏季雨量不大。例如，地处喜马拉雅山脉主峰北麓的定日，海拔约为4300m，年降水量仅为318.5mm，再跨过高原，降水量更少于100mm。

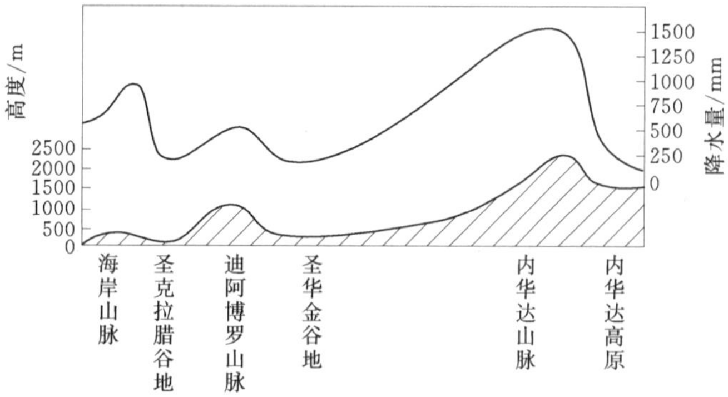

图 8.5　北加利福尼亚的年平均降水量与地形间的关系

3. 海洋对气候的影响

最近20多年来海洋在气候变化中的重要性，已被公认为气候问题的一个核心内容。大量的事实和理论研究表明，海洋几乎在所有时间尺度的气候变化中起重要作用。海洋对气候的影响原因如下。

(1) 海洋是大气热机运转的主要能量和水分的供应地。占地球表面71%的海洋吸收了进入地气系统太阳辐射量的70%左右，并将其中的85%左右储存在海洋表层。这部分能量通过长波辐射、潜热和显热交换的形式输送给大气，成为大气运动的直接能源。海洋还提供了大约86%的大气水汽来源，这些水汽被气流带到空中，随着大气环流输送到各地，或凝结成降水，或留在空中，调节气候。

（2）海洋在经向热输送中有突出贡献。为了维持地球大气系统高、低纬间的能量平衡，必须有低纬度向高纬度的热量输送。根据卫星观测和计算，全球平均而言，海洋承担了 33%的经向输送任务，其余的 67%为大气所承担。这种海洋和大气的经向热输送是维持高、低纬间能量平衡的主要机制。

（3）海洋的特殊作用。海洋具有巨大的热容量，具有惯性和“惰性”，当快速变化的大气过程以风应力作用于海洋时，可以激发出海气系统的低频振荡。由于海洋的热力和动力惯性，海洋可把前期大气环流变化所留下的信息储存起来，即海洋具有相当强的记忆力。海洋对太阳辐射季节变化的响应要比陆地落后一个月，海洋对 CO_2 含量增长的响应所产生的增温要比陆地落后 20 年。

（4）热带海洋在年际气候变化具有突出贡献。热带海洋是全球大气运动的主要能源区，辐射通量为净收入的 30°N～30°S 的热带，海洋面积占了 70%以上。大气中的潜热释放也集中于热带。热带海洋和大气运动特征时间是匹配的。只有在热带，海洋运动才可以与以月为特征时间的大气运动发生强的耦合。

4. 冰雪覆盖对气候的影响

冰雪圈是气候系统的组成之一，包括季节性雪被、高山冰川、大陆冰盖、永冻土和海冰等。由于它们的物理性质与无冰雪覆盖的陆地和海洋不同，形成一种特殊性质的下垫面。冰雪覆盖对气候的形成和变化都有很大影响。

（1）世界冰雪覆盖概况。地球上的冰雪主要分布在中高纬度地区，大陆冰盖和山地冰川约占全球陆地面积的 11%，海冰约占全球海洋面积的 7%。大陆冰盖自边缘向中心隆起，规模如南极或格陵兰的冰体，又称为大陆冰川。山地冰川则是发育在不同纬度山区的各种冰川的统称，又称山岳冰川或高山冰川，占地面积不大。海冰泛指海洋上一切冰，包括海水生成的咸水冰、河冰和冰山等。表 8.1 是全球冰雪的估计值。从表中可以看出，海洋面积与陆冰面积之比大约为 10∶7。大陆冰盖、山地冰川和海冰的平均厚度分别为 2km，0.7km 和 0.002km 左右，由此可知海冰的面积虽然比大陆冰盖和山地冰川要大一些，但海冰的体积要小 2 个量级。大陆雪盖以季节积雪为主，夏季亦有积雪，但面积大为减小。如果积雪长期维持，则会转为大陆冰盖或大陆冰原。大陆冰原主要分为南极冰原和格陵兰冰原，高山冰川面积约为 $0.5\times10^6 km^2$。永冻土（地下冰）主要分布在欧亚大陆和北美大陆的高纬地区，其最大深度在西伯利亚为 1500m，在北美为 600m。

表 8.1　　　　地球上冰雪圈基本构成的数量特征

冰冻形式	伸展面积 /$10^6 km^2$	占表面积的百分比/%			存留时间/年
		全球	陆地	海洋	
大陆冰盖	15.4	2.0	10.3	/	$10^2\sim10^5$
海冰	24.4	4.8	/	6.7	$10^{-2}\sim10^1$
高山冰川	0.5	0.1	0.3	/	$10^1\sim10^3$
地下冰（永冻层）	32.0	6.2	21.5	/	$10^1\sim10^3$
雪盖	23.7	4.7	15.9	/	$10^{-2}\sim10^1$

在冰雪圈中海冰和季节性降雪的时间变化最大，它们有明显的季节变化、年际变化和更长周期的变化，因此它们对于从季节到100年的气候变化有很大影响。表8.2列出了南北半球及全球海冰和大陆积雪在各月中的平均值。北半球海冰和雪盖面积均以2月最大，8月最小。南半球海冰面积以9月最大，2月最小。南半球海冰的季节性变化比北半球大。

表8.2 **南北半球及全球海冰与大陆积雪覆盖面积** 单位：$10^6 km^2$

区域	项目	1月	2月	3月	4月	5月	6月	7月	8月	9月	10月	11月	12月	平均
北半球	海冰	14.3	14.7	14.7	13.8	12.5	10.9	8.8	7.2	7.3	9.8	11.7	13.4	11.6
	雪盖	46.2	46.7	39.6	30.9	21.0	10.5	5.4	4.3	5.5	19.8	32.0	41.5	25.3
	冰雪	58.5	60.1	53.7	41.5	32.0	21.5	14.3	11.0	12.4	23.8	39.6	53.5	35.2
南半球	海冰	6.6	4.5	5.3	8.4	11.5	14.5	17.2	19.0	19.6	19.4	16.2	10.8	12.8
	冰雪	19.6	17.3	18.6	21.6	24.6	27.6	29.6	31.1	33.1	34.0	31.9	25.6	26.3
全球	海冰	20.9	19.2	20.0	22.2	24.0	24.4	26.0	26.2	26.9	29.2	27.9	24.2	20.4
	冰雪	78.1	77.4	72.3	63.4	56.6	49.1	44.0	42.3	46.4	57.8	71.5	79.1	61.5

海冰还有明显的年际变化。从20世纪70年代初到80年代初，南半球海冰面积平均减少了20%，变化相当激烈。但20世纪80年代初以后又有所回升，此后一直到90年代初，比较平稳，年际变化不明显。从近20年的资料看，南半球海冰面积的变化远大于北半球，其变化程度大于北半球约4倍。

（2）冰雪覆盖与气温。冰雪覆盖是气候系统的冷源，它不仅使冰雪覆盖地区的气温降低，而且通过大气环流的作用，可使远方的气温下降。冰雪覆盖面积的季节变化，使全球的平均气温也发生相应的变化。全球平均1月份气温远低于7月份的气温。但是根据日地距离看，1月份接近近日点，1月份的天文辐射比7月份约高7%。全球平均气温1月低于7月，显然与冰雪覆盖面积有关。北半球和南半球各自的月平均气温均与冰雪覆盖面积呈反相关关系，冰雪面积大，平均气温低。

产生这种致冷效应的原因主要与冰雪覆盖的辐射特性和冰雪与大气之间的能量交换有关。

冰雪表面对太阳辐射的反射率很大，一般新雪或紧密而干洁的雪面反射率可高达86%～95%；而有空隙、带灰色的湿雪反射率可降至45%左右。大陆冰原的反射率与雪面相似。海冰的反射率约在40%～65%之间。由于地面大范围的冰雪覆盖，导致地球上损失大量辐射能。这是冰雪致冷的一个重要因素。地面对长波辐射多为灰体，而雪盖几乎与黑体相似，其长波辐射能力很强，这就使得雪盖表面的辐射亏损进一步加大，使雪面更加变冷。

冰雪表面与大气间的能量交换很弱，冰雪对太阳辐射的透射率和导热率都很小。当冰雪厚度达到3m，南极海冰的厚度为1m，大陆冰原厚度更大，因此大气就得不到地表的热量输送。特别是海冰的隔离效应，有效地削弱了海洋向大陆的显热和潜热输送，这又是一个致冷因素。冰雪表面的饱和水汽压比同温度下的水面低，冰雪供给空气的水分很少。相反冰雪表面常出现逆温现象，水汽压的垂直梯度往往是冰雪表面比低层空气还低，于是空气反而向冰雪表面输送热量和水分（水汽在冰雪表面凝华）。所以冰雪覆盖不仅有使空气致冷的作用，还有致干的作用。冰雪表面上空大气逆辐射微弱，冰雪表面上辐射失热更难以得到补偿。此外，当太阳高度角增大，太阳辐射增强时，融冰化雪还需消耗大量热能。在春季无风的天气下，融雪地区的气温往往比附近无积雪覆盖的气温低数十度。综合上述因素的作用，冰雪表面使气温降低的效应十分显著。而气温降低又有利于积雪面积的扩大和持久，冰雪和气温之间有正反馈关系。

（3）冰雪覆盖与降水。冰雪覆盖形成之后，尤其是南北极的冰雪覆盖形成之后，将使高低纬度之间的温差和相应的气压梯度明显加大。于是气压场和大气环流随之变化，并最终导致气象要素和气候发生变化。反之亦然，大范围冰雪覆盖也影响大气圈和水圈之间的热交换。当存在大范围的冰雪覆盖时，这种热交换显著减少，海洋中的较暖水流不能向高纬度地区输送更多的热量，造成南北极地区更加寒冷。最后，融冰化雪需要大量热量。这些过程都会导致相应的大气环流调整。大气环流调整的结果，也必然导致降水发生变化。

有研究表明，欧亚春季雪盖面积的大小及融雪的快慢能够影响印度夏季风的活动。欧亚春季 3—5 月雪盖面积较大，融雪速度慢，会增加下垫面反射率。高的反射率通常使大气温度偏低，大陆上海平面气压偏高，因而使季风环流减弱，季风进程偏长。如果春季欧亚雪盖偏小，融雪较快，则地表反射率减小，大气温度增加，因而显热交换增强，夏季风强且季风进程短。由于印度大部分地区年雨量的 80％左右出现在夏季风季节，因此夏季风的进程直接影响印度夏季风雨量。欧亚大陆 12 月至次年 3 月雪盖范围与印度 6—9 月夏季风雨量呈现明显的反相关。积雪与降水的关系在我国也有明显体现。图 8.6 是青藏高原冬春的积雪与我国华南 5—6 月降水量的时间变化曲线，可以看到它们之间有很好的相关，大量统计资料表明冬春季节青藏高原多雪，则华南夏季降水偏多。

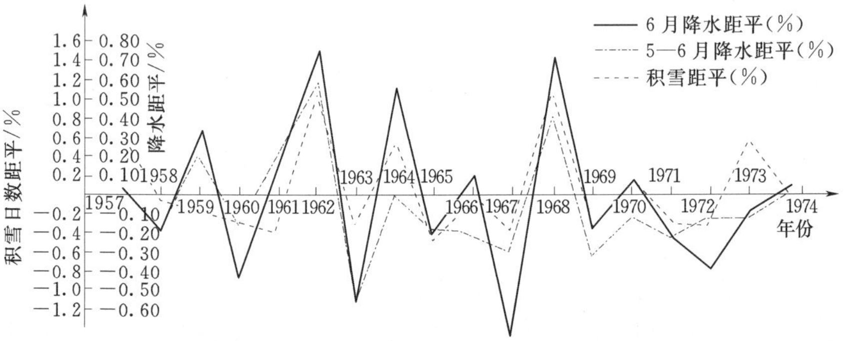

图 8.6　青藏高原冬春的积雪与我国华南 5—6 月的降水的关系

还有研究表明，南极海冰与我国梅雨也有很好的相关关系。从大气环流形势看，南极海冰面积扩展的年份，其后期南极大陆极地反气旋加强，绕极低压带向低纬扩展，整个行星风带向北推进，从而使赤道辐合带北移，并导致北半球的副热带高压亦相应地北移。又由于南极海冰分布有明显的偏心现象，最冷中心偏在东半球（70°～90°E），由此向北呈螺旋状扩展到澳大利亚，由澳大利亚向北推进的冷空气势力更强，因此对北太平洋西部环流的影响更大。以1972年为例，这一年南极冰雪量正距平很大，自南半球跨越赤道而来的西南气流势力很强，西太平洋赤道辐合带位置偏东、偏北，副热带高压弱而偏东，东亚沿岸西风槽很不明显，而在80°E附近却有低槽发展，这种形势不利于冷暖空气在江淮流域交绥，因此1972年梅雨季短、量少，为枯梅年。相反，1969年南极冰雪量少，行星风带位置偏南，北半球西太平洋赤道辐合带位置比1972年偏南约15个纬距（在160°E以西）。副热带高压西伸，且偏南，我国大陆东部有明显的西风槽，有利于锋区在此滞留，这一年梅雨期长，梅雨量高达2800mm，相当于1972年的三倍。

8.2 气候分类及气候划分

在第8.1.1节中已经谈到了天气气候带，这种气候分类是最简单也是最直接的气候分类方法。但是，真实的自然界中，由于下垫面的复杂多变，对气候的影响也各具特点，因此，同一纬度带上的气候差异很大。例如，同样位于30°N附近的中国杭州和埃及开罗，气候却是截然相反。杭州是亚热带季风湿润气候，冬季不冷，夏季潮湿、多雨、温度很高，7—8月白天平均气温可在超过33℃以上。开罗位于地中海南部，其他三面为沙漠所包围，气候特征具有地中海式气候向热带沙漠气候的过渡性特征，夏季虽然炎热，但是湿度较小，空气干燥。开罗与杭州的气候差异完全与地理地貌有关系。正因如此，世界各地区的气候错综复杂，各具特点。

8.2.1 气候分类

从形成气候的主要因素和气候的基本特点来分析，可以根据各地气候的相似程度把全世界分成若干气候带和气候型。这样就可以使错综复杂的世界气候系统化，便于研究、比较与了解各地气候的主要特点和形成规律，有利于对气候资源的认识、开发和利用。在众多的气候分类方法中，归结起来大体上可分成三大类：试验分类法、理论分类法和成因分类法。每一类中都有一些具有代表性的、比较著名的分类方法，如柯本分类、桑斯威特分类、布德科分类和阿单索夫分类等。在地球科学领域，使用得最为广泛的气候分类系统是1918年由德国气象学家柯本（W. Koeppen，1846—1940）首先设计的分类系统。

柯本气候分类法是以气温和降水两个气候要素为基础，同时参照自然植被的分布而确定的。他首先把全球气候分为A（热带）、B（干带）、C（暖温带）、D（冷温带）、E（极地带）五个气候带，在A～E符号后面，柯本又加上了第二个字符作为不同气候带中的气候型，表8.3给出了包含两个字符的气候带和气候型划分结果。柯本还使用了第三个字符来划分空间尺度更小的气候副型，例如，Df是常湿冷温气候（表8.3），而Dfb表示凉夏常湿冷温气候；Cf是常湿温暖气候（表8.3），而Cfa表示热夏常温暖气候。在气候副型中比较重要的字符有：

a：表示最热月平均温在22℃以上，用于C和D两类气候型；

b：表示最热月平均温度小于22℃，但至少有4个月大于10℃，用于C和D两类气候型；

表8.3　　**柯本气候分类法**

气候带	特　征	气候型	特　征
A热带	全年炎热，最冷月平均气温不小于18℃	Af热带雨林气候	全年多雨，最干月降水量≥6cm
		Aw热带疏林草原气候	一年中有干季和湿季，最干月降水量小于6cm，亦小于 $(10-r/25)$cm
		Am热带季风气候	受季风影响，一年中有一特别多雨的雨季，最干月降水量<6cm但大于 $(10-r/25)$cm
B干带	全年降水稀少，根据一年中降水的季节分配，分冬雨区、夏雨区和年雨区来确定干带的界限	Bs草原气候	冬雨型：$r<2t$ 年雨型：$r<2(t+7)$ 夏雨型：$r<2(t+14)$
		Bw沙漠气候	冬雨型：$r<t$ 年雨型：$r<(t+7)$ 夏雨型：$r<(t+14)$
C温暖带	最热月平均气温大于10℃，最冷月平均气温在0°～18℃之间	Cs夏干温暖气候（又称地中海气候）	气候温暖，夏半年最干月降水量小于4cm，小于冬季最多雨月降水量的1/3
		Cw冬干温暖气候	气候温暖，冬半年最干月降水量小于夏季最多雨月降水量的1/10
		Cf常湿温暖气候	气候温暖，全年降水分配均匀，不足上述比例者
D冷温带	最热月平均气温在10℃以上，最冷月平均气温在0℃以下	Df常湿冷温气候	冬长、低温，全年降水分配均匀
		Dw冬干冷温气候	冬长、低温，夏季最多月降水量至少10倍于冬季最干月降水量
E极地带	全年寒冷，最热月平均气温在10℃以下	ET苔原气候	最热月平均气温在10℃以下，0℃以上，可生长些苔藓、地衣类植物
		EF冰原气候	最热月平均气温在0℃以下，终年冰雪不化

注　r 表示年降水量，cm；t 表示平均温度，℃。

c：表示最冷月平均温度大于－38℃，但至少有1～4个月大于10℃，用于C和D两类气候型；

d：表示最冷月平均温度小于－38℃，用于Dw和Df气候型；

g：表示最高温度出现在雨季来临前；

h：表示炎热，年平均温度大于18℃，用于B气候型；

k：表示寒冷，年平均温度小于18℃，用于B气候型；

i：表示气温年较差小于5℃；

n：表示多雾；

G：表示山地气候，海拔至少在500m以上；

H：表示高山气候，海拔至少在2500m以上。

图8.7是假设的平坦、表面性质均匀的理想大陆上，柯本气候分类法中主要气候类型的分布图。

在平坦、表面性质均匀的理想大陆上，大陆最北部为EF气候，由此向南依次为ET、D、C、B及A气候，南半球相反。

北半球中纬度大陆西部，因受来自海洋的盛行西风影响，为Df型；大陆东部因冬季降水稀少，故为 Dw 型，仅在东部沿海地区为 Df 型。

C 气候带中，大陆西岸在暖海流影响下，扩展范围很大，大陆东岸的冷海流影响仅局限在较低纬度上。大陆西岸 C 气候的北部为 Cf 型，南部为 Cs 型。大陆的东部为 Cw 型，但在东部沿海地区为 Cf 型。

B 类气候带主要分布在低纬大陆，并由低纬大陆西海岸向极地力向伸向大陆中央。B 气候内部为沙漠（Bw），外围为草原（Bs）。

赤道两侧的气候类型主要为 Af 型，大陆东岸因盛行偏东信风，在海洋气流影响下，不存在 Aw 型。如果大陆东岸受季风控制，则为 Am 型。

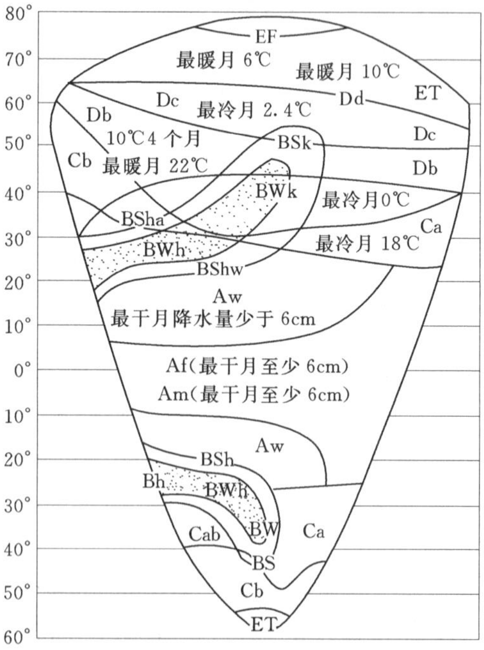

图 8.7　平坦、表面性质均匀的理想大陆上柯本气候分类分布模型

由于南半球大陆面积向南逐渐减小，B 气候所占据的面积比较狭窄，且向极地方向伸展的纬度不如北半球那样高，只是在南美洲安第斯山脉的雨影区才能形成 B 气候。因南半球大陆向高纬方向急剧收缩，D 气候在南半球完全不存在。

实际条件下的柯本气候分类图比在理想大陆上的分布模型要复杂得多。

8.2.2　中国气候区划

中国的南北纬度从热带一直扩展到北温带，东西范围经历了三级跳跃，第一级是中国青藏高原以西的广大地区，平均海拔超过 4000m；第二级包括了黄土高原、云贵高原和内蒙古高原等地区，平均海拔达到了 1000～2000m；第三级是中国东部的丘陵和广大平原地区，大部分地区平均海拔低于 500m。然后继续向东可延伸到海洋，形成近海大陆架。

我国气候区划工作经竺可桢先生首创之下，国内气候工作者做了大量工作。1959 年中国科学院组织编写了中国气候区划（初稿）。

我国科学院用日均温不小于 10℃稳定期积温作为热量代表，运用积温法计算的干燥度［$K=0.16\sum t$（不小于 10℃稳定期）$/r$（不小于 10℃期间），其中 t 表示温度，r 表示降雨量］作为水分的代表，其次，还尽可能利用日照资料作为区划参考。

在这一气候区划中，根据热量标准，把全国划成 6 个气候带和一个高原气候区，这就是：

（1）赤道季风气候带。于北纬 10℃以南诸岛，积温 10000℃左右，气温年平均超过 26℃，年雨量在 1000mm 以上，四季分配均匀，生长各种热带植物。重要的有椰子、木瓜、羊南蕉及菠萝蜜等。

（2）热带季风气候。积温不小于8000℃，最冷候不低于15℃，极端最低多年平均气温不低于5℃，极端最低气温一般不低于0℃，大致终年无霜。雷州半岛湛江以南属之。热带季风雨林为低地主要植物，主要为樟料等，橡胶、槟榔、咖啡等都能生长。稻可一年三熟，土壤红壤化强烈。

（3）副热带季风气候。积温8000～4500℃之间，最冷候气温在0～15℃之间。天然植物为副热带季风雨林、季风常绿阔叶林和混生常绿阔叶树的落叶林。代表性植物有山毛榉科、樟科、冬青科、杜鹃科等亚热带常绿阔叶树；马尾松、柏树、杉木等针叶树，以及柑橘、茶、棕榈、油桐、毛竹等。稻可一年两熟，小麦都可培植。土壤种类繁多，有红壤、黄壤、黄褐土。

（4）暖温带季风气候。积温在4500℃至3400℃之间，最冷候气温为0℃至－10℃，是副热带与温带的过渡地带。由于夏热，棉花、葡萄生长良好，但冬冷厉害。常绿阔叶树已不见。农作物一年两熟或一年三熟。盛产水果。土壤有棕色森林土、褐色土和棕色荒漠土等。

（5）温带季风气候。积温在3400～1600℃之间，最冷候气温在－30℃至－10℃，稻、玉米、蓖麻都能生长。小麦、大豆在某些部分可成为主要作物，但冬冷而不宜冬作。天然植物为针叶树与落叶阔叶树混交林，此外为草原或荒漠。灰化棕色森林土、黑钙土、栗钙土、棕钙土与灰棕荒漠土为土壤的常见型类。

（6）寒温带季风气候。积温低于1600℃，最冷气温低于－30℃，只能勉强栽培马铃薯、荞麦和谷子。天然植物为稀疏的落叶松。土壤为微酸性棕色灰化土。有岛状永冻层。

（7）高原气候。青藏高度位于我国西部，约当北纬28°～40°N之间，海拔高，积温大多低于2000℃，很大部分日均温不高出10℃，相当大地方不适于林木生长。有些地方最热候气温低于5℃，甚至低于0℃，所以寒冷程度可和寒带平地相比，但是气温年变小，日变大，和寒带平地不同。光照丰富，辐射强盛是有利条件。天然植被土壤型类的垂重分布，极为明显。

我国亚热带植物不能在秦岭、淮河以北生长，真正热带植物不能在雷州半岛湛江以北正常生长，故秦岭、淮河一线是亚热带的北界，湛江的纬度圈是热带的北界。因此，我国的季风亚热带和季风热带的北界，比理论上的界线依次南移4～5个纬度，这是出于我国冬季风特别强劲的缘故。热带的特征是植物全年生长，温带的特征是只有夏季生长，亚热带处在过渡地带，夏季生长热带植物，冬季生长温带植物。暖温带与温带的界线在北京与沈阳之间。

干燥度是用积温法计算的，$K=0.16\sum t$（大于10℃稳期定）$/r$（大于10℃期内），式中的系数0.16，是假定秦岭、淮河一带的可能蒸发量和降水量接近平衡，并比照我国各地自然景观而确定的，干燥度的分级见表8.4。

结合热量的气候带：

1）赤道带内的南沙群岛是湿润地区。

2）热带华南地区也是湿润地区，云南各地的热带部分为夏湿冬干地区。

3）亚热带中，华中为湿润地区，川滇的亚热带部分则为夏湿冬干地区。

表 8.4 中国科学院干燥度指标与干湿气候区划

干燥度指数	干湿情况	天然植被	水文情况
≤0.49	很湿	森林	排水
0.50～0.99	湿润		
1.00～1.49	半湿润	森林草原	防水不足
1.50～1.99	半干旱	草甸、草地 干草原 荒漠草原	需要灌溉
2.00～3.99			
≥4.00	干旱	荒漠	

4）暖湿带里，华北是半湿润地区，南疆是干旱地区。

5）温带内东北是湿润和半湿润地区，内蒙古是半干旱地区。

6）寒温带内东北漠河是湿润地区；至于青藏高原，资料不多，大致分为半湿润、半干旱和干旱三个类型。

本区划重点是根据热量和水分两项标准，同时参考其他条件，做出了中国气候区划图［图略，请参考：中国科学院自然区划工作委员会，中国气候区划（初稿），科学出版社，1959。］

8.3 气候的垂直分布

气候的自然分布不仅在水平方向上而且在垂直方向上都具有带状分布特征。气候的水平分布主要指由低纬向高纬气候随纬度而变化的特征，但是，这种气候随纬度变化的特征与天文气候带不同，天文气候带认为同一纬度带上各地气候相同；而气候的水平分布却考虑了同一纬度间在经度上的地理、地貌、地形、气象条件等各种差异，而划分的气候。气候的垂直分布则是指由海平面向上沿垂直方向的变化特征。

气候状况随高度所具有的带状分布特征，称为垂直气候带，气候在垂直方向的差异完全由高度和地形造成。

在气候形成诸因子中，海拔高度可能是仅次于海陆分布的影响因子。山地和高原的气候效应主要是通过高度和地形这两个方面影响气候，地形的影响主要指开阔程度所产生的局地气候效应。在不同的地形条件下，即使气候背景一样，也可以产生很不相同的气候状况，这个问题属于小气候的研究范畴，可参阅其他教材或文献资料。

就海平面温度而言，其带状分布特征主要取决于纬度。温度的水平分布与同一纬度温度的垂直分布是很相似的。前者由低纬沿海平面向高纬递减，后者由海平面向上随高度而递减，因此某一特定纬度的温度与某个已知高度的温度具有一一对应关系。例如，位于纬度 40°低地的年平均温度与低纬热带地区数千米高度上的年平均温度可以完全相同。作为一个例子，赤道附近的厄瓜多尔基多（0°08′S，78°29′W，海拔 2812m）年平均温度为 13℃，北半球中纬度的纽约拉夸迪亚机场（40°46′N，74°01′W，海拔 16m）年平均温度也为 13℃。但前者温度年较差几乎为零（实际上只有 0.4℃），后者则为 24℃，两地的气候状况完全不同，如按柯本分类标准来划分，基多应归属于C气候，因为最热月平均温度低于18℃，最冷月高于0℃。实际上，基多的气候特征完全是由高度引起的。因此，在低纬山地，由山麓向山顶温度依次减低，犹如温度从赤道向极地减低一样，因此在山地的各个不同高度上同样具有带状分布特征。

垂直气候带在热带表现得最为明显，温带次之，寒带因其本身温度很低，气候的垂直分布特征已经是不那么重要了。

应当指出，垂直气候带的存在不仅起因于温度的垂直分布，还与降水的垂直分布有关。不同高度上温度和降水的综合效应可以在植物生态的垂直地带性上反映出来。气候的垂直带状分布可以因纬度、太阳辐射和环流特征的不同而不尽相同，但都有一些共同的规律可循。

8.3.1　热带垂直气候带特征

高地（高山和高原）气候的一个共同特征是，昼夜温差较大。这是因为白天在太阳的强烈照射下近地层空气急剧增温，夜间长波放射的结果因热量损失而急剧降温。但温度随高度而降低的同时，年较差随高度而减小。因此，高地的温度日变化比年变化大，

在热带高地上这一现象尤为明显。由于温度随高度而变化，从山麓到山顶可以划分出几个不同的垂直气候带。图8.8是低纬热带山地垂直气候带的分布情况。该图是根据中美洲赤道附近山地的温度、自然植被和作物的分布界限划分的。

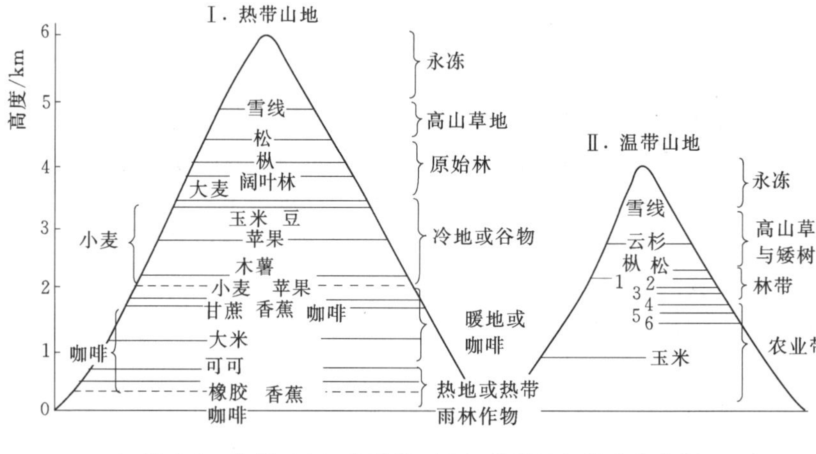

图8.8　热带（左）和温带（右）纬度的气候垂直分布

1—完全林被；2—马铃薯；3—山毛榉；4—大麦；5—黑麦；6—小麦与麻

按照山地的温度垂直梯度，如图8.8左部分所示，大致可分为四个垂直气候带：热地带、暖地带、冷地带和冻地带。这些气候带的高度界限在整个热带纬度并不完全一致。一般来说，距赤道越远，垂直气候带的界限高度越低。各个气候带的高度范围和气候状况如下：

（1）热地带。由海平面向上延伸至600～900m高度，年平均温度为28～24℃，降水充沛，自然植被繁茂，盛产橡胶、香蕉和可可。

（2）暖地带。位于热地带之上，向上延伸至1800～2000m高度，年平均温度为24～18℃，盛产咖啡、玉米、茶叶、棉花和稻米。

(3) 冷地带。位于暖地带之上，向上延伸至 3000～3500m 高度，年平均温度为 18～12℃，以小麦、大麦、苹果和马铃薯等温带作物为主，畜牧业也很发达。

(4) 冻地带。森林和农业带上限以上更高的高度至永久积雪高度，主要是高山牧场，自然植被以高山草地为主。大约在 4300～4600m 高度以上为永久积雪区。在高山草地和温带作物区之间有一个过渡带，即原始森林区，高度约从 3000～3500m 向上至 4000m。由下向上随着高度的增加逐渐由阔叶林向针叶林过渡，至 4000m 以上森林已不复存在。

垂直气候带中最上面一个冻地带，牧草生长茂密，终年常绿不衰，在中美洲称为常绿高地。随着远离赤道，干季越来越明显，因此一年中有部分时期牧草干枯，易遭焚毁，称为湿润高地。随着纬度的增加，干季越来越长，牧草逐渐稀疏，湿润高地也渐次转变为干燥高地，进而变为荆棘丛生的高地，以多刺的灌木为主，最终变为荒漠高地，以带刺的仙人掌为主。在热带纬度的各个垂直气候带中，植物分布随气候的湿润条件不同而有差别。

8.3.2 温带垂直气候带特征

如果说在热带山地和高度上由于温度较低，气候环境很适宜于人类居住环境的改善，有助于自然植被的生长和发展农业生产，那么温带山地和高原的气候相对于低地来说并不十分有利。差别在于热带低地的热量过剩，所以温度随高度而递减对于人类生活和植物生长反而是有利的；相反，在中纬度地区，由于山麓温度并不高，温度随高度而递减的结果将导致冷夏的出现，作物生长期缩短，对农业生产不利。换言之，在中纬度高地上可以利用的气候带大为减少，图 8.8 右部分表明了温带纬度垂直气候带的分布情况。

与热带垂直气候带相比，温带垂直气候带上的上限高度相应地降低 1000～2000m。雪线高度由热带的 4500m 左右降低到温带的 2800m 左右，森林界限由 3500～4000m 降低到 1500～1900m，农业带上限由 3000m 降低到 1500m，最下面的热带森林和热带作物在温带已无法生长，代之以玉米、马铃薯和麦类等温带作物。

温带垂直气候带的分布与气候背景有关，图 8.8（右图）给出的仅是一般情况。在温带内陆干燥气候背景下，山地本身具有一种独特的高山气候带，由下向上随着高度的增加，温度逐渐降低，而降水量则渐次增大，因此垂直气候分布和植物生态环境，将由山麓以沙漠景观为主的干燥气候带，随高度增加依次改变为以草地、森林等自然景观为主的半干燥和半湿润气候带，在更高的高度则为永久积雪区，雪线高度大约在 3500m 上下。

8.3.3 暖带与冷湖

垂直气候带的划分与纬度和所在地区的气候背景有关。但单就降水的垂直分布而言，由山麓向上随高度的增高，通常降水逐渐增加，至某个高度达到最大，这就是所谓的最大降水高度问题。如就温度的垂直分布而言，由山麓向上随高度的增高，通常也存在一个温度相对较高的地带，这就是山地垂直气候分布中的所谓暖带问题。与暖带有关的另一个问题，就是低洼地形中出现的冷湖问题。冷湖和暖带是垂直气候带中两个因地形作用形成的局地气候问题。但是，冷湖和暖带的存在，对于自然植被和作物的垂直分布来说具有重要的意义，对它们的形成规律和利弊应当有所了解。

所谓冷湖，是指冷空气从山地较高处向下泄流，在地势低洼处汇集而成的冷空气湖，一般称为“冷湖”。在欧洲的阿尔卑斯山脉、喀尔巴阡山脉、巴尔干山脉受冷空气覆盖的地势低洼地区中，也可形成冷空气湖，但由于地域广阔而将其形象地比喻为“冷海”；在有些范围较小的低洼地上所形成的冷空气湖，则比喻为“冷池”。小尺度的冷湖，主要是由于坡面空气受夜间辐射冷却作用向下流泄在谷底堆积而成，冷气流与盆地、山谷和起伏地形中冷湖的形成有密切的关系；较大规模的冷气流，似乎有自己的环流系统，它不受早已形成的冷湖的影响而独立存在。

图 8.9 表示沿谷地的横剖面图，图的上半部表示夜间冷却了的空气沿谷地的自然分布情况。冷空气由于密度大而沉入谷底，由谷底沿坡面向上温度依次增高。但是，在冷气流沿坡下滑的同时，由于热成环流的作用，谷地上下温度的分布规律变得比较复杂。当冷径流沿坡下滑时，与之靠近的较暖空气随之流来补充，形成一个局地热力环流，而冷空气向谷底聚积，形成冷湖。从图 8.9 下半部都可以看出，在冷湖的上面是一层相对较暖的空气，这就是山坡上的所谓暖带。

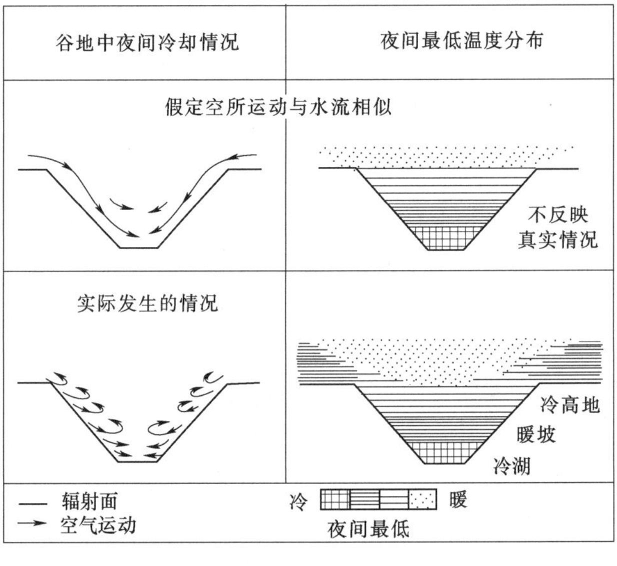

图 8.9　坡地上的暖带和冷湖示意图

当冷空气沿坡下滑时，动力增温效应对冷气不会发生什么影响，这是因为山坡的地表冷却作用比起绝热增温效应要强大得多。由于谷地中温度垂直变化的结果，在冷湖的上方有一个逆温层存在，空气温度相对较高。在逆温层顶以上，气温按正常的温度直减率降低。因此，在高地的顶部或坡地最上面空气温度相对较低。

对山坡上某个高度上暖带的存在，很早以前就引起人们的注意。据杜姆铂（1966）介绍，在美国北卡罗来纳州阿巴拉契亚山南部居位的农民圣·麦克·杜维尔对果树栽培很注意。他在 1861 年就对山坡上相对高温区作过描述，他认为在这个山区中，暖带中心位置平均来说位于谷底以上约 350m 高度上，在这个高度以上春季霜害因暖带而减少，因此对农业和园艺业具有重要的意义。后来，有人把这一暖带称为无霜带。

8.4 中国气候资源的分布

气候是人类生存与生产活动的重要环境条件，同时也是人类物质生产不可缺少的一种自然资源——气候资源。因此气候资源可以被定义为：在自然界中形成的、并可以转换成供人们利用的物质或能量的气候要素的总体。因为光、热、水等气候要素是动、植物生长的必要条件，又是直接影响生物产量和质量的主要因子，而且通过太阳能、光能、风能、水能等利用，为人类生活、生产提供能源。

气候资源同其他自然资源（如矿藏等）一样，是人类获得物质财富的重要来源，但是二者又有显著差别。前者是在地球表面普遍存在的再生能源，随天气气候的变化而变化，如果不对其开发利用就不具有任何价值；后者属于一次能源，即随着被开采利用矿物储量逐渐减少，最后枯竭。

为了合理地开发利用气候资源，需要对气候资源进行评价。本章主要叙述太阳能资源、热量资源、水分资源、风能资源等评价方法。

8.4.1 太阳能资源

地球表面自然环境中几乎所有的能量都来自太阳，全部生命活动过程都直接或间接依靠太阳辐射能得以维持。首先，绿色植物的光合作用形成有机物质，给生物圈的动植物和微生物以及人类提供必要的物质条件。同时太阳辐射又是气候系统中能量和水分循环的动力源泉。

太阳能是一种无污染的再生能源，分布广泛，就地可取。但这种能源属于低密度能源，而且不稳定，除了昼夜变化外，还受天气变化的影响。因此，希望把太阳能作为一种恒定可靠的能源加以利用，目前还有许多技术上的困难。美国能源部提出一个设想：发射两颗与地球同步的太阳能卫星，将接受的太阳能转换成电能，向地球发射微波，地面微波接受站将微波再转变成电。这样就不受昼夜交替、天气气候变化的影响。但要实现这一设想，还有许多实际问题有待解决。

到达地面的太阳直接辐射与天空散射辐射量之和称为太阳总辐射量。太阳能一般以总辐射量来表示。太阳总辐射量可直接用辐射仪器观测，也可以根据气象资料间接计算。由于我国日射测站稀少，且水平分布不均匀，所以在实际应用中，一般采用半经验半理论的方法计算。

我国总辐射年总量大约 930～2330(kW·h)/m^2。最大值 2330(W·h)/(m^2·a)在西藏高原，最低值仅为 1050(kW·h)/(m^2·a)，出现在川黔盆地。总辐射年总量分布的基本特征是西高东低。我国西部地区呈现南高北低，说明总辐射分布主要受海拔高度和纬度的影响；东部地区，特别是 30°～40°N 之间，总辐射随纬度增高而增加，这种北高南低的现象说明我国东部地区总辐射主要受云量的影响，纬度和海拔高度的作用已不明显。

为便于太阳能资源的开发和利用，必须进行太阳能资源区划。王炳忠（1983）对我国太阳能资源进行了三级区划。其一级区划指标为总辐射年总量，具体划分标准见表8.5。

表8.5　一级区划指标

名　称	符　号	指　标
资源丰富带	Ⅰ	≥1740(kw·h)/(m^2·a)
资源较丰富带	Ⅱ	1400～1740(kw·h)/(m^2·a)
资源较贫带	Ⅲ	1160～1400(kw·h)/(m^2·a)
资源贫乏带	Ⅳ	<1160(kw·h)/(m^2·a)

二级区划指标为太阳能资源的季节分配情况。以日照时数大于6h天数出现最多的季节（春、夏、秋、冬分别以汉语拼音的第一个字母C、X、Q、D表示）为分子，最少的季节为分母作划分指标。每天日照时数以6h为标准，是因为一天中日照时间如少于6h，其太阳能一般没有利用价值。大于6h的最多天数与最少天数的比值，可看作当地太阳能全年分布变幅大小的指标。显然，比值越小，越有利于太阳能的利用。

三级区划指标是太阳能日变化规律，以日照在一天中的变化为指标。以q、z、h分别代表午前（9—10时）、中午（11—13时）和午后（14—15时），哪一时段的年平均日照时数长，则表明该时段有利于太阳能的利用。

中国太阳能丰富地区包括：西藏大部、新疆南部及青海、甘肃和内蒙古西部。这些地区，太阳辐射年变化小，是太阳能利用的最佳地区。太阳能资源较丰富区有：新疆北部、东北地区及内蒙古东部、华北及江苏北部、黄土高原、青海和甘肃东部、四川西部至横断山区以及福建、广东沿海和海南岛。该区总辐射量为1400～1740(kW·h)/(m^2·a)。太阳能资源较贫乏带主要分布在东南丘陵区、汉水流域以及四川、贵州、广西西部等地区。太阳能贫乏区在川黔地区。

8.4.2　风能资源

风能是指大气水平运动的动能。人类利用风能历史悠久，几千年前，我国和尼罗河流域利用风力驱动帆船，后来用风车取水灌溉、加工谷物，公元13世纪风车传入欧洲。至20世纪初，丹麦首先利用风力发电，此后世界上许多国家相继研制风力机（wind energy conversion system，WECS）发电，全球风力机曾达数百万台。此时，由于蒸汽机发电、内燃机发电的发展，大部分风力机被取代。1973年世界上发生能源危机，风能作为一种补充能源重新受到重视。

现在许多国家特别是西方工业化国家利用大型风力机发电，有些国家如瑞典、丹麦等风力发电已成为一种重要的能源，美国加利福尼亚州沿海、英国北海分别建造了大片风力机群（wind farm）。美国在2000年风力发电量约占总发电量的4%～6%。

20世纪70年代中期以后，我国开始进入用高新技术开发利用风能的新时期。截至1993年年底，我国百瓦级的小型风力机已超过12.8万台，主要分布于内蒙古草原，解决生活用电，同时也开始大、中型风力机的研究工作。

风能是一种广泛分布的无污染再生能源，但它又是一种低密度的（周期和非周期）变化的能源。不过，在缺少矿物燃料和水资源而风能资源丰富的地区，风力发电有着良好的应用前景。

1. 风能区划标准

为了有效地充分开发利用风能资源，需要进行风能区划。区划标准主要考虑三方面因素：①风能密度和可利用小时数；②风能的季节变化；③风力机的最大设计风速（即一定重现期下的最大风速）。朱瑞兆等（1983）对我国风能区划时，采用三级指标如下：

一级区划是根据有效风能密度的大小和全年有效风速累积小时数作为指标，把全国风能划分为 4 个区（表 8.6）。

表 8.6　风能区划指标

符号	分区	年平均有效风能密度/(W/m²)	3～20m/s 风速的年累积小时数
Ⅰ	风能丰富	＞200	＞5000
Ⅱ	风能较丰富	150～200	4000～5000
Ⅲ	风能可利用	50～150	2000～4000
Ⅳ	风能贫乏	＜50	＜2000

二级区划指标是各季风能大小和有效风速出现的小时数，以 1、2、3、4 分别表示春、夏、秋、冬。如果春季有效风速（包括有效风能）出现小时数最多，冬季次之，则用“14”表示；如秋季最多、夏季次之，则用“32”表示；其余类推。

三级区划指标是风力机最大设计风速，一般取当地最大风速。以风力机寿命 30 年为基准，按风速将全国分为四级：风速大于 35～40m/s，为特强最大设计风速，称特强压型（用 a 表示）；30～35m/s 为强压型（用 b 表示）；25～30m/s 为中压型（用 c 表示）；小于 25m/s 为弱压型（用 d 表示）。

根据上述区划指标，中国风能区划分为 4 个大区、30 个小区。风能丰富区主要分布于东南沿海；山东、辽宁沿海以及海上诸岛；内蒙古北部和松花江下游地区。

风能较丰富区主要在东南沿海丘陵区和渤海沿海、东北平原、内蒙古南部、河西走廊、新疆北部，还有青藏高原区。

风能可利用区主要包括两广沿海、大小兴安岭山区、辽河流域、黄河、长江中下游地区，以及西北各省一部分和青藏高原东南部。

风能欠缺区是以四川为中心的一大片区域，其中包括甘南、陕西、鄂西、湘西、黔北、南岭山地、云贵南部。此外雅鲁藏布江河谷及塔里木盆地亦属风能欠缺区。

2. 风机站址标准

近地面风速受局地条件影响很大，因此风力机站址的选择直接影响风力机的效率及其使用年限。这里仅就风力机选址中涉及的气象问题阐述几点必须考虑的基本原则。

（1）选择风能丰富区。为有效地利用风能，首先必须根据风能区划指标，进行大区域的风能资源区划，以确定重点开发区；然后在这些重点地区进行风能资源详查，进一步确定适宜于风力开发的地区；最后通过补充观测，确定具体风力机的安装位置。

（2）要求有稳定的盛行风向。根据风向频率绘制风向频率分布图（即风玫瑰图）确定盛行风向，以便在选址时考虑地形影响。

（3）风速的日变化和年变化要小。由于风能利用中需要考虑风速的稳定性，以决定对储能装置和备用动力的要求。因此，在选址时要求尽可能避免过大的风速日、年变化。

（4）风力机高度范围内的风速垂直切变要小。近地面风速切变可能由热力原因或者动力原因所致。风力机选址中主要考虑下垫面粗糙度引起的垂直切变，特别是在两种截然不同下垫面的过渡地带，风速的垂直切变很大，使运行中的风力机叶片受力不均匀，损坏叶片。

（5）湍流强度要小。因湍流会使风力机产生振动和受载不均匀，缩短风力机寿命，甚至会导致叶片损坏。因此选址时尽量避开粗糙的地表或障碍物。

（6）尽可能避开灾害性天气频繁地带。这些灾害性天气包括强风暴、雷电、电线结冰、沙暴、大雪等。但有时在选址时不可避免仍要将某些风力机安装在上述地区，这时就应注意在设计和使用时考虑对风力机的保护。

8.4.3　水能资源

水是地球环境中的基本要素，是一切生命新陈代谢和物质生产活动中不可缺少的介质，是人类和一切生物赖以生存和发展的重要物质。

地球总水量约为13.86亿km^3，但其中96.6%以上为海水，不能被人们利用。即使是淡水部分，也只是很少一部分能被人们利用，仅相当于地球上总水量的0.77%。因此，通常把可供人类利用的淡水量称作水资源。

我国水资源总量不少，但人均占有量仅为世界平均量的1/4，而且随着工农业生产发展、新兴城市和人口增加，使我国水资源不足问题日益突出。因此水资源评价、规划和合理开发利用，是一个具有实际意义的课题。

水资源评价通常以某一区域或流域为对象，涉及该流域内平均降水量、蒸发量和地面径流量，还与土壤、植物、地下径流、水利设施、工农业用水等因素有关，问题十分复杂。但对于多年平均情况，流域降水r、蒸发E和径流f三者基本上保持平衡，即满足下式：

$$r=E+f \tag{8.5}$$

可见水分平衡中主要是降水、蒸发和径流三个因子，但径流除地表径流外，还有地下径流，后者很难测定。所以，可用降水量与蒸发量之差值作为总径流量。由此说明，降水和陆面蒸发量的估算比较重要。

水分资源主要来自降水。我国降水并不很丰富，全国平均年降水量约为630mm，较全球陆地平均年降水量800mm约偏少21%。

我国年降水量的分布不均匀，从东南沿海向西北内陆递减。东南沿海的广东、广西东部、福建、江西和浙江大部及台湾等地年降水量为1500～2000mm，长江中下游地区约1000～1600mm。这些地区降水丰富，适宜于生长热带、亚热带喜温湿的经济林木和果树，是我国水稻的主要产区。黄河下游、渭河、海河流域以及大兴安岭以东大部分地区约为500～700mm，降水不很充裕，以小麦、玉米、高粱和棉花等旱作物为主。黄河中上游及大兴安岭以西地区为200～400mm，农业要灌溉，作物产量低且不稳定，适合于发展畜牧业。西北内陆仅100～200mm，部分盆地区域不足50mm，气候干旱，限制了农业的发展。

我国降水的另一个特点是降水量季节分配不均匀。因受季风影响，降水量季节变化显著，夏季湿润多雨，冬季干旱少雨，全年降水主要集中在夏季高温时期，这对粮棉作物生长十分有利。但是，夏季风强弱、进退迟早、雨带滞留时间长短以及台风登陆次数多少，都会导致各年间降水量差异。有时地区年际降水变化很大，降水不稳定，对粮棉作物生长极为不利。

8.4.4 热能资源

热量是生物体生存的重要条件。描述某一地区的热量状况通常用温度或太阳辐射量（包括净辐射量）作为指标。对于下垫面特性和地理环境相同或相近的地区，温度的高低与太阳辐射量多少有着密切的联系，辐射量多的地区，气温较高；辐射量少的地区，温度较低。但实际上，一地温度的高低，不仅与辐射量多少有关，还受下垫面状况和地理环境的影响，也就是说温度是一个受综合影响的热量指标，更能反映地方气候状况。此外，植物的生化反应速率与温度的关系比其与辐射量更加密切，同时测定温度的仪器简易、方法简便。因此分析和评价热量资源时，一般采用温度的各项统计量作为热量指标。通常使用的温度统计量包括：各种界限温度及其稳定通过的初、终日期，积温，最热月和最冷月平均温度等。

1. 热量资源的分布

植物生长必须在一定温度条件下进行。温度过高或过低，不仅影响植物生长发育和产量，而且往往会造成危害。因此，在热量资源分析时，除了了解稳定通过各种农业界限温度的初、终日期及其间持续日数，还要知道最热、最冷月平均温度、无霜期、年极端最低温度及其平均值等。在农业气候资源的评价中，大于等于10℃积温具有最重要、最普遍的意义，它是评价一个地区热量资源的基础。

日平均气温稳定通过10℃的初日，在东北中、北部和内蒙古北部大部分地区为5—6月份。华北平原、陕西、甘肃、新疆南部在4月份。青藏高原广大地区一般要在7月份。秦岭淮河一线在2、3月。北纬25°至北回归线之间在1、2月份，北回归线以南在1月。

10℃的终日，东北北部在9月中旬，中南部在9月下旬至10月上旬。华北平原在10月下旬至11月上旬。长江中下游至南岭（包括四川盆地）在11月中旬至12月初，南岭以南至雷州半岛约在12月下旬。我国西部地区的内蒙古大部、新疆北部山地在9月中旬；内蒙古西部与南部、黄土高原、河西走廊、新疆大部为9月下旬至10月上旬。青藏高原多数地区在7月底至8月份日平均气温已小于10℃。

日平均气温大于等于10℃的积温，全国各地除东北北部和青藏高原外，均在2000℃以上。长城以北，10℃以上积温一般在2000～3000℃；长城以南3500℃以上。秦岭淮河一线至南岭山地为4500～6000℃，可种植双季稻和一些亚热带经济作物。南岭以南在7000℃以上，云南元江河谷、雷州半岛、海南岛及台湾南部在8000℃以上，能种植橡胶、咖啡、可可等热带经济作物。南疆在 4000℃以上，吐鲁番盆地可达 5000℃以上。

2. 热量资源的评价

我国热量资源丰富多样，有热带、亚热带和温带各种类型的气候，为多种作物的生长提供了适宜的气候环境。特别是我国受季风影响，多数地区夏季多雨，对农业生产十分有利；正由于季风原因，导致温度的年际变化大，热量资源不稳定，对农业生产不利。

青藏高原是我国热量条件最差的地区，最热月平均温度低于 15℃，最冷月平均温度为－5～－15℃之间。因此，大部分地区一年只宜种一季麦类作物。东北地区是全国热量条件较差的地区，特别是黑龙江北部，最冷月平均温度－25℃以下，最热月也不足 20℃，只能种植一季小麦、马铃薯等。长城以北和新疆北部，热量条件较东北北部地区稍好一些，可种植喜温的高粱、玉米等；长城以南的华北地区，最热月平均温度约为 24～28℃，最冷月平均温度 0～－10℃，无霜期 150～210 天，是我国主要棉、麦产区。秦岭、淮河以南到长江流域，最热月平均温度在 27～29℃，最冷月平均温度在 0℃以上，一年可两熟到三熟，以水稻、小麦为主。长江流域，冬季较短，热量条件比较优越，作物一年三熟，盛产柑橘、茶叶、毛竹等。南岭以南地区，是我国热量条件最优越的地区，几乎终年无霜，水稻一年三熟，可种植热带经济林木。

思考题与练习题

1. 太阳通过哪些方面影响气候形成？

2. 大气环流如何影响气候？

3. 下垫面不同可产生怎样的气候？

4. 海洋性气候和大陆性气候有何差别？

5. 山脉和大地形对气温和降水有何影响？

6. 积雪对气温和降水有何影响？

7. 垂直方向上气候有何差异？

8. 世界气候分类主要有哪几种方法？它们的分类依据和指标有何区别？其优缺点有哪些？

9. 中国太阳能、风能、水能和热能地区差异是什么？各种资源的最大值和最小值分别在哪里？

第 9 章 气候系统及其内部的相互作用

资源 9.1

气候系统及内部反馈和海气相互作用

9.1 气候系统及内部的反馈过程

9.1.1 气候系统

决定气候形成，气候分布与气候变化的物理系统称之为气候系统。气候系统是在20世纪60年代以后提出的新概念，在哲学上相应于由机械论向一般系统论的转变。在学科史上标志着由经典气候学开始迈向近代气候学领域。气候系统定义为这样的一个系统：包括大气圈、水圈（海洋、湖泊等）、岩石圈（平原、高山、盆地、高原等地形）、冰雪圈（极地冰雪覆盖、大陆冰川、高山冰川等）和生物圈（动植物群落以及人类）的，能够决定气候形成、气候分布和气候变化的统一的物理系统。

1. 大气圈

大气是指包围地球外面的一层气体，其中对流层是气候变化的主要场所，当外界热量输入（主要是太阳辐射）发生变化后，大气内部通过热量输送和交换过程能在一个月时间内（称为热响应时间尺度）重新调整对流层温度的分布。所以大气是气候系统中最容易变化的部分。

2. 水圈

水圈包括海洋、湖泊、江河、地下水和地表上的一切液态水，其中海洋在气候形成和变化中最重要。海洋是由世界大洋和邻近海域的海水所组成。其总面积为3.6亿km^2，约占地球表面的71%，相当于陆地面积的2.5倍。海洋的分布在南北半球是不对称的。南半球海洋的面积远大于北半球。同时，北极是由大陆包围着的北冰洋，而南极则是广大海洋包围着的南极大陆。海洋被插入其中的大陆分隔成不同的区域，按其大小而言，依次有太平洋、大西洋、印度洋和北冰洋。

海水是由液态水和溶于水中的盐分及气体所组成的。在每1000g海水中溶有NaCl 23g，$MaCl_2$和Na_2S分别为5g和4g，此外还有其他微量盐分。海水中还溶有少量大气中的各种气体，其中以O_2和CO_2对海洋生物过程和气候过程最为重要。

由于海洋对太阳辐射的反射率比陆面小，海洋单位面积所吸收的太阳辐射比陆地多25%～50%，全球海洋表层的年平均温度要比全球陆面温度约高10℃左右。据估算，到达地表的太阳辐射能约有80%为海洋表面所吸收。通过海水内部的运动，平均厚度约为240m的海洋上层水温有季节变化，其质量为8.7×10^{10}t，热容量为36.45×10^{16}MJ/℃；而陆面温度有季节变化的平均厚度只有10m，质量为3×10^{15}t，其热容量只有2.38×10^{15}MJ/℃。大气、海洋活动层和陆地活动层的质量比是1∶10.4∶0.55，热容量比是1∶68.5∶0.45。可见，无论从动力学还是热力学效应来看，海洋在气候系统中具有最大的惯性，是一个巨大的能量储存库。如果仅考虑100m深的表层海水，即占整个气候系统总热量的95.6%，可见其在气候系统中的重要性。上层海洋或冰与大气的相互作用时间尺度为几个月到几年，而深层海洋的热力调整时间则为世纪尺度。

3. 岩石圈

岩石圈亦称陆地表面，包括山脉、地表岩层、沉积物和土壤等。岩石圈变化的时间尺度甚长，其中如山脉形成的时间尺度约为10^5～10^8年，大陆漂移的时间尺度约为10^6～10^9年，而陆块位置和高度变化的时间尺度则更在10^9年以上。它们的这些特征对地质时期的气候变化是有巨大影响的，但对近代在季节、年际、十年际乃至百年际的气候变化中是可以忽略的。在上述近代气候变化的时间尺度内，除火山爆发外，对大气的作用主要还是发生在陆地表面。因此在气候系统中也常采用陆面一词。

陆地表面具有不同的海拔和起伏形势，可分为山地、高原、平原、丘陵和盆地等类型。它们以不同的规模错综分布在各大洲之上，构成崎岖复杂的下垫面。在此下垫面上又因岩石、沉积物和土壤等性质的不同，其对气候的影响更是复杂多样。

4. 冰雪圈

冰雪圈包括大陆冰原、高山冰川、海冰和地面雪盖等。目前全球陆地约有10.6%被冰雪所覆盖。海冰的面积比陆冰的面积要大，但由于世界海洋面积广阔，海冰仅占海洋面积的6.7%。陆地雪盖有季节性的变化，海冰有季节性到几十年际的变化，而大陆冰原和冰川的变化要缓慢得多，其体积和范围显示出重大变化的周期在几百年甚至几百万年。

由于冰雪对太阳辐射的反射率很大，而在冰雪覆盖下，地表（包括海洋和陆地）与大气间的热量交换被阻止，因此冰雪对地表热量平衡也有很大影响。

海冰和积雪有明显的季节变化，冰川和冰原的变化要缓慢得多，冰川和冰原的体积变化与海平面的变化有密切关系，冰雪具有很大的反射率，在气候系统中，它是一个致冷因素。

5. 生物圈

生物圈主要包括陆地和海洋中的植物，在空气、海洋和陆地生活的动物，也包括人类本身。生物圈的各个部分变化的时间尺度有显著差异，但它们对气候的变化都很敏感，而且反过来又影响气候。生物对于大气和海洋的二氧化碳平衡、气溶胶粒子的产生，以及其他与气体成分和盐类有关的化学平衡等都有很重要的作用。植物自然变化的时间尺度为一个季节到数千年不等，而植物又反过来影响地面的粗糙度、反射率以及蒸发、蒸腾和地下水循环。由于动物需要得到适当的食物和栖息地，所以动物群体的变化也反映了气候的变化。人类活动既深受气候影响，又通过诸如农牧业、工业生产及城市建设等，不断改变土地、水等的利用状况，从而改变地表的物理特性以及地表与大气之间的物质和能量交换，对气候产生影响。

总之，气候系统是非常复杂的，它的每一个组成部分都具有十分不同的物理性质，并通过各种各样的物理过程、化学过程甚至生物过程同其他部分联系起来，共同决定各地区的气候特征。

9.1.2 气候系统内部的反馈过程

气候系统的一个显著特点是：它是一个开放系统，系统内部各组成部分之间存在着能量交换和物质交换。气候系统各个组成部分之间的相互作用是多种多样的，陆地、冰雪和海洋表面之间的能量和物质交换可以通过各种渠道在各种时间尺度内发生。

气候系统的属性可以概括为以下四个方面：①热力属性，包括空气、水冰和陆地表面的温度；②动力属性，包括风、洋流及其与之相联系的垂直运动和冰体移动；③水分属性，包括空气湿度、云量和云中含水量、降水量、土壤湿度、河湖水位、冰雪等；④静力属性，包括大气和海水的密度和压强、大气组成成分、大洋盐度及气候系统的几何边界和物理常数等。这些属性在一定外因条件下通过气候系统的物理过程（也有化学和生物过程）而互相关联着，并在不同时间尺度内变化着。

在气候系统内部发生的相互作用中，存在着大量的反馈过程，它们起着从内部调节气候系统的作用。其中有些反馈过程有使系统变化振幅加大的作用，称之为正反馈。另一类反馈过程则有对系统变化的阻尼作用，称之为负反馈。反馈过程表明气候系统各组成部分之间的耦合或相互补偿作用。气候系统中的主要反馈过程有：

1. 水汽-辐射反馈

低层大气对红外辐射的不透明度基本上决定于大气中水汽的绝对含量。在相对湿度保持不变的条件下，气温上升使水汽含量增加，从而增加对地表射出长波辐射的吸收，结果使低层大气的温度进一步升高。因此，气温与水汽的耦合作用使气候系统产生不稳定。这种反馈是正反馈，也是地球大气产生温室效应的原因之一，故水汽-辐射反馈也称水汽-温室效应正反馈。

2. 冰雪-反射率反馈

冰雪表面对入射太阳辐射具有很大的反射作用，它是支配极区气候的一个重要因子。地球表面冰雪覆盖的面积取决于气温。全球温度的降低，将导致地球表面冰雪覆盖面积的扩大，从而使温度进一步降低。在其他因子不变的条件下，温度的下降造成冰雪范围进一步扩大，并使温度更加下降。冰雪覆盖与反射率这种耦合作用是气候变化正反馈机制的一个明显例证。

冰雪覆盖与反射率之间的正反馈作用，在冰雪出现部分消融时也表现得很明显。例如，当冰雪部分消融时，地表反射率降低，对太阳辐射的吸收增加，从而使下垫面温度增高，冰雪消融进一步增加。这是冰雪覆盖与反射率正反馈机制的又一个例证。

3. 云量-地面气温反馈

地面温度随着吸收更多的太阳辐射而升高，将促使地面蒸发加剧，从而导致大气中水汽含量增加，促使云得到发展，云量的增加使入射到地表的太阳辐射减少，地面温度随之降低，这是负反馈的一个例子。

大多数云既能吸收地球向上放射的红外辐射，也能反射入射的太阳辐射，云量是决定全球辐射平衡的一个重要因子。因为云顶温度低于云下面的地表温度，使得地球向宇宙空间逸出的红外辐射因云的存在而减少。同时，云顶反射掉的入射太阳辐射也取决于云量。云量增大的结果将使地面温度降低，这是云量与地面温度之间负反馈作用的结果。根据全球平均的一维模式计算结果表明，只要全球平均云量变化百分之几，或者云顶高度变化几百米，就会引起全球平均地面温度改变 1℃左右。这个负反馈机制涉及温度、太阳辐射、红外辐射以及云量和云高等多种要素。

4. 二氧化碳-海洋-大气反馈

由于大量燃烧矿物燃料，使大气中二氧化碳含量增加，导致低层大气温度升高，海洋表层水温也随之升高，海水的垂直稳定度因而加大，这样便使海洋吸收二氧化碳的能力降低，海洋已吸收的二氧化碳由于海温升高而使海水的酸度增加，同样降低海洋表面吸收二氧化碳的能力。其结果是使大气中二氧化碳的增加速率越来越大，低层大气增温越来越明显。这是另一种引起气候变化的正反馈过程，这个过程将物理系统和生物化学系统联系起来，其形成机制与水汽-温室效应正反馈作用相似，所以也可称为二氧化碳-温室效应反馈。

应当指出，整个气候系统中各个组成部分之间的相互作用和反馈过程是极为复杂的，不能孤立地考虑其中一个过程而忽略其他过程。从总体上来看，在一个相当长的时间内，地球气候的自然变化趋势是相对稳定的，这是由气候系统内部各种过程的相互作用和相互依赖所决定的。

9.2　海洋-大气的相互作用

海洋不仅通过巨大的热容量影响大气，同样地大气也可以通过风应力影响海洋，因此，海洋和大气之间的影响不是单向的，而是双向的，即海洋和大气之间存在相互作用。ENSO 现象，也可称为 ENSO 事件，就是海气相互作用的典型事例。

9.2.1　不同海区的海气相互作用

1. 热带和副热带的海气相互作用

热带海气相互作用表现最为强烈，热带海洋对气候的年际变化具有突出贡献。大量事实表明，低纬度大气各种尺度的运动，都受到海气相互作用过程的影响。热带大气的大尺度运动基本上是对海洋加热的响应，而次表层以上海洋的运动，则是对大气风应力的响应。赤道海温异常通过某种机制，还进一步影响到中纬度地区的大气环流和天气气候。

研究表明，海洋对大气风场变化的响应时间，随纬度有明显的变化。若给定一个风场变化，赤道地区海洋所发生的响应，比其他纬度的响应要快得多。同时，大气环流对热带海洋异常的响应，要明显地强于它对中纬度海洋异常的响应。实际观测到的大气物理量月平均值的年际变率，是由两部分组成的：一是大气本身的动力不稳定产生的；二是由边界特别是海洋异常的影响所产生的。中纬度地区的大气年际变率，主要由前者引起；热带地区的大气年际变率，主要由赤道海温异常决定。

热带大气对赤道地区 SST 异常的响应，比较典型的是 ENSO 现象，赤道太平洋 SST 异常还将使得南方涛动和沃克环流发生变化。赤道地区 SST 异常，还能够通过遥相关，影响到热带外大气。

季风是低纬大气环流的一个重要组成部分，由海陆之间大尺度季节性热力差异产生并维持。赤道印度洋存在明显的东暖西冷的水温分布，在7—8月尤为明显，索马里沿岸的负距平可达－2.5～－3.0℃，孟加拉湾东部及其以南的正距平为1～2℃，东西温差可达5℃。在西南季风建立以后，海面等温线也呈明显的西南—东北走向。在非洲沿岸，夏季风离岸而吹，风对海流的作用，使得上层辐散，低层海水强烈上翻，产生著名的"索马里寒流"；同时，东部海洋表面产生暖水堆积。海洋东部海温高于气温，海气热通量为大片正值区；在西部海水上翻区，海温低于气温，热通量为负值。上述海气通量的分布，能够对季风环流产生显著影响。同样，反过来印度洋海温分布也能够对季风环流产生影响，使得大气的温度层结产生东西差异；同时，还直接影响到印度洋上空的气压场和风场的变化。

2. 中高纬度的海气相互作用

中纬度地区在盛行的西风气流的控制下，海气相互作用过程有其独特之处。在这里，SST异常主要影响温带气旋的活动频率和强度，影响大气长波的活动，并通过通量向下游的频散，引起整个长波槽的调整，从而影响下游一定范围内天气气候的变化。中纬度海洋不仅对它下游的天气气候有影响，而且对其上游的大陆东部沿海地区的环流和天气也有影响。研究发现，太平洋黑潮海域的变化，能够通过影响副高活动，对中国的梅雨天气产生影响。

需要指出的是，和热带海洋不同，冬季中高纬度海洋上的海气相互作用主要表现为大气对海洋的强迫作用，而不是相反。在冬季北太平洋的大部分区域，特别是西太平洋，大尺度的大气环流异常在很大程度上决定着SST的异常，这种决定作用是通过它对湍流热通量的强烈影响来实现的。另外，在北太平洋的中部，海水的平流作用对海气相互作用也有重要影响，特别是在北太平洋中部从副热带到中纬度的过渡带上，上层海洋的平流过程对SST变率具有重要贡献。

在高纬海域，海冰对于海气相互作用贡献显著。在北半球，冰盖的平均界限达到72°N，冰盖面积占半球面积的8%。北极地区基本上是陆地包围的海洋，而南极则以陆冰为主。海冰对海气相互作用的影响可分为两个方面：一是海冰的表面反照率比海水多40%，故减少了洋面对太阳辐射能的吸收；二是在冰冻的洋面上，海洋向大气的感热和潜热输送被削弱，海冰的形成使其上空大气的热量收入减少。因此，冰界的年际变动、海冰的面积以及流冰量等的变化，将首先影响到它周围地区的SST、气温和洋流，进而对高纬度及中、低纬度的大气环流带来影响。

3. 洋流区和非洋流区的海气相互作用

就年平均而言，洋流区、非洋流区海洋与大气的相互联系有所不同。据王绍武等(1987)的研究，海温与其上空高度场相关系数最大的区域，主要在洋流区，暖洋流区尤为突出；而在广阔的非洋流区，例如，中太平洋，正相关则很小。海温与海平面气压场的相关系数，在非洋流区有较大的正值；而在加利福尼亚冷洋流区，则为较大的负值。大西洋的情况与之类似。

洋流区与非洋流区的海气相互作用的季节变化有所不同。在洋流区的海气相互作用中，海洋起主导作用。其中，暖洋流的主导作用在冬季（1—3月）最为明显，而冷洋流的主导作用则在夏季（7—9月）最为显著。冷暖洋流在冬、夏的作用不同，海温变化幅度随季节不同是一个重要的原因。因为暖洋流区海温的方差在冬半年大、夏半年小；而冷洋流区海温的方差在夏半年大、冬半年小。此外，暖洋流还与大气环流联系密切，根据研究，当黑潮海温异常升高时，东亚大槽强度偏弱；而黑潮海温异常降低时，东亚大槽强度则明显偏强，表明黑潮海温的冷暖与东亚大的强度有明显的关系。

在非洋流区的海气相互作用中，大气起主导作用，主要表现为两个大气活动中心的作用，太平洋高压的牵引作用十分明显：高压强时，中太平洋暖，东太平洋冷；高压弱时，情况相反。阿留申低压在冬半年（10 月至次年 3 月）的作用也比较明显。太平洋非洋流区海温与其上空气压场的相关分布为正相关，且以冬季为最强，夏、秋季为最弱。

大气环流影响海温的具体过程，是牵引、上翻和辐射。对于高压，中心气压越高，反气旋环流越强，牵引作用必大，因为牵引作用产生的海温距平是西南暖、东北冷。但假如粗略认为高压中心低层辐散也增强，则造成的海水下翻也必然强，海温应该高，同时下沉气流强，云少，太阳辐射强烈，海温亦应在高压中心较高。因此，一个气压系统对海洋的影响，究竟是牵引为主，还是以上翻和辐射为主，可以从相关分布看出线索。根据各季节太平洋高压中心气压与太平洋海温的相关分布，发现在高压中心西北部是正相关区，在高压中心东南部是负相关区，说明太平洋高压在各季节对海温的影响与牵引作用有关，且以冬季（1—3 月）最为显著。冬半年阿留申低压中心气压与太平洋海温的相关，在低压中心附近是正相关区，说明在阿留申低压范围内不但有牵引作用，而且上翻作用也比较重要。

9.2.2　ENSO 系统

1. *厄尔尼诺*（El Niño）

由于沃克环流的作用，大气在赤道东太平洋下沉，形成南美洲的太平洋东岸常年盛行干燥气候。同时，赤道东太平洋海洋表面受东北信风的风应力作用，表层海水向西太平洋流动，大量的暖水流向西太平洋，使那里成为大洋暖池，而赤道东太平洋海洋表面，因暖水流走，深层海水上涌，因此，南美洲的太平洋东岸盛行的是秘鲁寒流。冷水带有丰富的营养盐分，使得浮游生物大量繁殖，为那里的鱼类提供了充足的饵料。因此，随寒流移动的鱼群使秘鲁渔场成为世界四大渔场之一。

但是，有些年份，沿南美秘鲁和厄瓜多尔附近太平洋东海岸出现季节性水温上升的现象。海水变暖期间，这里的浮游生物就会变少，性喜冷水的鱼类丧失了冷水的海洋环境，没有了或缺少了食物来源，鱼类就会大量死亡，使渔民遭受灭顶之灾。这种现象最严重时往往出现在圣诞节前后，于是遭受天灾而又无可奈何的渔民将其称为上帝之子——圣婴（El Niño）。

这种东太平洋赤道海域水温季节性上升的现象每隔几年就有一次异常发展，从南美西海岸（秘鲁和厄瓜多尔附近）延伸至赤道东太平洋向西至日界线（180°）附近，海面温度异常增暖，称此现象为厄尔尼诺事件，其过程大约持续一年左右甚至更长时间。

海面增温的空间范围南北约 15 个纬度（10°S～5°N），发展最盛时东西可控制 90 个经度以上（90°～180°W），最强的深度可达数百米。表层海温距平平均为 1℃，个别地区个别月份可达4℃以上。确定厄尔尼诺的指标，通常是用赤道东太平洋（0°～10°S，90°～180°W）的表层海温距平。凡连续两个季以上平均海温距平大于等于0.5℃，可定为一次厄尔尼诺事件。对于连续两个季以上平均海温距平小于等于－0.5℃的现象，称为反厄尔尼诺事件，或称为拉尼娜事件。厄尔尼诺事件时沃克环流大大减弱甚至反向。

2. *南方涛动*（Southern Oscillation，SO）

南方涛动是指印度洋赤道低压与南太平洋副热带高压这两大气压变化的负相关关系。其特征是当东南太平洋的副热带高压气压比常年升高（降低）时，印度洋的赤道低压就比常年降低（升高），它们总是像跷跷板似的此起彼伏，形成两大洋上大气之间的涛动，人们称其为南方涛动。不少学者用南太平洋塔希堤岛（143°05′W，17°53′S）的海平面气压（代表南太平洋副热带高压）与同时期澳大利亚北部的达尔文港（130°59′E，12°20′S）的海平面气压（代表印度洋赤道低压）差值，经过一定的处理计算南方涛动指数（SOI）。

近年来，在北半球又发现了北大西洋涛动和北太平洋涛动。北大西洋涛动是冰岛低压的中心气压下降（上升），亚速尔高压的中心气压上升（下降）。北太平洋涛动是阿留申低压和北太平洋副高的中心气压强度的反相振荡现象，将上述三大涛动统称为“低纬度涛动”。

3. ENSO 事件

ENSO事件是厄尔尼诺与南方涛动统称，它与沃克环流有密切的关系。近年来，在讨论海气相互作用时，常把南方涛动、厄尔尼诺、沃克环流综合在一起分析。因为在厄尔尼诺事件发生的同时有东南太平洋副热带气压下降，西太平洋赤道海域气压上升的南方涛动现象，即南方涛动减弱，相应的赤道地区的东西向环流也减弱，因此将其合称为ENSO事件（厄尔尼诺/南方涛动）。图9.1给出的是2014—2016年ENSO事件的时间演变图，该图中厄尔尼诺指标用Niño3.4表示，南方涛动是用SOI指标表示，SOI和NINO3.4指数反向变化，也就是说，当南方涛动处于负位相时，赤道东太平洋海温升高，当南方涛动处于正位相时，赤道东太平洋海温降低。

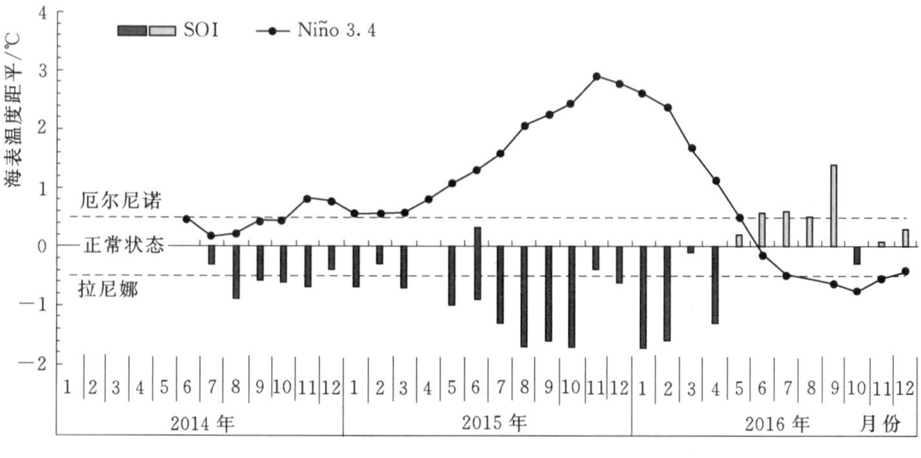

图9.1 2014—2016年ENSO事件的时间演变图

ENSO事件是低纬度海气相互作用的强信号。在涛动的低指数时期，赤道低气压主体减弱，但前端向东伸展，此时南、北太平洋上副热带高压减弱，并向较高纬度移动，其结果必然导致信风减弱，赤道西风发展，在这样的大气环流条件下，有利于赤道西太平洋暖水向东扩展和输送，同时赤道东太平洋冷水上翻的现象亦相应减弱乃至停止，造成中、东太平洋海面水温升高，出现厄尔尼诺事件。在海面高水温作用下，低层大气湿度加大，湿不稳定得以发展，因此沃克环流发生变化，其上升分支向东移，西太平洋对流减弱，中、东太平洋对流发展。原先的赤道东太平洋干旱带变为多雨带，印度洋和西太平洋的雨量却大为减少。在低纬度涛动的高指数时期，情况完全相反，南北太平洋副高加强且向赤道靠拢，赤道低压主体加强，但其东端西撤，由于经向气压梯度大，必然导致信风加强。在强离岸风作用下，赤道东太平洋海水上翻现象强烈发展，且向西平流，造成大范围海面降温，低层大气变干、层结稳定，赤道主要对流区局限在西太平详，沃克环流上升分支西移，东太平洋又出现少雨气候。

厄尔尼诺/南方涛动对气候的影响以环赤道太平洋地区最为显著。在厄尔尼诺年，印度尼西亚、澳大利亚、印度次大陆和巴西东北部出现干旱，而从赤道中太平洋到南美西岸则多雨。厄尔尼诺/南方波动不但影响低纬度的气候，还通过遥相关影响中高纬度的气候。例如，当厄尔尼诺出现时，我国东北地区和日本夏季持续低温、有的年份我国大部分地区降水偏少。

9.3 陆地-大气的相互作用

占地球不到1/3的陆地表面，除少数平原地区外，大部分地区是起伏不平的山地、高原、盆地和丘陵。它们之所以能够成为气候的影响因子，主要在于其本身所具有的高度、方位、坡度和多种多样的下垫面特征。各种各样的下垫面能够产生各种各样的气候，这是下垫面影响大气的结果，反过来，大气也影响下垫面。例如，沙漠地带的形成就是因为那里盛行下沉气流，常年受高气压控制而形成的。

关于陆气相互作用的研究，过去主要集中在陆面过程的敏感性研究方面。

（1）地表反照率的变化是陆面异常最重要的特性之一，土壤水分、植被覆盖、积雪覆盖等陆面状况的异常均能引起地表反照率的变化。反照率的变化通过影响地表能量平衡直接对大气产生影响。

（2）地表水循环是气候系统的一个重要分量，土壤湿度是地表水循环的重要组成部分，土壤湿度的变化不仅会对地表水循环产生影响，而且会改变地表蒸发，直接影响地气之间的水分交换和能量通量。

（3）土壤的热容量远大于空气，土壤的热状况及其变化将会对大气的陆面下边界起重要的作用。土壤温度的变化可以直接影响地气之间的感热通量及辐射通量，从而对气候变化起到反馈作用。

20世纪80年代以来，陆气相互作用的研究引起了科学界的广泛关注。为了深入认识陆气相互作用，改善对陆面过程的描述及其参数化方案，在WCRP（世界气候研究计划）和IGBP（国际地圈生物圈计划）的协调和组织下，大量国际研究计划相继开展。这些观测计划很大程度上反映了陆气相互作用研究的发展趋势。针对不同的气候区域，以上的陆面观测研究计划分别对陆表水文、能量平衡、地表及土壤水热传输、地气通量交换、生态系统、云和辐射、边界层等项目进行了观测，为陆面模式的发展和陆面过程的参数化方案提供了必要的条件，推动了陆面过程数值模拟研究的发展。另外，从20世纪80年代初至今，陆面观测研究所关注的气候区域发生了明显的变化：早期的观测主要集中于热带地区，目的是为了研究热带雨林所代表的稠密植被下垫面-大气之间的相互作用；其后，观测的气候区域逐渐扩展到了干旱-半干旱区、中纬度草地、农耕地；而最近的陆面观测则针对不同的气候区域，在全球范围内全面研究与陆面有关的各种过程，季风区以及中高纬寒区的陆-气相互作用、生态系统-气候相互作用的研究占据了重要的位置，有关干旱-半干旱区、积雪、苔原冻土等特性下垫面的研究也逐渐受到了重视。

思考题与练习题

1. 气候系统中包括哪几部分，每一部分分别指的是什么？
2. 什么是气候系统内部的反馈过程？请举例说明正、负反馈的过程。
3. 海洋怎样影响对大气？大气又怎样影响海洋？
4. 厄尔尼诺和拉尼娜形成的原因是什么？它们有何不同？
5. 南方涛动是指什么现象？
6. ENSO事件的概念是什么？对气候变化有何影响？
7. ENSO和沃克环流有什么关系？
8. 人们通常用什么指标反映陆地对气候的影响？

第 10 章 气候变化及其对水资源的影响

资源 10.1 气候变化及原因

10.1 气候变化的历史事实

气候变化通常指气候相对于平均状态的偏离，它具有一个非常宽的时间谱。不同时间尺度的气候变化不仅特点和原因不同，而且它们还叠加在一起，表现为一种非常复杂的变化过程。按照时间尺度，可以将气候变化大致分为六种类型：

（1）短期气候变化，其时间尺度为月或季节，又可称为年内变化。

（2）中期气候变化，其时间尺度为几年，又可称为年际变化。

（3）长期气候变化，其时间尺度为几十年，又可称为年代际变化。

（4）超长期气候变化，其时间尺度为几百年，又可称为世纪际变化。

（5）历史时期气候变化，其时间尺度为千年。

（6）地质时期气候变化，其时间尺度为万年或更长。

由于有气候资料记载的时间不过几百年，所以，对于前四种时间尺度气候变化的研究通常利用实际观测资料进行，在有些情况下，也辅以历史气候记载和树木年轮等资料：而对于后两种气候变化的研究则主要采用间接的证据，如史料记载、考古挖掘、树木年轮、花粉分析、冰芯、湖泊沉积、黄土沉积、深海沉积、生物化石等。图10.1证据和实测资料恢复的近0.9Ma（90万年）以来各种时间尺度气候变化的序列。

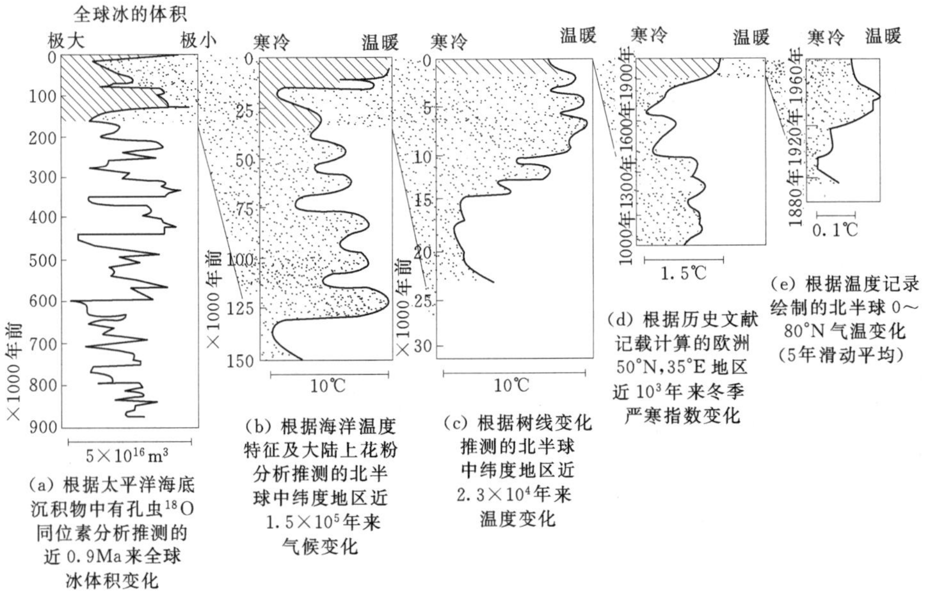

(a) 根据太平洋海底沉积物中有孔虫^{18}O同位素分析推测的近0.9Ma来全球冰体积变化

(b) 根据海洋温度特征及大陆上花粉分析推测的北半球中纬度地区近1.5×10^5年来气候变化

(c) 根据树线变化推测的北半球中纬度地区近2.3×10^4年来温度变化

(d) 根据历史文献记载计算的欧洲50°N,35°E地区近10^3年来冬季严寒指数变化

(e) 根据温度记录绘制的北半球0～80°N气温变化(5年滑动平均)

图 10.1　不同时间尺度气候变化示意图

图 10.2 是近百年来全球平均气温变化趋势。

近百年来气候变化的基本趋势是：1961 年以后的世界气候与 21 世纪前半期相比有显著不同，而与 19 世纪后半期相类似。从 19 世纪末期开始，到 20 世纪 40 年代，是世界性气候增暖时期，增暖的趋势在 20 世纪 40 年代达到顶峰，以后温度下降，20 世纪 60 年代后变冷更加明显，这次变化很可能是近 10000 年来的一次气候振动。IPCC 第五次气候变化评估报告（AR5）指出，1880—2012 年全球地表平均气温增加了 0.85℃，陆地比海洋增暖快，高纬度增温比中低纬度大，冬半年增温比夏半年明显。1983—2012 是过去 1400 年来最暖的 30 年（图 10.2）。

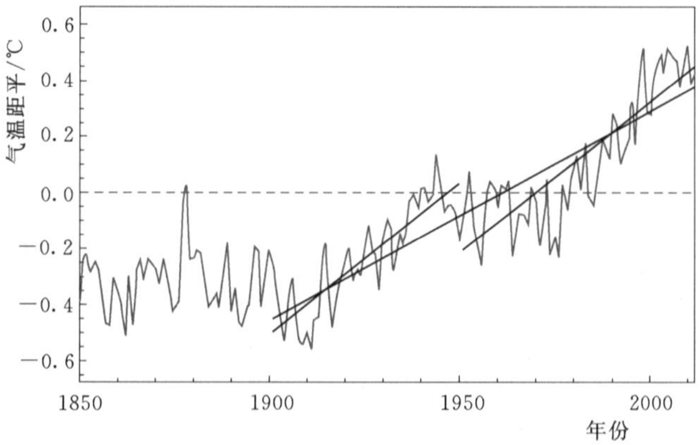

(a) 黑色实线分别是 1901—2012 年、1091—1950 年和 1951—2012 年的气温线性趋势

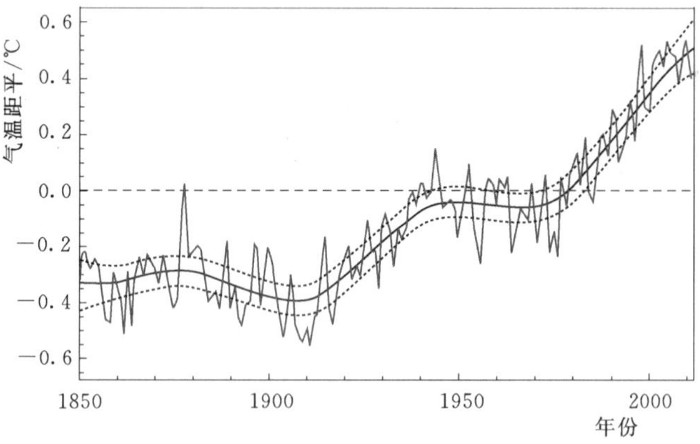

(b) 黑色实线和点线分别是滑动样条拟合曲线和 90%的信度区间

图 10.2 全球平均气温距平（摘自 IPCC AR5）

图 10.3 是 IPCC AR5 中给出的全球年降水量的变化趋势。在 1091—2010 年期间，北美的南部、南美的南部、欧洲大部分地区、澳大利亚西南和东南部降水明显增加，欧洲东部到亚洲西部的大陆地区、中国东部地区降水增加的地区呈小块状，欧洲部分地区、长江流域部分区域降水减少，在 1951—2010 年期间，降水减少的地区增多，特别是北半球的中纬度地区和澳大利亚的沿海地区降水减少非常明显。

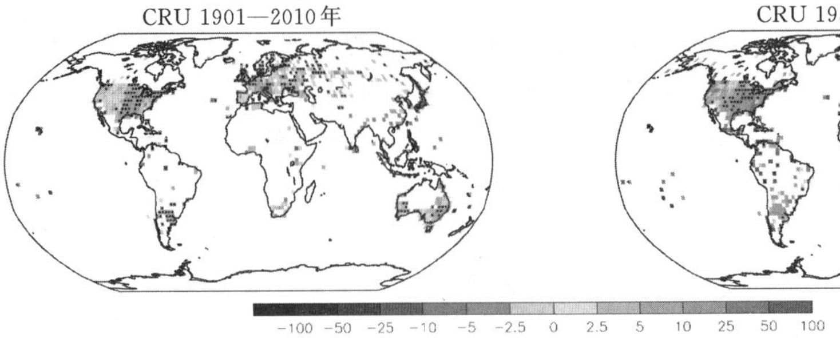

(a) 1901—2010 年的降水趋势　　(b) 1951—2010 年的降水趋势

图 10.3　全球年降水量的变化趋势（mm/10a）（图中使用的是 CRU 数据）

10.2　气候变化的原因

气候变化的原因和机制，还是个尚待深入研究的问题。地球外部与地球内部输向地球及地球表层的物质与能量的数量与强度的变化以及地球运动系统的某些变化，都可能激发开放的地球表层系统中某些因素的自变化以及干涉其他因素也发生相应的变化。

10.2.1　气候系统外部因素变化的可能影响

在第 8 章提到的气候形成的基本因素中，任何一个方面的变化都可导致气候变化。

1. 太阳及地球轨道参数变化的影响

太阳作为一个影响气候系统的外部因子，它的任何变化都能影响气候系统。太阳本身的强度可用太阳黑子表示，太阳黑子对气候的影响已有多年研究，图 10.4 是太阳黑子与不同纬度带降水量的对应关系。在西半球，高纬度地区的年降水量距平与太阳黑子数是典型的正相关关系，在 60°～70°N 纬度地区却是反相关关系，在 50°～60°N 区间存在两个时段的相关性，在 20 世纪 20 年代以前是反相关关系，在 20 年代以后为正相关关系。太阳黑子数与美国大草原的干旱有显著的正相关关系，在太阳黑子数减少年，大草原都会出现严重的干旱年。因此，太阳黑子数对气候存在影响。

太阳-地球转道参数的变化有数千年到数万年的变化周期，它们都对气候产生影响。尽管这些周期非常长，远高于人类寿命，但是，它们对地球气候系统的影响却始终存在。

2. 宇宙-地球物理因子的影响

宇宙因子指的是月球和太阳的引潮力，地球物理因子指的是地球重力空间变化，地球转动瞬时极的运动和地球自转速度的变化等。这些宇宙-地球物理因子的时间或空间变化，引起地球上变形力的产生，从而导致地球上海洋和大气的变形，并进而影响气候发生变化。

月球和太阳对地球都具有一定的引潮力，月球的质量虽比太阳小得多，但因离地

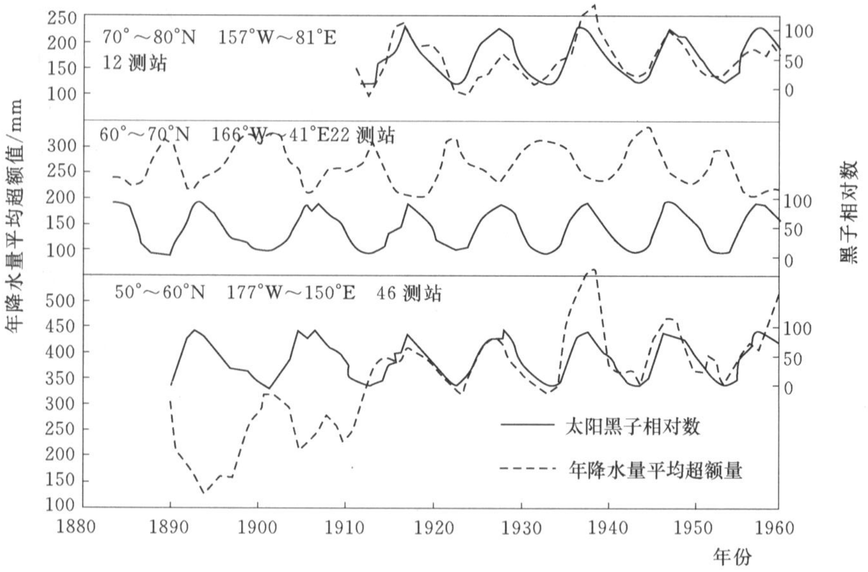

图 10.4 太阳黑子与年降水量的对应关系

球近，它的引潮力等于太阳引潮力的 2.17 倍。月球引潮力是重力的千分之 0.56 到千分之 1.12，其多年变化在海洋中产生多年月球潮汐大尺度的波动，这种波动在极地最显著，可使海平面高度改变 40～50mm，因而使海洋环流系统发生变化，进而影响海-气间的热交换，引起气候变化。

地球表面重力的分布是不均匀的。由于重力分布的不均匀引起海平面高度的不均匀，并且使大气发生变形可从图 10.5 中看出，在 40°～70°N 地区平均海平面高度距平计算值（ΔH）与气压平均距平观测值（ΔP）呈明显的反相关，其相关系数为 $r=-0.82\pm0.4$。北半球大气的四大活动中心的产生及其宽度、外形和深度，都带有变形的性质。有人认为海平面变形力距平，可以看作大气等压面变形的指数。

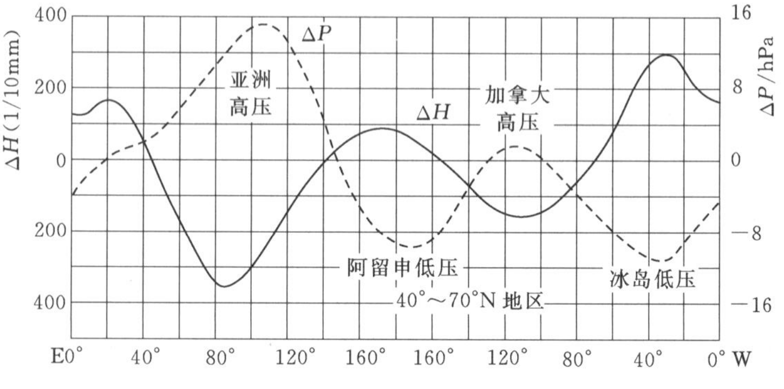

图 10.5 40°～70°N 地区平均海平面高度变形距平计算值（ΔH）与气压平均距平观测值的比较

（据彭公炳，陆巍，1983）

天文观测证明，地轴是在不断地移动的，地球自转速度也在变动着，这些都会引起离心力的改变，相应地也会引起海洋和大气的变化，从而导致气候变化。有研究表明厄尔尼诺事件的发生与地球自转速度变化有密切联系。从地球自转的年际变化来看，1956 年以来发生的 8 次厄尔尼诺事件，均发生在地球自转速度减慢时段，尤其是自转连续减慢两年之时。再从地球自转的月变化来看，1957 年、1963 年、1965 年、1969 年、1972 年和 1976 年 6 次厄尔尼诺事件，无论是海温开始增暖和最暖的时间，都发生在地球自转开始减慢和最慢之后或处在同时，表明地球自转减馒有可能是形成厄尔尼诺的原因。其物理原因在于，上述 6 次厄尔尼诺增温都首先开始于赤道太平洋东部的冷水区，海水和大气都是附在地球表面跟随地球自转快速向东旋转，在赤道转速为最大，达每秒 465m。当地球自转突然减慢时，必然出现“刹车效应”，使大气和海水获得一个向东的惯性力，从而使自东向西流动的赤道洋流和赤道信风减弱，导致赤道太平洋东部的冷水上翻减弱而发生海水增暖的厄尔尼诺现象。1982—1983 年和 1986—1987 年两次厄尔尼诺事件，海水增暖首先开始于赤道中太平洋，这两次地球自转开始减慢时间虽落后于海温增暖，但对其后的赤道东太平洋冷水区的增温以及厄尔尼诺增温抵达盛期，仍有重要贡献。

3. 火山爆发的影响

到达地表的太阳辐射的强弱受到大气透明度的影响。火山活动对大气透明度的影响最大，强火山爆发喷出的火山尘和硫酸气溶胶能喷入平流层，由于不会受雨水冲刷跌落，它们能强烈地反射和散射太阳辐射，削弱到达地面的直接辐射。据分析火山尘在高空停留的时间一般只有几个月，而硫酸气溶胶则可形成火山云在平流层飘浮数年，能长时间对地面产生净冷却效应。据历史记载 1815 年 4 月初坦博拉（Tambora）火山（8.25°S，118.0°E）爆发时，500km 内有三天不见天日，各方面估计喷出的固体物质可达 100～300km^3。大量浓烟云长期环绕平流层漂浮，显著减弱太阳辐射，欧美各国在 1816 年普遍出现了“无夏之年”。据布瑞森（1977 年）估计，当年整个北半球中纬度气温平均比常年偏低 1℃左右。在英格兰夏季气温偏低 3℃，在加拿大 6 月即开始下雪。再从我国华东沿海各省近 500 年历史气候资料中可见，在 1817 年六月廿九日（阳历 8 月 11 日）赣北彭泽（29.9°N，116.0°E）见雪，木棉多冻伤。皖南东至县（30.1°N，117.0°E）在同年七月二日（阳历 8 月 14 日）降雨雪，平地寸许。在我国中部夏季有两处以上出现霜雪记载的这类严重冷夏在 1500—1865 年间竟有 35 年。这说明“六月雪”是确有其事的，它们绝大多数出现在大火山爆发后的两年间。

20 世纪以来，火山强烈喷发后，太阳直接辐射（Q）的减弱有实测记录可稽。例如，①危地马拉桑塔-玛丽亚（Santa - Maria）火山（14.8°N，91.6°W，1902 年）1903 年 Q 比 1902 年下降 15%；②Katmal 火山（58.3°N，155.2°W，1912 年），1912 到 1913 年 Q 下降 11%；③圣海伦（St - Helen）火山（46.2°N，122.2°W，1980 年）1980 年我国 5 站 Q 下降 15%；④埃尔奇琼（EI - Chicho'n）火山（17.3°N，93.2°W，1982 年）在 1982—1983 年冬使中国、日本以及美国夏威夷地区的 Q 值分别下降 20%左右。

1991 年 6 月菲律宾 Pinatubo 火山爆发是近 80 年来最强的一次。图 10.6 给出这次爆发后其气溶胶光学厚度对 1989—1990 年平均值的距平。从图上可以看出，在热带（20°S～30°N）在火山爆发后 3 个月后气溶胶厚度达到峰值，直到 1993 年 5 月

（亦即约两年后）恢复到正常。南北半球中纬度（40°～80°N，40°～60°S）气溶胶光学厚度的峰值出现较晚，但均在春夏之际。显然，气溶胶光学厚度增大，太阳辐射削弱的程度亦增大。有资料证明 1992 年 4—10 月北半球两个大陆气温距平在－0.5～－1.0℃之间。由前面的图 10.2 可见 1990 年和 1991 年曾经是近百年来最暖的两年，但 1992 年全球平均下降了 0.2℃，北半球下降 0.4℃。不少学者认为，这主要是 Pinatubo 火山爆发的影响。

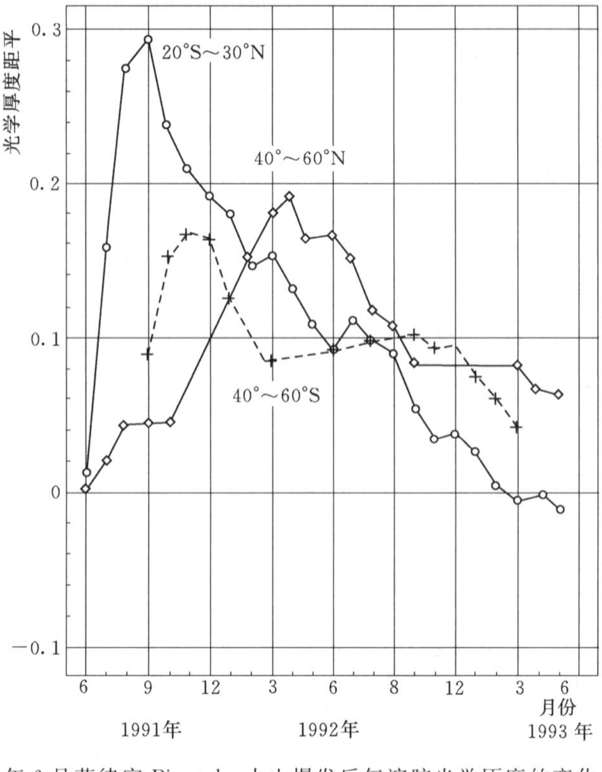

图 10.6　1991 年 6 月菲律宾 Pinatubo 火山爆发后气溶胶光学原度的变化（CAC，1993）

火山爆发呈现着周期性的变化，历史上寒冷时期往往同火山爆发次数多、强度大的活跃时期有关。贝尔德温等（1976）指出，火山活动的加强可能是小冰期以至最近一次大冰期出现的重要原因。布雷（1977）则指出，过去 200 万年间几乎每次冰期的建立和急剧变冷都和大规模火山爆发有关。例如，在 1912 年以前的 150 年，北半球火山爆发较频，所以气候相对地比较寒冷。1912 年以后至 20 世纪 40 年代北半球火山活动很少，大气混浊度减小，可以吸收更多的太阳辐射，因此气温增高，形成一温暖时期。

总之，火山活动的这种“阳伞效应”是影响地球上各种空间尺度范围为时数年以上气候变化的重要因子。

10.2.2　气候系统内部因素变化的可能影响

地球气候系统内部，包括大气圈、水圈、岩石圈、冰雪圈和生物圈的任何变化都会影响气候系统的变化，这五大圈层的变化都归为气候系统内部的变化。但是，生物圈，特别是人类本身对气候的影响具有特殊性，因此，将人类活动对气候的影响专门作为一节来讨论。

由前面可知，大气环流处于正常状态时，地球气候也是正常的。一旦大气环流出现异常，必定引起气候异常。

1. 海陆分布变化的影响

在各个地质时期地球上海陆分布的形势也是有变化的。以晚石炭纪为例，那时海陆分布和现在完全不同（图 10.7），在北半球有古北极洲、北大西洋洲（包括格陵兰和西欧）和安加拉洲三块大陆。前两块大陆是相连的，在三大洲之南为特提斯海。在此海之南为冈瓦纳大陆，这个大陆连接了现在的南美、亚洲和澳大利亚。在这样的海陆分布形势下，有利于赤道太平洋暖流向西流入特提斯海。这个洋流分出一支经伏尔加海向北流去，因此这一带有温暖的气候。从动物化石可以看到，石炭纪北极区和斯匹次卑尔根地区的温度与现代地中海的温度相似，即受此洋流影响的缘故。冈瓦纳大陆由于地势高耸，有冰河遗迹，在其南部由于赤道暖流被东西向的大陆隔断，气候比较寒冷。此外，在古北极洲与北大西洋洲之间有一个向北的海湾，同样由于与暖流隔绝，其附近地区有显著的冰原遗迹。

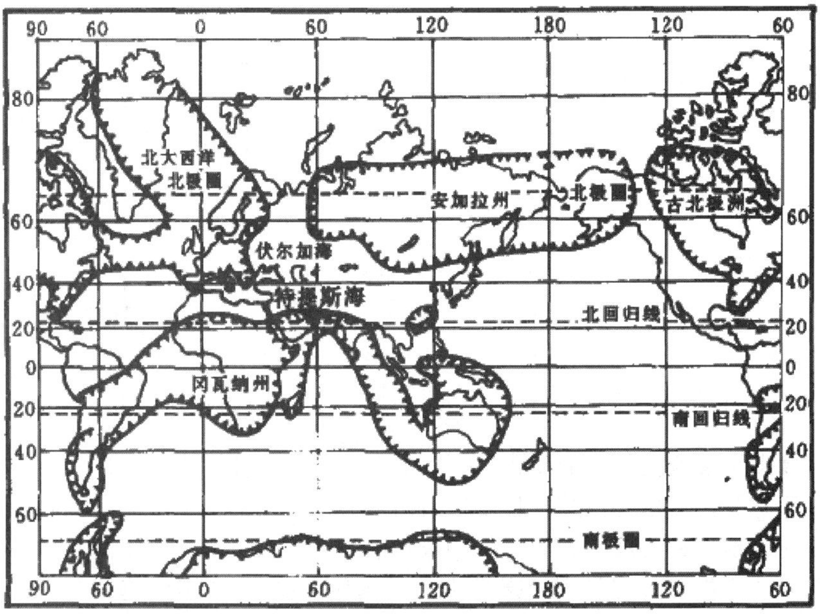

图 10.7　晚石炭纪世界海陆分布

又例如，大西洋中从格陵兰到欧洲经过冰岛与英国有一条水下高地，这条高地因地壳运动有时会上升到海面之上，而隔断了墨西哥湾流向北流入北冰洋。这时整个欧洲西北部受不到湾流热量的影响，因而形成大量冰川。有不少古气候学者认为，第四纪冰川的形成就与此有密切关系。当此高地下沉到海底时，就给湾流进入北冰洋让出了通道，西北欧气候即转暖。这条通道的阻塞程度与第四纪冰川的强度关系密切。

2. 地形地貌变化的影响

在地球史上地形的变化是十分显著的。高大的喜马拉雅山脉，在现代有“世界屋脊”之称，可是在地史上，这里却曾是一片汪洋，称为喜马拉雅海。直到距今约 7 千万至 4 千万年的新生代古新纪，这里地壳才上升，变成一片温暖的浅海。在这片浅海里缓慢地沉积着以碳酸盐为主的沉积物，从这个沉积层中发现有不少海生的孔虫、珊瑚、海胆、介形虫、鹦鹉螺等多种生物的化石，足以证明当时那里确是一片海区。由于这片海区的存在，有海洋湿润气流吹向今日我国西北地区，所以那时新疆、内蒙古一带气候是很湿润的。其后由于造山运动，出现了喜马拉雅山等山脉，这些山脉成了阻止海洋季风进入亚洲中部的障碍，因此新疆和内蒙古的气候才变得干旱。

3. 大气环流异常的影响

大气环流形势的变化是导致气候变化和产生气候异常的重要因素。例如，近几十年来出现的旱涝异常就与大气环流形势的变化有密切关系。

根据高纬度洋面海冰的观测记录，在北太平洋区域海冰南限与上一次气候寒冷期（1550—1850 年）结束后的海冰南限位置相差无几，而大西洋区域的海冰南限却南进甚多，这是极地高压在北大西洋区域扩大与加强的结果。

北极变冷导致极地高压加强，气候带向南推进，这一过程在大气活动中心的多年变化中也反映出来。从冬季环流形势来看，大西洋上冰岛低压的位置在一段时间内一直是向西南移动的；太平洋上的阿留申低压也同样向西南移动。与此同时，中纬度的纬向环流减弱，经向环流加强，气压带向低纬方向移动。

从 1961—1970 年，这 10 年是经向环流发展最明显的时期，也是我国气温最低的 10 年。在转冷最剧烈的 1963 年，冰岛地区竟被冷高压所控制，原来的冰岛低压移到了大西洋中部，亚速尔高压也相应南移，这就使得北欧奇冷，撒哈拉沙漠向南扩展。在这一副热带高压中心控制下，盛行下沉气流，再加上前述的生物地球物理反馈机制，因而造成这一区域的持续干旱。而在地中海区域正当冷暖气团交绥的地带，静止锋在此滞留，致使这里暴雨成灾。

4. 下垫面的影响

下垫面包括陆地、海洋、高原、森林、冰雪等，它们的任何变化对可能影响大范围或局地的气候变化。在第 8 章提到了多种下垫面的变化都可引起气候要素（包括气温和降水）的变化，在第 9 章中，通过海气相互作用，论述了海洋对大气的影响。在此不再一一赘述。

10.3 人类活动对气候的影响

资源 10.2

人类活动对气候的影响

人类活动对气候的影响有两种：一是无意识的影响，即在人类活动中对气候产生副作用；二是为了某种目的，采取一定的措施，有意识地改变气候。目前，以第一种方式最突出，而这种影响在城市中表现得最突出。

人类活动可通过若干方式影响气候与生态环境，其中最重要的是改变地球大气的组成（例如，大气温室气体与气溶胶的增加），扰动地气系统的辐射平衡；改变地表

(下垫面) 状况，还有可能影响陆-气、海-气之间的能量、动量与物质交换；向大气中直接排放废气、废水和废热，造成气候与生态环境的恶化。

10.3.1　人类活动对大气成分的影响

人类活动影响地球气候的一种、也是最重要的方式是：通过大气中的 CO_2、CH_4 和 N_2O 等温室气体浓度的增加，增强大气的“温室效应”

1. “温室效应”

大气中的某些痕量物质无阻挡地让太阳的短波辐射射向地球，并能够部分吸收地球长波辐射从而使大气增温的作用，称为“温室效应”。在人为因素对大气干扰之前，温室效应和温室气体就已经存在，如大气中的 CO_2、CH_4、N_2O、O_3 和水蒸气等。其中 CO_2 能够透射太阳短波辐射，使之到达地球表面，但是对于地面长波辐射却善于吸收，特别是对波长在 13～17μm 波谱范围内的辐射有强烈的吸收能力。这就使得地面辐射能够大量截留在大气 CO_2 层内，不逸入宇宙空间。大气中 CO_2 吸收地面长波辐射后气温增高，再以逆辐射射向地面。正是这类成分对能量的捕获才使地球上生物的存在成为可能，这可称为“自然温室效应”。但是，由于人类活动，尤其是大量化石燃料的燃烧，森林砍伐和工业发展等，使大气的组成发生了很大变化，温室气体在大气中的浓度正以空前的速度增加，从而导致全球气候变暖，被称为“人为温室效应”。

应当指出，“温室效应”并不是一个描述大气温室气体气候效应的恰当科学名词。日常生活中温室的玻璃或塑料薄膜，不但阻挡温室内热辐射的散逸，还阻挡热量以对流等形式与外部的交换。只是由于历史的原因，“温室效应”一词才用得如此广泛。

关于地球变暖现象是人为原因还是自然现象，科学家的看法有分歧。1995 年 8 月联合国政府间气候变化专业委员会提出了一份报告，第一次明确指出地球变暖主要是人为原因引起的。

2. 温室气体

温室气体指大气层中能够吸收和重新放出红外辐射的自然的和人为的气体。在第 1 章中，我们已经讲到大气中含有相当数量的温室气体，包括水汽、二氧化碳 (CO_2)、甲烷 (CH_4)、氧化亚氮 (N_2O)、臭氧 (O_3) 等，但是，有些温室气体，例如，氟利昂或氯氟烃类化合物 (CFC_S)、氢代氯氟烃类化合物 ($HCFC_S$)、氢氟碳化物 (HFC_S)、全氟碳化物 (PFC_S)、六氟化硫 (SF_6) 等 (刘江，2001) 等，是人类活动中产生出来的。伴随着人类的进步和人口增加，人类对地球系统的影响作用越来越大，主要体现在工业化排放的温室气体数量增加很快，并且这些温室气体在大气中的滞留时间较长。表 10.1 列出了受人类活动影响的主要温室气体最近二百多所来的变化情况。

3. 阳伞效应

人类活动通过改变大气组成进而影响地球气候的第二种方式是所谓的“阳伞效应”。它指的是人类活动所造成的硫酸盐气溶胶、大气尘埃等大气颗粒物的增加，可以像阳伞那样遮挡太阳辐射而改变地气系统的辐射收支进而影响地球气候。像“温室效应”一样，“阳伞效应”也不是一个用来描述大气气溶胶气候效应的恰当科学名词。例如，它无法表达化石燃料燃烧所产生的黑炭气溶胶有可能使地面增暖。

表 10.1　　受人类活动影响的主要温室气体

大气气体	CO_2	CH_4	N_2O	CFC_{-11}	CFC_{-12}	$HCFC_{-23}$	CF_4
工业革命前（1750 年）	280ppmv	700ppbv	270ppbv	0	0	0	40pptv
目前大气含量（1998 年）	365ppmv	1745ppbv	314ppbv	268	533pptv	14pptv	80pptv
目前大气年累积率/a^{-1}	1.5ppmv	7.0ppbv	0.8ppbv	−1.4	4.4pptv	0.55pptv	1pptv
气体寿命/a	5～200	12	144	45	100	260	>50000

（IPCC，2001）

注　1. ppmv 表示某成分的体积单位为 10^{-6}；ppbv 表示某成分的体积单位为 10^{-9}；pptv 表示成分的体积单位为 10^{-12}。

2. CFC_{-11}的数值为 1990 年值，单位为 pptv。

大气气溶胶粒子的来源和化学成分十分复杂，既有自然界自身产生的，例如，由海洋浮游生物产生的二甲基硫经过一系列过程后可以转化为硫酸盐气溶胶，火山喷发可以释放大量 SO_2，然后通过气粒转换变为硫酸盐气溶胶；也可以是人类活动产生的。目前，我们更关心人类活动的影响，工业产生的硫化物以干、湿两种状态存在于大气中，它们主要是 CO_2 在平流层低层化学反应的产物。SO_2 在在无云大气中经过几天的化学反应后便会生成干态硫酸盐。湿态硫酸盐主要是在云中由 SO_2 与水滴反应生成的。当水分蒸发时，硫酸盐就会留在大气中的其他粒子上（石广玉等，2002)。

除了硫酸盐气溶胶之外，化石燃料燃烧和生物体的燃烧也会产生大量黑炭气溶胶。最近几年我国北方地区频繁发生的沙尘暴，既有气候变化的原因，也与人类尖动的影响密切相关。沙尘实际上是一种矿物气溶胶。

大气气溶胶（主要是硫酸盐和尘埃）的作用：白天，高空尘埃吸收部分太阳辐射，使地表温度稍低于正常值，导致对流减弱；夜晚，高空尘埃放出长波辐射，使地面上方空气的温度高于正常值，并抑制露水的形成。下沉空气使大气层结稳定，而缺少露水则使陆面干燥、坚硬，从而助长干旱化。

除直接气候效应外，大气气溶胶粒子还可以作为云的凝结核影响云滴谱并进而影响云的反照率（第一类间接气候效应）以及云的寿命和降水效率（第二类间接效应）来改变地球气候。北美和亚洲一些最大的云量增长区位于硫酸盐气溶胶排放的下风方向。从北美的点源释放出的硫酸盐气溶胶呈羽毛状，扩散到大西洋上空然后进入北极。欧洲、亚洲东部、南美和非洲工业区的上空存在浓厚的霾，可能是大气气溶胶间接效应的一些例证。

值得一提的是我国西部的沙尘气溶胶。研究工作已经表明，各种规模的沙尘暴不但发生在春季，而且在秋、冬季也时有发生；其扩散范围也不限于中国以及东亚地区，它可以越过太平洋到达北美。在离亚洲东海 1000km 处有一片广大的降尘区，其总量为 $10t/(a \cdot km^2)$ 以上。另外，亚洲海岸、澳大利亚、热带非洲、美国东海岸和南美周围大部分地区每年的降尘量都超过 $1t/(a \cdot km^2)$。这些地区未必都在沙漠和半干旱地区的下风方向，它们是全球通过工业和农业活动排放尘埃的主要代表地区。这些尘埃粒子除了其直接和间接的气候效应以外，还携带了工业活动和土壤风化大幅度增加而产生的 Fe、P 等营养物，为海洋浮游生物的生长“施肥”，影响包括我国近海在内的海洋生态环境，增加海洋释放的二甲基硫，影响海洋上空的云量，从而间接地影响气候。

10.3.2 人类活动对土地利用与土地覆盖变化的影响

人类活动影响地球气候的第三种方式是土地利用/土地覆盖的变化所产生的气候效应。大片森林被砍伐、大片草原被开垦、大片农田被占用、矿藏开发、过度放牧，极大地改变了地球气候系统的下垫面特征。下垫面特征的变化还将改变陆气之间的物质和能量交换，对气候的影响更为复杂。

1. 下垫面反射率的变化

在第 2.2.5 节中可以看到，各种地表覆盖状况不同，反射率差异很大。当地表由大片农田和植被覆盖的下垫面变成柏油路、混凝土和大片住宅楼时，下垫面的反射率接近沙漠反射率水平；当建筑物表面涂上不同涂料时，其反射率接近冰川反射率。当下垫面由森林变为草原时，地面反射率也明显增大。

地面反照率增加时，使更多的入射太阳辐射返回外空，对地面产生冷却效应，使下垫面获得的能量减少，进而影响地球气候变化。

2. 下垫面土地利用的变化

土地资源是三大地质资源（矿产资源、水资源、土地资源）之一，是人类生产活动最基本的资源和劳动对象。人类对土地的利用程度反映了人类文明的发展，但同时也造成对土地资源的直接破坏，这主要表现为不合理垦殖引起的水土流失、土地沙漠化、土地次生盐碱化及土壤污染等。移动土石也是人类活动中重要的一环，无论修路、采矿、建筑、运河、开隧道、兴建都市、开发能源等各种活动都需要搬动大量土石，从而引致山崩、地滑、走山、塌陷和土石流等灾害。另外，社会人口增多，人类为改变居住环境，将有植被覆盖的土地改变为混凝土和柏油覆盖的土地，特别是最近 30 多年来，中国城市化进程显著加快，地表性质出现了大规模的改变。

3. 下垫面植被覆盖的变化

森林覆盖率是反映森林资源的丰富程度和生态平衡状况的重要指标，森林是陆地上最大的碳储库，减少森林损毁、增加森林资源是应对气候变化的有效途径。由于受地理环境的制约和影响，不同地区森林分布很不均衡。2010 年的统计结果显示，世界各国森林覆盖率超过 60%的国家有日本（68.5%）、韩国（64.3%）、巴西（61.9%）等国，南美、俄罗斯、中非和东南亚这 4 个地区的森林覆盖率占全世界 60%左右。

中国历史上经历了大规模的无节制砍伐之后，在 20 世纪 80 年代，森林覆盖率只有 12%左右，且主要分布在东北、内蒙古和西南等地。经过长期的植树造林，2014 年公布的森林覆盖率已经达到了 22%左右。但是，总体来说，中国森林资源较少，质量较差，分布相当不均，这一方面与中国地理地貌分布有关，也与人类为生存需要而人为改变下垫面有关。

中国草地植被有面积广阔、类型多样、但生产力不高、优质草原偏少的特点。由于中国草原多处于边疆地区，交通不便，经济较落后，广大草原地区基本处于靠天长草，靠天养畜的状态。随着人口增加，人们不断追求增加畜产品，往往不顾草原本身的承载能力，过度放牧，致使草原超载，造成草原大面积退化。另外，一些草场由于盲目樵采、乱挖药材以及捕杀草原动物等人为性的破坏活动，致使流沙再起，沙漠面积不断扩大，造成大面积的草原退化和沙化。因此，人类活动对下垫面植被覆盖的变化有很大影响。

4. 下垫面水分状况的变化

水域也是一种下垫面，包括湖泊、水库及大的江河。有些湖泊和水库尽管远小于大江大河，但是，它们与海洋一样有水的热力特性，只不过其影响范围小而已。水域下垫面的主要特点与其他类型的下垫面有很大不同，水面具有对太阳辐射反射率小，透射率大的特点，使水面获得的辐射比陆面多得多，而且，通过对流和传导，将热量贮存于水体深处，在夏季成为热汇，在冬季成为热源。人类根据自身需要，有时是增加水域面积，例如，淹没河道，修建大型水库；有时是消灭水域，例如，将湿地、小型河流填埋，甚至填海造田和填海造地。中国在城市化进程中，填埋了城市中的许多河流和水田，以增加城市生活和生产用地。世界上有些国家就是通过填海造地增加了大量的国土面积。荷兰填海造地的国土面积占全部疆土的20%左右。这些活动无疑改变了水域对气候的调节作用。

5. 海洋荒漠化和酸化

占地球面积71%以上的海洋是人类和一切生命的摇篮，海洋也是气候系统的重要组成部分，是气候形成和变化的基本因素之一。近年来由于人口不断增加，人类活动范围不断扩大，海洋生态环境遭到日益严重的破坏和污染。人们用海洋荒漠化来描述海洋被破坏和污染的严重性。海洋荒漠化有狭义和广义两种说法，广义荒漠化是指由于海洋开发无度，管理无序、酷渔滥捕和海洋污染范围扩大，使渔业资源减少，赤潮等危害不断，海洋出现荒漠化的现象。狭义的海洋荒漠化是指由于海洋石油污染形成的油膜抑制海水蒸发，使海上空气变得干燥，使海洋失去调节作用，产生海洋沙漠化现象。

海洋酸化是指海水吸收了空气中过量的二氧化碳，二氧化碳和水生成碳酸，碳酸在一系列的化学平衡支撑下，导致海水酸度上升，而碱度降低的现象。

1885年海洋表层水的pH值约为8.2，海水pH值大约每100年降低0.1，预计到2100年海水表层酸度将下降到7.8。因此，二氧化碳排放增多不仅会导致全球气温升高，还能改变海洋的化学成分，使海水酸化。2009年《摩纳哥宣言》(Monaco Declaration) 中指出，海洋酸化已严重伤害全球海洋生态系统，海水酸碱值（pH levels）的急剧变化，比过去自然改变的速度快了100倍。越来越酸的海水，腐蚀着海洋生物的身体，钙化藻类、珊瑚虫类、贝类、甲壳类等海洋动物在酸化环境下，坚硬骨骼在酸化的海水中逐渐变软，最终有可能在21世纪末消失。因此，海洋化学物质在最近数十年的快速改变，已严重影响海洋生物、食物网，生态多样性及渔业等。

10.3.3 人类活动对城市气候的影响

当前的城市气候就是在区域气候的背景下，经过城市化后，在城市的特殊下垫面和城市人类活动的影响下（主要是无意识）而形成的一种局地气候。

现在城市已是人类活动的中心，在城市里人口密集，下垫面变化最大。工商业和交通运输频繁，耗能最多，有大量温室气体、“人为热”“人为水汽”、微尘和污染物排放至大气中。因此人类活动对气候的影响在城市中表现最为突出。在 20 世纪 80 年代初期美国学者兰兹葆曾将城市与郊区各气候要素的对比总结见表 10.2。后来有许多人致力于研究城市化后的气候效应，从大量观测事实看来，城市气候的特征可归纳为城市“五岛”效应（混浊岛、热岛、干岛、湿岛、雨岛）和风速减小、多变。

表 10.2　城市与郊区气候特征比较①

要素	市区与郊区比较
大气污染	凝结核比郊区多 10 倍，微粒多 10 倍，气体混合物多 5～25 倍
辐射与日照	太阳总辐射少 0～20%，紫外辐射：冬季少 30%，夏季少 5%；日照时数少 5%～15%
云和雾	总云量多 5%～10%，雾：冬多 1 倍，夏多 30%
降水	降水总量多 5%～15%，<5mm 雨日数多 10%，雷暴多 10%～15%
降雪量	城区少 5%～10%，城区下风方多 10%
气温	年平均高 0.5～3.0℃，冬季平均最低高 1～2℃，夏季平均最高高 1～3℃
相对湿度	年平均小 6%，冬季小 2%，夏季小 8%
风速	年平均小 20%～30%，大阵风少 10%～20%，静风日数多 5%～20%

① 见 H. E. Landsberg. The Urban Climate. Academic Press. 1981。

1. 城市热岛效应

根据大量观测事实证明，城市气温经常比其四周郊区为高。特别是当天气晴朗无风时，城区气温 T_u 与郊区气温 T_r 的差值 ΔT_{u-r}（又称热岛强度）更大。例如上海在 1984 年 10 月 22 日 20 时天晴，风速 1.8m/s，广大郊区气温在 13℃上下，一进入城区气温陡然升高，等温线密集，气温梯度陡峻，老城区气温在 17℃以上，好像一个“热岛”矗立在农村较凉的“海洋”之上。城市中人口密集区和工厂区气温最高，成为热岛中的“高峰”（又称热岛中心），城中心 62 中学气温高达 18.6℃比近郊川沙、嘉定高出 5.6℃，比远郊松江高出 6.5℃，类似此种强热岛在上海一年四季均可出现，尤以秋冬季节晴稳无风天气下出现频率最大。

城市热岛形成的影响因素可归纳为以下三类。

（1）下垫面的影响。

1）下垫面不透水面积较大。城市中除少量绿地外，绝大部分为人工铺砌的道路、广场建筑物和构筑物，其下垫面不透水面积远大于郊区绿野。降雨后，雨水很快从排水管道流失，因此其可供蒸发的水分比郊区少。在能量平衡中其所获得的净辐射 Qn 用于蒸散的潜热 QE 远比郊区为少，而用于下垫面增温和向空气输送的显热 QH 则比郊区多。这就使得城区下垫面温度比郊区高，形成“城市下垫面温度热岛”，通过湍流交换和长波辐射使城区气温高于郊区。

2）下垫面的热性质城郊不同。城市下垫面的导热率 K 和热容量 C 都比郊区大，致使城市下垫面的储热量显著高于郊区。白天储热量多，夜晚地面降温比郊区慢，通过地—气热交换，城区气温仍比郊区高。

3）下垫面的几何形状差异很大。城市中建筑物参差错落，形成许多高宽比不同的“城市街谷”。在白天太阳照射下，由于街谷中墙壁与墙壁间，墙壁与地面之间，多次的反射和吸收，在其他条件相同的情况下，能够比郊区获得较多的太阳辐射能，如果墙壁和屋顶涂刷较深的颜色，则其反射率会更小，吸收的太阳能将更多，并因为墙壁、屋顶和地面的建筑材料又具有较大的导热率和热容量，“城市街谷”于日间吸收和储存的热能远比郊区为多。

4）在“城市街谷”中，大气能见度比空旷郊区小。在城市街谷底部长波辐射能的交换中，其长波逆辐射值除来自大气的逆辐射外，还有墙壁、屋檐等向下方的长波辐射。因此，其长波净辐射的热能损失就比郊区旷野小，再加上城市街谷中风速又比较小，热量不易外散，这些都导致其气温高于郊区。

（2）人为热和温室气体的影响。

1）人为热城郊不同。在中高纬度城市，特别是在冬季，城市中排放的大量人为热是热岛形成的一个重要因素。许多城市冬季热岛强度大于暖季，周一至周五热岛强度大于周末，即受此影响。

2）温室气体排放程度城郊不同。城市中因能源消耗量大，排放至大气中的 CO_2 等温室气体远比郊区为多，其增温效应很明显。

（3）天气形势与气象条件的影响。

1）在稳定的气压梯度小的天气形势下，才有利于城市热岛的形成。在强冷锋过境时，无热岛现象。

2）在风速大，空气层结不稳定时，城郊之间空气的水平和垂直方向的混合作强，城区与郊区间的温差不明显。一般情况是城市夜晚风速小，空气稳定度增大，热岛增强。

3）在晴天无云时，城郊之间的反射率差异和长波辐射差异明显，有利于热岛的形成。

世界上大大小小的城市，无论其纬度位置、海陆位置、地形起伏有何不同，都能观测到热岛效应。而其热岛强度又与城市规模、人口密度、能源消耗量和建筑物密度等密切有关。在同一城市，在不同天气形势和气象条件下，热岛效应有时非常明显（天气晴稳、无风），热岛强度可达 6～10℃，有时则甚微弱或不明显（出现大风、极端不稳定）。由于热岛效应经常存在，大城市的月平均和年平均气温经常高于附近郊区。

2. 城市混浊岛效应

城市混浊岛效应主要有四个方面的表现。首先城市大气中的污染物质比郊区多，仅就凝结核一项而论，在海洋上大气平均凝结核含量为 940 粒/cm^3，绝对最大值为 39800 粒/cm^3；而在大城市的空气中平均为 147000 粒/cm^3，为海洋上的 156 倍，绝对最大值竟达 4000000 粒/cm^3，也超出海洋上绝对最大值 100 倍以上。再以上海为例，根据 1986—1990 年监测结果，大气中 SO_2 和 NO_x 两种气体污染物城区平均浓度分别比郊县高 8.7 倍和 2.4 倍。

其次，城市大气中因凝结核多，低空的热力湍流和机械湍流又比较强，因此其低云量和以低云量为标准的阴天日数（低云量大于等于 8 的日数）远比郊区多。据上海 1980—1989 年统计，城区平均低云量为 4.0，郊区为 2.9。城区一年中阴天（低云量大于等于 8）日数为 60d 而郊区平均只有 31d，晴天（低云量不大于 2）则相反，城区为 132d 而郊区平均却有 178d。欧美大城市如慕尼黑、布达佩斯和纽约等亦观测到类似的现象。

再次，城市大气中因污染物和低云量多，使日照时数减少，太阳直接辐射（S）大大削弱，而因散射粒子多，其太阳散射辐射（D）却比干洁空气中为强。在以 D/S 表示的大气混浊度（又称混浊度因子 turbidity foctor）的地区分布上，城区明显大于郊区。根据上海 1959—1985 年的观测资料统计计算，上海城区混浊度因子比同时期郊区平均高 15.8%。在上海混浊度因子分布图上，城区呈现出一个明显的混浊岛。在国外许多城市亦有类似现象。

最后，城市混浊岛效应还表现在城区的能见度小于郊区。这是因为城市大气中颗粒状污染物多，它们对光线有散射和吸收作用，有减小能见度的效应。当城区空气中二氧化氮 NO_2 浓度极大时，会使天空呈棕褐色，在这样的天色背景下，使分辨目标物的距离发生困难，造成视程障碍。此外城市中由于汽车排出废气中的一次污染物——氯氧化合物和碳氢化物，在强烈阳光照射下，经光化学反应，会形成一种浅蓝色烟雾，称为光化学烟雾，能导致城市能见度恶化。美国洛杉矶、日本东京和我国兰州等城市均有此现象。

3. 城市干岛和湿岛效应

在表 10.2 中指出城市相对湿度比郊区小，有明显的干岛效应，这是城市气候中普遍的特征。城市对大气中水汽压的影响则比较复杂，以上海为例，根据 1984—1990 年共计 7 年城区 11 个站水汽压 e_u 和相对湿度 RH_u 的平均值与同时期周围 4 个近郊站平均水汽压 e_r 和相对湿度 RH_r 相比较（表 10.3），皆是城区低于郊区，$\Delta\overline{e}_{u-r}$ 和 $\Delta\overline{RH}_{u-r}$ 均为负值。城郊水汽压和相对湿度都有明显的日变化。据实测 ΔRH_{u-r} 的绝对值虽有变化，但皆为负值。全天皆呈现出“城市干岛效应”。Δe_{u-r} 的日变化则不同，如果按一天中 4 个观测时刻（02 时、08 时、14 时、20 时），分别计算其平均值，则发现在一年中多数月份夜间 2 时城区平均水汽压 $\overline{e}_u$ 却高于郊区的 e_r（表 10.4），出现“城市湿岛”。在暖季 4 月至 11 月有明显的干岛与湿岛昼夜交替的现象，其中尤以 8 月份为最突出。此类现象在欧美许多城市大都经常出现于暖季。

表 10.3　上海各月平均水汽压（hPa）和相对湿度（%）的城郊对比（1984—1990 年）

月份	1月	2月	3月	4月	5月	6月
$\Delta\overline{e}_{u-r}$/hPa	−0.02	−0.03	−0.11	−0.17	−0.33	−0.19
$\Delta\overline{RH}_{u-r}$/%	−5.00	−4.75	−5.00	−6.00	−5.45	−4.00
月份	7月	8月	9月	10月	11月	12月
$\Delta\overline{e}_{u-r}$/hPa	−0.56	−0.55	−0.50	−0.35	−0.06	−0.03
$\Delta\overline{RH}_{u-r}$/%	−5.00	−5.50	−−6.5	−6.70	−4.75	−4.25

表 10.4　1984 年上海逐月各观测时刻城郊平均水汽压差值 $\Delta\bar{e}_{u-r}$ (hPa)

月份		1	2	3	4	5	6	7	8	9	10	11	12	全年
时间	02	0.0	−0.1	−0.1	0.1	0.2	0.2	0.2	0.6	0.3	0.3	0.4	0.2	0.19
	08	0.1	0.0	−0.1	−0.4	−0.4	−0.2	−1.2	−0.3	−0.8	−0.6	0.0	0.2	−0.31
	14	0.0	0.0	−0.2	−0.5	−0.9	−0.7	−1.7	−1.6	−1.1	−0.7	−0.2	0.0	−0.63
	20	−0.1	−0.2	−0.2	0.0	−0.4	−0.2	−0.9	0.0	−0.4	−0.1	0.1	0.1	−0.19

上述现象的形成，既与下垫面因素又与天气条件密切相关。在白天太阳照射下，对于下垫面通过蒸散过程而进入低层空气中的水汽量，城区（绿地面积小，可供蒸发的水汽量少）小于郊区。特别是在盛夏季节，郊区农作物生长茂密，城郊之间自然蒸散量的差值更大。城区由于下垫面粗糙度大（建筑群密集、高低不齐），又有热岛效应，其机械湍流和热力湍流都比郊区强，通过湍流的垂直交换，城区低层水汽向上层空气的输送量又比郊区多，这两者都导致城区近地面的水汽压小于郊区，形成“城市干岛”。到了夜晚，风速减小，空气层结稳定，郊区气温下降快，饱和水汽压减低，有大量水汽在地表凝结成露水，存留于低层空气中的水汽量少，水汽压迅速降低。城区因有热岛效应，其凝露量远比郊区少，夜晚湍流弱，与上层空气间的水汽交换量小，城区近地面的水汽压乃高于郊区，出现“城市湿岛”。这种由于城郊凝露量不同而形成的城市湿岛，称为“凝露湿岛”，且大都在日落后若干小时内形成，在夜间维持。在日出后因郊区气温升高，露水蒸发，很快郊区水汽压又高于城区，即转变为城市干岛。在城市干岛和城市湿岛出现时，必伴有城市热岛，这是因为城市干岛是城市热岛形成的原因之一（城市消耗于蒸散的热量少），而城市湿岛的形成又必须先具备城市热岛的存在。

城区平均水汽压比郊区低，再加上有热岛效应，其相对湿度比郊区显得更小。以上海为例，上海 1984—1990 年的年平均相对湿度，城中心区不足 74%，而郊区则在 80%以上，呈现出明显的城市干岛（图略）。经普查，即使在水汽压分布呈现城市湿岛时，在相对湿度的分布上仍是城区小于四周郊区。

在国外，城市干岛与湿岛的研究以英国的莱斯特、加拿大的埃德蒙顿、美国的芝加哥和圣路易斯等城市为著称。其关于城市湿岛的形成多数归因于城郊凝露量的差异，少数论及因城区融雪比郊区快，在郊区尚有积雪时，城区因雪水融化蒸发，空气中水汽压增高，因而形成城市湿岛。

4. 城市雨岛效应

城市对降水影响问题，国际上存在着不少争论。1971—1975 年美国曾在其中部平原密苏里州的圣路易斯城及其附近郊区设置了稠密的雨量观测网，运用先进技术进行持续 5 年的大城市气象观测试验（MCTROMEX），证实了城市及其下风方向确有促使降水增多的“雨岛”效应。这方面的观测研究资料甚多，以上海为例，根据本地区 170 多个雨量观测站点的资料，结合天气形势，进行众多个例分析和分类统计，发现上海城市对降水的影响以汛期（5—9 月）暴雨比较明显。

城市雨岛形成的条件是：①在大气环流较弱，有利于在城区产生降水的大尺度天气形势下，由于城市热岛环流所产生的局地气流的辐合上升，有利于对流雨的发展；②城市下垫面粗糙度大，对移动滞缓的降雨系统有阻障效应，使其移速更为缓慢，延长城区降雨时间；③城区空气中凝结核多，其化学组分不同，粒径大小不一，当有较多大核（如硝酸盐类）存在时，有促进暖云降水作用。上述种种因素的影响，会“诱导”暴雨最大强度的落点位于市区及其下风方向形成雨岛。

城市不仅影响降水量的分布，并且因为大气中的 SO_2 和 NO_2 甚多，在一系列复杂的化学反应之下，形成硫酸和硝酸，通过成雨过程（rain out）和冲刷过程（wash out）成为“酸雨”降落，为害甚大。

5. 城市平均风速小、局地差异大、有热岛环流

城市下垫面粗糙度大，有减低平均风速的效应。这可以通过以下两方面的对比来证明：①同一地点在其城市发展的历史过程中风速的前后对比；②同一时期城市和郊区风速的对比。国内外大城市这方面的实测资料甚多，仍以上海为例，上海气象台自1884年即开始有风速观测记录，迄今已有100余年。在百余年来，上海城市发展速度甚快，市区人口增加34倍强，房屋建筑密度增加亦快，年平均风速逐年明显地变小（表10.5）。

表10.5　上海气象台历年年平均风速（m/s）（1984—1990年）

时段/年	距地面12m	距地面35m	距地面40～41m
1884—1893			5.6
1894—1900	3.8		
1901—1910			5.4
1911—1920		4.7	
1921—1930		4.7	
1931—1940		4.2	
1941—1950		4.2	
1951—1955		3.6	
1956—1960	3.2		
1961—1965	3.2		
1966—1970	3.1		
1971—1975	3.1		
1976—1980	3		
1981—1985	2.9		
1986—1990	2.5		

由表10.5可见，无论风速仪安装在何高度，其在同一高度所测得的风速，都是随着上海城市的发展，风速逐时段递减。以距地面12m的风速而论，1986—1990年的平均风速比1894—1900年的平均风速要减小34.2%。

在大范围内，气压梯度极小的天气形势下，特别是晴夜，由于城市热岛的存在，在城区形成一个弱低压中心，并出现上升气流；郊区近地面的空气乃从四面八方流入

城市，风向热岛中心辐合。由热岛中心上升的空气在一定高度上又流向郊区，在郊区下沉，形成一个缓慢的热岛环流，又称城市风系（图 10.8），这种风系有利于污染物在城区集聚形成尘盖，有利于城区低云和局部对流雨的形成。我国上海、北京等城市都曾观测到此类城市热岛环流的存在。

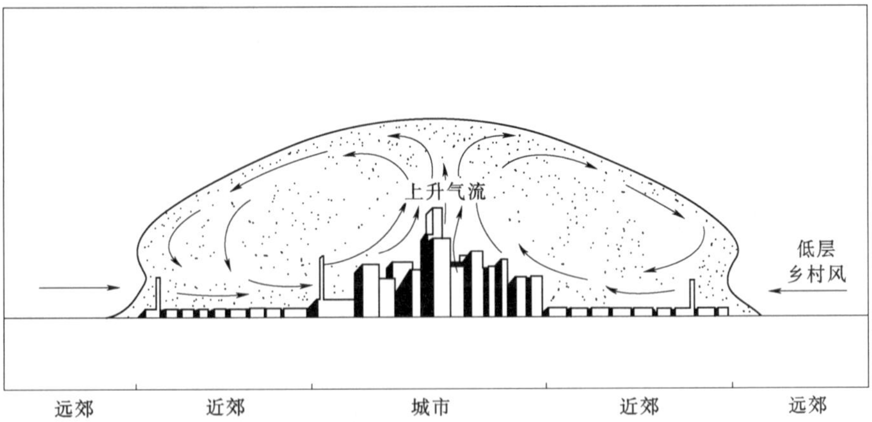

图 10.8 城市热岛环流模式和尘盖

此外，城市内部因街道走向、宽度、两侧建筑物的高度、型式和朝向不同，各地所获得的太阳辐射能就有明显的差异，在盛行风微弱时或无风时会产生局地热力环流。又当盛行风吹过鳞次栉比、参差不齐的建筑物时，因阻障效应产生不同的升降气流、涡动和绕流等，使风的局地变化更为复杂。

10.4 气候变化对水循环和水资源的影响

水资源是受全球气候变化影响的重点领域。联合国政府间气候变化专业委员会（IPCC）所做的四次评价报告均表明，全球气候变化的影响主要表现在四个方面：一是温度变化，二是降水变化，三是海平面变化，四是蒸散发变化。这些变化都与水资源直接相关。如降水的变化改变了水资源的时空分布规律，导致洪涝灾害更加频发；气温、降水和蒸散发的改变影响了干旱的区域范围和程度；海平面上升导致海岸线淹没，对河口地区造成较大影响等。

10.4.1 气候变化对全球水循环和水资源系统的影响

IPCC 已经组织全球科学家对气候变化进行了评估，最近一次评估（2013，AR5）结果显示，1880—2012 年期间全球地表温度升高了大约 0.85℃，气候变暖是毋庸置疑的。

研究表明，人类活动特别是矿物燃料燃烧造成的大气中温室气体浓度的增加，将导致未来全球气候进一步变暖。这种增暖趋势可能对自然生态系统和社会经济系统产生多方面、多层次的影响。

1. 全球气候变化对水循环和水资源系统的影响

海平面、雪盖、冰面积和降水的变化与地球表面变暖的趋势是一致的。这些变化中有一些是属于区域性的，可能是由于内部气候变率、自然强迫或区域性人类活动造成的，而不能仅仅归咎于人类活动造成的影响。图 10.9 是不同地区观测到的海平面和全球平均海平面高度的变化。

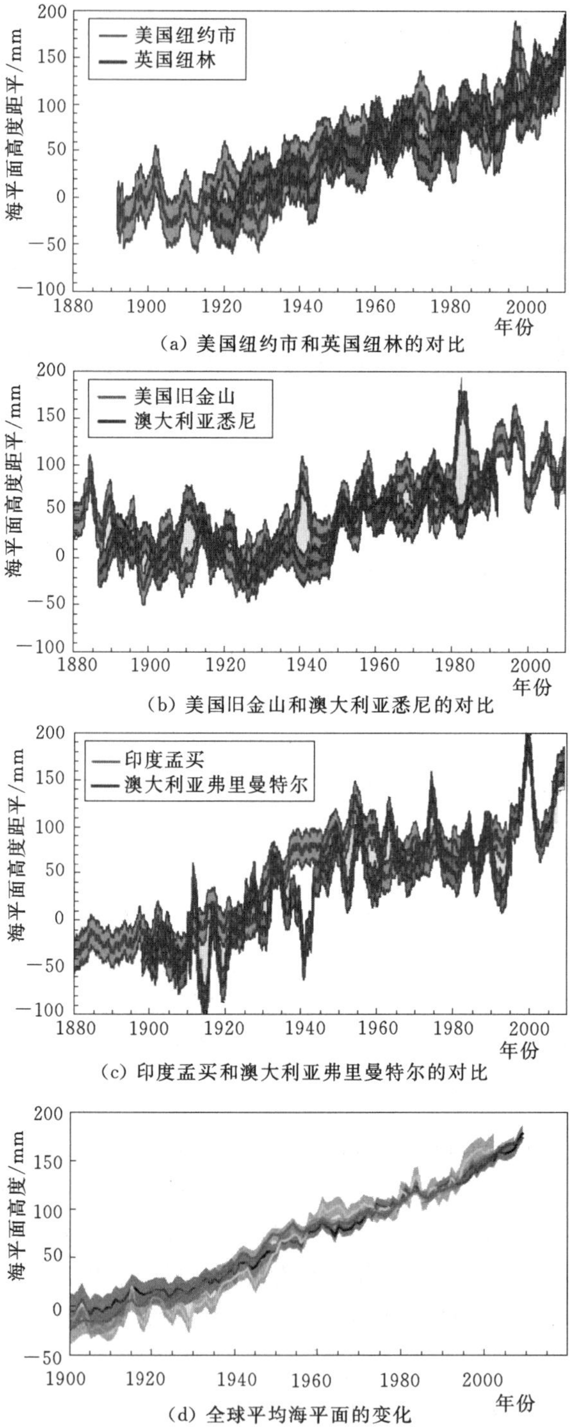

(a) 美国纽约市和英国纽林的对比

(b) 美国旧金山和澳大利亚悉尼的对比

(c) 印度孟买和澳大利亚弗里曼特尔的对比

(d) 全球平均海平面的变化

图 10.9　相对于 1900—1905 年海平面高度距平（摘自 IPCC AR5）

第一，20 世纪的增暖是导致全球平均海平面升高和海洋热容量增加的重要原因。全球变暖通过海水热膨胀和广泛的陆冰减少促使海平面升高。基于验潮仪记录，经过陆地运动订正，20 世纪海平面平均每年升高 1～2mm。有几个长期记录表明 19 世纪上升幅度更少些。在目前的不确定性范围内，观测和模式均未表明 20 世纪海平面变化的加速，观测到的 20 世纪海平面升高速率与模式计算结果一致。全球海洋热容量从 20 世纪 50 年代后期开始增加，这段时间有足够的海温观测资料。

第二，雪盖和冰面积减少了。从 20 世纪 60 年代后期开始，北半球平均雪盖范围很可能已减少了约 10%（主要通过北美和欧亚大陆春季的变化），北半球中高纬度湖、河的年结冰期在整个 20 世纪很可能减少了约 2 个星期。非极地地区的山岳冰川在 20 世纪也普遍退却。北半球春、夏海冰覆盖面积从 19 世纪 50 年代到 2000 年可能减少了约 10%～15%，北冰洋夏末、秋初的海冰厚度在 20 世纪的最后 30 年可能减少了约 40%。尽管在全球变暖的同时，整个南极海冰覆盖从 1978 年到 2000 年没有变化，90 年代南极半岛的区域性变暖确与 Prince Gustav 冰架和部分 Larsen 冰架的崩解同步，但是这些冰架损失的直接影响很小。

第三，北半球大陆多数中高纬地区降水在 20 世纪很可能增加了 5%～10%。与之相反，许多副热带地区平均降水可能减少了 3%，由于大气环流的变化、更加活跃的水循环和整个大气中水容量的增加，全球表面温度的升高很有可能引起了降水和大气中水汽的变化。在 20 世纪后半叶，北半球中高纬地区的暴雨事件频率可能增加了 2%～4%。在 20 世纪，经历严重干旱或洪涝的陆地面积略有增加，但多数地区这些变化决定于年代际或多年代际的气候变化，在 20 世纪没有明显的趋势。

第四，欧洲有限站点有近 300 年的海平面高度的连续记录，表明 20 世纪海平面上升最快。来自荷兰阿姆斯特丹、法国布勒斯特、波兰希维诺乌伊希切和其他地区的记录证实，与 19 世纪相比，20 世纪海平面加速升高。

2. 气候变化对全球淡水资源的影响

人口的增长相对更高生活标准的渴望带来了对淡水的更大需求。在过去 50 年里，全世界的用水量增长了 4 倍，目前已达到全球总流量的约 10%。当前，人类用水量的 2/3 用于农业，其中大部分用于灌溉，约 1/4 用工业，只有 10%左右为生活用水。过去千百万年来储存在地下的水目前也正在被越来越多地开采利用。随着需求的迅速增长，水分供给的脆弱性也大大增加。

由于世界上许多主要水源是共享的，因而产生了更进一步的脆弱性。全球约有一半的陆地面积处于那些流经两个或更多国家的流域范围内。有 44 个国家的至少 80% 的陆地面积位于这种国际性的流域范围内。例如，多瑙河流经 12 个国家，这些国家都使用多瑙河的水，尼罗河流经 9 个国家。其他水源稀缺的国家主要依靠分享诸如幼发拉底河和约旦河的河流资源。当达成共享水源的协议会促使他们更有效地利用水分和更好地管理水源；不能达成协议则增加了紧张与冲突的可能性。前联合国秘书长加利曾说过："中东的下一场战争将为水而战、而不是政治。"

当全球变暖时，淡水的可利用程度将大大改变，温度增加意味着下降到地表的水将更多地被蒸发。如果有更多的降水来补充蒸发，则不会产生什么影响，然而按照

22 世纪二氧化碳的照常排放构想，世界上某些地区的降水将减少，尤其是在夏季。在这些地区，降水减少和蒸发增加的综含效应就是径流减少。其他地区的降水将增加，例如，南亚和东亚季风区夏季径流可能将大大增加。

进入河流的径流是落到地面上的降水被蒸发和植物蒸腾以后剩余下来的水分，它是人类可利用水的主体。径流量对气候变化很敏感，即使降水量或温度（影响蒸发量）的很小变化也能对径流产生巨大影响。为了说明这一点，我们引用 Peter Gleick 研究美国加利福尼亚萨克拉门托流域随气候条件变化径流量变化的模拟结果。当区域温度升高 4℃、降水减少 20%时，夏季径流减少为正常值的 20%～50%；在相同的升温下，即使降水增加 20%，夏季径流仍大大低于正常值。干旱或半干旱地区的流域尤其敏感，因为无论如何，其年径流总是变化不定的。对于北半球中纬度地区的一些流域，融雪是径流的一个重要来源，这些流域也可能受到严重影响。对这些地区来说，随着温度升高，冬季径流将显著增加，而春季洪水将大为减少。此外，由于大约 1/2 的冰川和小冰盖可能在 22 世纪融化，从而将大大改变径流的季节分布以及水力发电和农业的水分供给。到目前为止，当提到温度和降水变化时，我们所关注的是平均变化，但是气候变化的严重性在很大程度上取决于极端条件。只要看看与水有关的自然灾害的范围就能证明这一点——或者是水分太多造成洪涝，或者是水分太少产生干旱。任何温度或降水记录都显示出很大的变率，在更高的平均温度（意味着更大的蒸发）和更大的平均降水上叠加变率，产生的不可避免的后果就是发生更多次数和更大强度的干旱和洪涝。受到影响的地区可能只是那些目前对洪涝和干旱特别脆弱的地区。

造成水分供给脆弱性的另一个原因（与全球变暖无关）是降水和土地利用变化之间的联系。大范围的森林砍伐能够导致降水的巨大变化。如果半干旱地区出现大面积的植被减少，可以预计降水也将出现类似的减少趋势，这些变化可能产生毁灭性的和广泛的影响并将加速沙漠化进程。这对于覆盖全球约 1/4 陆地面积的干地是一种潜在的威胁。

综合来说，全球变暖对水分供给的可能影响需要我们关注以下问题：

首先，必须注意当前许多地区对水分短缺的脆弱性，尤其是在干旱和半干旱地区。人类社会需求的增长意味着，即使是短期干旱也将比以前带来更大的灾难。在世界上的许多地区对水分短缺的脆弱性已得到了证实。在那些地区，地下水的开采量大大超过它的补充量，这种状况不可能持续太长时间。由于人口增长，脆弱性也将增加，从而将加重全球变暖的负面影响。

其次，全球变暖引起的气候变化将在许多地方导致水分供给的巨大变化。虽然当前有关区域和局地气候变化方面的知识还不能使科学家们清楚地鉴别出最脆弱的地区，但是他们能够指出哪些地区将最易受到影响。这些地区是干旱和半干旱地区（降水减少将造成更严重的干旱甚至沙漠化）、大陆地区（夏季降水减少和温度增加将导致土壤水分的大量损失，从而增加了对干旱的脆弱性）以及那些降水增加将导致洪水发生几率增大的地区。此外，一些地方如东南亚地区，它们依赖于未受管理的河流系统，因而与俄罗斯西部和美国西部那些受到管理的大规模水资源系统地区相比，对气候变化将更加敏感。

10.4.2　气候变化对中国水循环和水资源系统的影响

气候变化对我国水循环和水资源的影响主要体现在：加速水汽的循环，改变降雨的强度和历时，改变径流的大小、扩大洪灾、旱灾的强度与频率以及诱发其他自然灾害；加速水分蒸发，改变土壤水分的含量及其渗透速率，由此影响农业、森林、草地、湿地等生态系统的稳定性及其生产量等。

气候变化对我国的降水已产生了较大的影响。在1953—1997年期间，我国东、西部降水频率（降水日数）表现为：东部除华南以外降水频率普遍趋于减少，西部趋于增多。降水日数增多和减少趋势的分界线大约在105°E左右。西北降水频率的增多最为显著，普遍超过（5%～10%）/10年，但在东部的长江中游、江淮地区、华北和东北南部等地降水频率减少趋势约为（5%～10%）/10年。1951—1995年中国西部降水量增长趋势明显，其中以西北更为显著，但西南一些地区降水量趋于减少。东部降水变化趋势的区域性差异较大，其中东北中部、长江中下游地区及西南沿海一带降水明显增多，华北大部、华东北部和东北东部降水是明显下降趋势。最新资料进一步证实了这种趋势的存在。

特别需要说明是气候变化可能是导致我国湖泊水位下降和面积萎缩的主要因素之一。以青海湖为例（图10.10），在15—20世纪近600年间青海湖水位尽管存在较大的升降波动，但出现明显的直线式下降趋势却是在近百年，特别是20世纪20年代以来，仅在1908—1986年间就下降了约11m，湖面缩小了676km²。有实测记录以来，1957—1986年间下降了2～3m，湖面缩小了264km²。另外，我国西北各大湖泊，除天山西段赛里木湖外，水量平衡均处于入不敷出的负平衡状态，自20世纪50年代以来，湖泊均向萎缩方向发展，有的甚至干涸消亡。

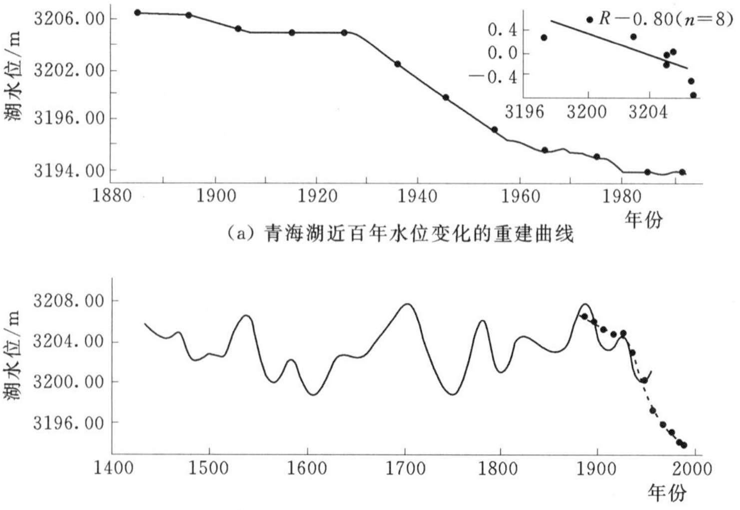

(a) 青海湖近百年水位变化的重建曲线

(b) 青海湖近600年水位变化的重建曲线

图10.10　海湖水位变化的重建曲线

10.5 气候变化对策

10.5.1 应从可持续发展战略高度，认识全球气候变化问题的重要性

《联合国气候变化框架公约》及《京都议定书》的有效实施，不仅有利于全球转向可持续发展道路，也有利于我国走可持续发展道路，实现我国社会经济发展的长远目标。同时，还可以积极促进世界各国的技术进步，从而开创一种低污染、低资源耗费的可持续发展模式，这无疑也有利于我国的可持续发展。

10.5.2 把气候变化因素纳入地区可持续发展战略的规划与实施

地区的产业结构调整、能源发展战略、生态建设与保护等涉及可持续发展战略的规划及其实施，应充分考虑气候变化因素，将气候变化的潜在影响及减缓与适应气候变化的积极作用同时纳入相关规划的制定与实施过程中，从而真正实现在可持续发展框架下解决气候变化问题。

10.5.3 充分利用国际气候变化领域的资金、技术、机制为地区可持续发展服务

应从地区实际情况出发，以保障国家利益为前提，积极利用气候变化领域的国际合作机制，为地区的可持续发展吸引更多的资金、技术。“清洁发展机制”是《京都议定书》提出的发达国家缔约方在境外获得减排抵消额的手段之一。多数发达国家将清洁发展机制作为用较低成本实现减排目标的重要措施。对我国来说，这种机制也可能对我国能源工业和高耗能行业引进技术产生积极的影响。我国是温室气体减排潜力较大的发展中国家之一，开展清洁发展机制合作项目的市场前景广阔，为主要的发达国家所看好。在这种形势下，做好市场和技术准备，对促进我国可持续发展战略的实施有十分重要的意义，同时也是我国履行《公约》和《议定书》义务的一项积极行动。

10.5.4 以可持续发展政策和措施为基础，为减缓全球气候变化做出积极的贡献

我国是一个发展中国家，从能源方面入手采取减缓全球气候变化的措施，一方面可以促进我国的能源利用水平，推进我国能源优质化的进程，加快我国实现经济增长方式从粗放型向集约型的根本性转变。另一方面，如果国际社会能采取切实的措施来减缓全球温室气体排放，必将推动和加快全球高效能源技术的发展步伐，这一趋势也将有利于促进我国能源利用效率的提高和能源结构的优化。我国应本着对全球环境负责的精神，在保证长远社会经济发展的情况下，抓住全球气候变化问题这一新的发展机遇，加快实施可持续发展政策和措施的速度并加强实施力度。应通过技术进步和经济手段，利用国内外两种资源、两个市场，提高能源利用效率和优化能源结构，努力降低 CO_2 的排放增长率。应加快退耕还林还草速度，大力加强植树造林，进一步制止对森林的过度砍伐，充分发挥森林吸收 CO_2 的巨大潜力。

10.5.5 提高公众意识，倡导有助于减少温室气体排放的生活方式和消费模式

应用电视、报纸、书刊、影像、手机媒体等各种宣传工具和手段，努力提高人们的资源环境意识，提高公众保护全球气候的参与意识，引导公众建立有助于减少温室

气体排放的生活方式和消费模式，如使用较高效率的家用电器、充分利用公共交通设施、购买和使用再生纸以及分类存放可回收利用生活垃圾等。

思考题与练习题

1. 气候变化的原因是什么？
2. 温室气体排放目前水平达到多少？对气候变暖有多大贡献？
3. 人类活动怎样改变气候？
4. 城市气候的特征是什么？
5. 人类如何应对气候变化？
6. 气候变化对水资源有哪些影响？

参 考 文 献

[1] 周淑贞. 气象学与气候学 [M]. 北京：高等教育出版社，2006.
[2] 伍荣生. 现代天气学 [M]. 北京：高等教育出版社，1999.
[3] E. 布赖恩特. 气候过程和气候变化 [M]. 北京：科学出版社，2004.
[4] 秦大河. 中国气候与环境演变（上、下）[M]. 北京：科学出版社，2005.
[5] 气候变化国家评估报告编写委员会. 气候变化国家评估报告 [M]. 北京：科学出版社，2007.
[6] 丁一汇，张锦，徐影，等. 气候系统的演变及其预测 [M]. 北京：气象出版社，2003.
[7] 王守荣，朱川海，程磊，等. 全球水循环与水资源 [M]. 北京：气象出版社，2003.
[8] 吴和赓，张志明. 气象学 [M]. 南京：河海大学出版社，1992.
[9] 李爱贞，刘厚凤. 气象学与气候学基础 [M]. 北京：气象出版社，2004.
[10] 朱乾根，等. 天气学原理和方法 [M]. 北京：气象出版社，1979.
[11] 徐玉貌，刘红年，徐桂玉. 大气科学概论 [M]. 南京：南京大学出版社，1999.
[12] 陈佑淑，蒋瑞宾. 气象学 [M]. 北京：气象出版社，1989.
[13] 中山大学，兰州大学，西北大学地理系合编. 气象学与气候学 [M]. 北京：人民教育出版社，1980.
[14] 周恩济，林镜榆. 气象学 [M]. 南京：河海大学出版社，1989.
[15] 陆渝蓉. 地球水环境学 [M]. 南京：南京大学出版社，2001.
[16] Bowen Is. The ratio of heat losses by conduction and evaporation from any water surface [J]. Phys Rev，1926，27：779 - 798.
[17] Thornthwait C W，A Holzman. Report of the commutation on transpiration and evaporation [R]. Transactions of the Ameri - can Geophysical Union，1944，25：683 - 693.
[18] Swinbank W C. Eddy transport in the lower atmosphere [J]. Division of meteorological physics. CSIRO，Melbourne，Tech - Nical Paper，2，1955.
[19] 布德柯. 地表面热量平衡 [M]. 北京：科学出版社，1960.
[20] Monteith J L. Environmental control of plant growth（L T Evants，ed.） [J]. Academ ic Press，New York：1963. 95 - 12
[21] 莫兴国. 土壤-植被-大气系统水分能量传输模拟和验证 [J]. 气象学报，1998，3.
[22] Bouchet R J. Evapotranspiration reele et potentielle，signification climatique. Publ.，General Assembly Berkeley，Int，Ass. Sci. Hydrol.，Gentbrugge，Belgium. 1963，62：134 - 142.
[23] Shuttleworth W J. Micrometeorology of temperate and tropical forests [J]. Phil Trans Roy Soc London Ser，1989，324：199 - 224.
[24] Brown K W，Rosenberg N J. A resistance model to Predict evapotranspiration and its application to a sugar beet filed [J]. Agron J，1973，65.
[25] 马文・E. 詹森. 耗水量与灌溉需水量 [M]. 北京：农业出版社，1982.
[26] 高国栋. 气候学教程 [M]. 北京：气象出版社，1996.
[27] 张兰生，方修琦，任国玉，等. 全球变化 [M]. 北京：高等教育出版社，2000.
[28] 朱诚，谢志仁，申洪源，等. 全球变化科学导论 [M]. 南京：南京大学出版社，2003.
[29] 刘继韩. 气候学 [M]. 北京：北京大学出版社，1995.

[30] 谭本馗，刘式适，钱维宏，等. 气象学研究的最新进展［J］. 北京大学学报（自然科学版），2003，12（39）：97-104.

[31] 杨达源. 自然地理学［M］. 南京：南京大学出版社，2001.

[32] 丁登山. 自然地理学基础［M］. 北京：高等教育出版社. 1988.

[33] 王绍武. 现代气候学研究进展［M］. 北京：气象出版社，2001.

[34] 秦大河，孙鸿烈. 中国气象事业发展战略研究总论［Z］. 中国气象事业发展战略研究领导小组办公室，北京，2004.（http：//www.hbhgqx.com/fzzl/files/fzzlyj.doc.）

[35] 高绍凤，陈万隆，朱超群，等. 现代气候学概论［M］. 北京：气象出版社，2001.

[36] 王绍武，赵宗慈，龚道溢，等. 应用气候学［M］. 北京：气象出版社，2005.

[37] 潘守文. 现代气候学原理［M］. 北京：气象出版社，1994.

[38] IPCC. Working Group Ⅰ Contribution to the IPCC Fifth Assessment Repot，Climate Change 2013：the physical science basis：Summery for policymakers［R/OL］. http：//www.cimatechange2013.org/images/uploads/WGIAR5-SPM_Approved27Sep2013.pdf

[39] 周淑贞，束炯. 城市气候学［M］. 北京：气象出版社，1994.

[40] 朱兆瑞，谭冠日，王石立. 应用气候学概论［M］. 北京：气象出版社，2005.

20
(hPa)
300
400
500
600
700
800
900
1000
18